Udo Gansloßer
Mechtild Käufer

UND SIE SPIELEN DOCH!

Die Wissenschaft vom Hundespiel

MIT KOSMOS MEHR ENTDECKEN
Kommunikation
Kontext
Konsequenzen
SEIT 1822

KOSMOS

☞ *Inhalt*

Bei der Ansprache im Text sind alle drei Geschlechter gemeint. Wir nutzen hier die männliche Form. Dadurch wird das Buch leichter lesbar. Dafür bitten wir um Verständnis.

SPIELVERHALTEN
— *Im Fokus der Wissenschaft*

DEFINITION VON SPIEL

Was ist Spiel überhaupt? Das klingt auf den ersten Blick wie eine harmlose und leicht zu beantwortende Frage. Schließlich glauben wir doch alle zu wissen, was Spiel ist. Besonders wenn wir mit Hunden oder Kindern zusammenleben. Es gibt tatsächlich so etwas wie ein intuitives und sogar artübergreifendes Erkennen von Spiel, nicht nur beim Menschen (Graham & Burghardt, 2010). Verhalten ist normalerweise auf ein Ziel ausgerichtet und läuft deshalb nach einem bestimmten Muster ab. Die nicht zielgerichteten Aktionen im Spiel weichen von dieser Regel ab. **Deshalb wird Spiel auch als nicht-ernsthafte Variante oder Simulation (so tun, als ob) von funktionalem Verhalten betrachtet** (Pellis et al., 2019). Doch so leicht das intuitive Erkennen von offensichtlichem Spiel erscheint, so schwer fällt es in den Grauzonen, also den Übergängen z. B. von simuliertem zu echtem Kampf-, Jagd- oder Fortpflanzungsverhalten.

Ist nicht klar, was echtes Spiel ausmacht, fehlt auch das Verständnis dafür, welche Rolle es für das Leben und Wohlbefinden von Hunden und die Qualität ihrer Beziehungen, sowohl zu Artgenossen als auch zum Menschen, spielt.

Spielgesicht, entspannte Muskulatur und nicht zielgerichtetes Verhalten kennzeichnen hier Solitärspiel.

Das Problem ist hier das präzise Identifizieren/Benennen der Elemente, die Spiel spielerisch machen und es von ähnlichen Aktivitäten unterscheiden. Intuitives subjektives Einschätzen von Verhalten führt im Alltag zudem häufig zu Problemen, wie jeder weiß, der schon einmal an einer Diskussion über Hundeverhalten, insbesondere über Hundespiel, teilgenommen hat. Wenn das Jagen eines Laserpointers, das Konditionieren von Tricks und sogar Unterordnungstraining als Spiel kategorisiert werden (Horowitz & Hecht, 2016), scheinen einige Hundehalter und -trainer tatsächlich Probleme bei der Unterscheidung von Spiel und Nichtspiel zu haben.

DAS PHÄNOMEN SPIEL

Viele Diskussionen über Hundespiel scheitern im Alltag an einer klaren Definition, also der Verständigung darüber, was gemeint ist, wenn man den Begriff „Spiel" benutzt. Wenn eine subjektive, intuitive Annäherung an das Phänomen Spiel zu keinem befriedigenden Ergebnis führt, ist es ratsam, auf die objektive Definition der Wissenschaft zurückzugreifen. Aber Wissenschaftlern, die das schwer fassbare Phänomen Spiel untersuchen, besonders das Spiel von nichtmenschlichen Tieren, ging es lange Zeit ähnlich. So bat Konrad Lorenz zu Beginn eines Vortrags über Spiel und Leerlaufhandlungen sein

Biko (links) zeigt die typische Bewegung der „Beute" zur Einleitung eines Jagdspiels, Halva beginnt die Verfolgung.

Apportieren ist, wissenschaftlichen betrachtet, kein Spiel. Tosia bringt ihr Lieblingsspielzeug.

Hunde spielen sowohl mit Artgenossen, aber auch artübergreifend mit Menschen und anderen Tieren.

Publikum (1956): *„Bitte fragen Sie mich nicht nach einer Definition von Spiel"*, und Gordon Burghardt (2005) resümierte: *„die Probleme, Spiel zu definieren, sind legendär"*.
In vielen Sprachen, neben dem Deutschen gilt das auch für „les jeux" im Französischen, kommt ein Problem hinzu, das die englischsprachige Welt nicht kennt: Dort unterscheidet man „games", was sportliche Wettkämpfe nach festen Regeln bedeutet („a game of hockey", „Olympic Games"), von „play" im Sinne unserer Definition von Spiel. Bis zu den 1970er-Jahren vernachlässigt, ist die Wissenschaft vom Tierspiel in den letzten Jahrzehnten nahezu explodiert und Hunde spielen dabei eine wichtige Rolle. Je differenzierter das Wissen über Spiel wird, desto deutlicher wird dessen Diversität und Multifunktionalität, was unterschiedliche Spielformen, Tierarten, Sozialstrukturen, Altersstufen, Geschlechter usw. angeht. Spiel ist gegenwärtig das *„Tierverhalten, das am häufigsten und kontroversesten diskutiert wird"* (Palagi & Fouts, 2016). Es wird heutzutage als Schlüsselverhalten betrachtet, mit dem Einblicke in Emotion und Kognition von nichtmenschlichen Tieren möglich sind, z. B. zu Fähigkeiten wie Empathie, Kooperation/ Fairness und Theory of Mind (Horowitz, 2009; Palagi et al., 2015, 2016, 2016a).

Kaniden sind als Modelle in der vergleichenden Spielforschung beliebt, weil sie eine einzigartige innerartliche Vielfalt (inklusive Hunderassen) bieten, in unterschiedlichsten sozialen Strukturen leben und sowohl inner- als auch zwischenartliches Spiel praktizieren.

Haushunde teilen ihren Lebensraum außerdem schon seit tausenden Jahren mit dem Menschen und ermöglichen Untersuchungen über den Einfluss der Domestikation auf das Spiel. Für Bradshaw et al. (2015) und Sommerville et al. (2017) sind sie im Hinblick auf die Spielforschung eine einzigartige Spezies. Sie leben in einem sicheren, aber hoch variablen, kognitiv herausfordernden Umfeld. Für sie ist, aufgrund ihrer Domestizierung und des engen Zusammenlebens mit dem Menschen, Kontakt und gemeinsames Spiel besonders belohnend.

Spielende Spinnenmännchen haben bessere Chancen, nach der Paarung vom Weibchen nicht gefressen zu werden.

Hunde spielen im Vergleich zu anderen Tierarten viel, ein Leben lang und zeigen zudem alle drei Grundspielformen:

— Bewegungsspiel
— Objekt-/Beutefangspiel
— Sozialspiel

Und sie kombinieren diese zu neuen Spielen, was als komplexeste und anspruchsvollste Form von Spiel betrachtet wird (Pellis et al., 2019).

VIELZAHL VON PUZZLESTÜCKEN

Das zunehmende Interesse vieler wissenschaftlicher Disziplinen, die Spiel erforschen, wie z. B. Biologie, Pädagogik, Entwicklungspsychologie, Neurobiologie und kognitive Ethologie, produziert eine Vielzahl von Erkenntnis-Puzzlestücken zu den verschiedenen Aspekten des Spiels. Das Ziel jeder Wissenschaft ist die objektive Erfassung, Beschreibung und Aufklärung von Phänomenen. Eine fehlende einheitliche Definition von Spiel und die damit verbundene Subjektivität bei der Identifizierung führte auch in der Wissenschaft zwangsläufig zu Problemen (Pellis & Pellis, 2017). Ein Problem war beispielsweise, Spiel bei uns weniger nahestehenden Tieren wie Insekten oder Reptilien überhaupt zu erkennen. Die menschliche Vorstellung einer hierarchischen Tierwelt, in der „niedere Tierarten" nicht spielen, wurde erst mit eindeutigen Ergebnissen der Neurowissenschaften überwunden (Pellis & Pellis, 2017). Inzwischen weiß man, dass junge Spinnen, Wespen und Kakerlaken spielen (Burghardt, 2014; Pellis & Pellis, 2017).

Ein weiteres Problem war die Vergleichbarkeit und das Zusammenfügen der verschiedenen Erkenntnis-Puzzlestücke. Diese

Probleme wollte der Spiel-Experte Gordon Burghardt, Professor für Psychologie, Ökologie und Evolutionäre Biologie an der University of Tennessee ändern. Sein Ziel war es, objektive Kriterien für Spiel zu entwickeln, die alle Spielformen und Tierarten inklusive des Menschen einschließen. Dabei sollten unkritischer Anthropomorphismus und nicht-faktenbasierte Behauptungen über die Funktion von Spiel vermieden und Verhalten, das bestimmte Eigenschaften mit Spiel teilt (z. B. Exploration, Stereotypien, Beutefang), klar abgegrenzt werden (Burghardt, 2014).

KRITERIEN FÜR SPIEL

Gordon Burghardt (2005) hat in seinem Buch „The Genesis of Animal Play" eine Vielzahl von Definitionsversuchen analysiert, ausgewertet und daraus fünf Kriterien für Spiel entwickelt. Diese nennt er in der Kurzform, in augenzwinkernder Anlehnung an die in der Psychologie bekannten Persönlichkeitsdimensionen, die „Big Five":

1. begrenzte direkte Funktion
2. endogene Komponente
3. struktureller/zeitlicher Unterschied
4. Wiederholung
5. entspanntes Feld

Natürlich werden die fünf Kriterien bei den unterschiedlichen Tierarten und Spielformen in unterschiedlichem Maße erfüllt. Mithilfe der aus diesen fünf Kriterien gebildeten Definition kann aber, wenn alle Kriterien zumindest minimal erfüllt sind, Spiel und spielerisches Verhalten sicher identifiziert werden: *„Spiel ist wiederholtes, funktionell unvollständiges Verhalten, das sich von ernsthafteren Versionen strukturell, im Kontext oder ontogenetisch unterscheidet und freiwillig initiiert wird, wenn das Tier in einem entspannten oder stressarmen Umfeld ist"* (Burghardt, 2005). Die Arbeitsdefinition für Spiel bzw. die fünf Kriterien, aus denen sie sich zusammensetzt, haben sich für die Wissenschaft als so nützlich erwiesen, dass sie bis heute nahezu unverändert eingesetzt werden, um Spiel von Nicht-Spiel abzugrenzen, auch wenn, im Zuge neuer Erkenntnisse, das erste und fünfte Kriterium diskutiert werden. Das erste Kriterium, weil für das Spiel einiger Tierarten tatsächlich unmittelbarer Nutzen nachgewiesen werden konnte, was die Aussage „begrenzt direkt funktionell" infrage stellt (z. B. Fagen & Fagen, 2004, 2009; Palagi et al., 2006; Palagi, 2011; Pruitt et al., 2012). Der Zusammenhang zwischen Spiel und Wohlbefinden steht im Fokus aktueller neurobiologischer Forschung. Die Erkenntnis, dass Spiel Stress reduzieren und vorbeugen kann, führte zu Kritik am fünften Kriterium des entspannten Feldes: Starker akuter oder chronischer Stress unterdrücken Spiel. Moderater Stress kann Spiel jedoch verändern, auslösen oder sogar verstärken (Dallaire et al., 2018; Lillard, 2014; Pellis & Burghardt, 2017; Sommerville et al., 2017).

SPIEL IDENTIFIZIEREN

Burghardts fünf Kriterien für den Alltag

1. Spielverhalten ist nicht funktional/zielgerichtet.
2. Spiel ist spontan, freiwillig und macht Spaß.
3. Verhalten im Spiel unterscheidet sich von dem im Ernstkontext.
4. Spiel besteht aus „Wiederholung mit Variation".
5. Spiel braucht das entspannte Feld.

Die Freiwilligkeit aller Spielpartner ist ein wichtiges Kriterium für jedes Spiel. Zum Sozialspiel wird der gewünschte Partner eingeladen.

1. SPIELVERHALTEN IST NICHT FUNKTIONAL/ZIELGERICHTET

Das erste Kriterium „begrenzte direkte Funktion" bezieht sich auf die fehlende Funktionalität und Zielgerichtetheit des Verhaltens im Spiel. Spiel ist immer nur „so tun, als ob"-Verhalten. Deshalb ist es in der Form oder dem Kontext, in dem es auftritt, nicht voll funktional, weil es Elemente enthält oder sich gegen Reize richtet, die nicht zum aktuellen Überleben beitragen. Selbsthandicap wie z. B. das freiwillige Hinwerfen vor dem Spielpartner und Rollenwechsel sind Elemente, die im Spielkampf häufig, im Ernstkampf nie vorkommen. Der Mäuselsprung auf ein kleines Beutetier ist funktional und sichert die nächste Mahlzeit und damit das Überleben, der Mäuselsprung auf ein Spielzeug als Ersatzobjekt tut es nicht. Ein Spielkampf soll keine Konflikte um Ressourcen lösen, ein Jagdspiel keine Beute stellen, ein Verfolgungsspiel keinen Konkurrenten vertreiben, ein spielerischer Flirt dient nicht der Fortpflanzung. **Die Motivation für das Verhalten im Spiel ist immer nur das Spiel selbst, zielt also höchstens darauf ab, das Spiel möglichst lange aufrechtzuerhalten.**

Ein Hund, der seinen Artgenossen mit Spielverbeugung, Hüpfen und Spielbellen zum Spiel einlädt, um ihn von dessen Kauknochen wegzulocken, den er sich dann schnappt, spielt also im wissenschaftlichen Sinne nicht, weil das Verhalten auf ein Ziel außerhalb des Spiels ausgerichtet ist.

2. SPIEL IST SPONTAN, FREIWILLIG UND MACHT SPASS

Burghardts zweites Kriterium nennt er die „endogene [innere] Komponente". **Sie weist darauf hin, dass Spiel intrinsisch motiviert, spontan, freiwillig, selbstbelohnend ist, Spaß macht, sich selbst verstärkt und absichtlich und um seiner selbst willen ausgeführt wird.**

Freiwilligkeit bedeutet, dass der/die Eingeladene ablehnen und jeder Spieler das Spiel auch jederzeit beenden kann. Das ist besonders bei ungleichen Spielpartnern wichtig, z. B. einem Welpen, der endlos weiterspielen will und einem älteren Hund, der schnell müde wird oder bei einem pubertierenden Jungspund, der gerade seine Grenzen testet und einem unsicheren Spielpartner, der ihm nichts entgegensetzen kann. Wenn der anvisierte Spielpartner nicht mitspielen will, ist das berühmte „der will doch nur spielen" also keine Entschuldigung, selbst, wenn es stimmen sollte.

Weil Spielen Spaß macht, ist es selbstbelohnend und selbstverstärkend.

Belohnungen, z. B. Futter, sind im Spiel kontraproduktiv, denn sie verändern die Motivation des Spielers. Sein Verhalten ist nun funktional und wegen der Zielgerichtetheit kein Spiel mehr (Kriterium 1). *„Es liegt in der Natur des Spiels, dass es für den Spieler kein Ziel hat, sonst fühlt es sich nicht mehr an wie Spiel. Wenn wir etwas für eine extrinsische Belohnung oder ein extrinsisches Ziel tun, kann diese Aktivität nicht mehr als Spiel bezeichnet werden"* (Straeubig et al., 2016).

Für den Spaß im Spiel sorgt das körpereigene Belohnungssystem (S. 47 ff.), deshalb ist eine zusätzliche Belohnung überflüssig.

3. VERHALTEN IM SPIEL UNTERSCHEIDET SICH VON DEM IM ERNSTKONTEXT

Das dritte Kriterium „struktureller/zeitlicher Unterschied" betrifft die Unterschiede zwischen der ernsthaften und der spielerischen Ausführung eines Verhaltens. **Im Spiel ist das Verhalten unvollständig, gehemmt, es fehlt die Endhandlung, es wird übertrieben oder in geänderter Form, Reihenfolge oder Ausrichtung gezeigt.** Das Verhalten im Spiel unterscheidet sich von seinem funktionalen Gegenstück außerhalb des Spiels, weil es das entsprechende „Ernstverhalten" nur simuliert: Der Hund tut nur so als ob er kämpft, jagt oder auf Partnersuche ist. Spielverhalten unterscheidet sich vom funktionellen Verhalten außerhalb des Spiels was Geschwindigkeit und/oder Dauer und Intensität angeht: *„Unbestreitbar besteht der Hauptunterschied zwischen spielerischen und anderen Aktivitäten nicht in den tatsächlich durchgeführten Verhaltensmustern, sondern in der Art und Weise, wie diese ausgeführt werden"* (Palagi, 2012). Einzelne Komponenten aus Jagd, Kampf, Flucht, Sexualverhalten, sozialer Körperpflege usw. werden im Spiel anscheinend beliebig kombiniert. Die nächste Verhaltenssequenz im Spiel ist nicht vorhersagbar und jedes Spiel deshalb einzigartig. Dem Verhalten im Spiel fehlt der Ernstbezug: Im Spiel lädt der Hund zur Verfolgung ein, kehrt der Verfolgte freiwillig zurück, um dann erneut zu flüchten.

Selbsthandicap, fehlende Gegenwehr, entspannte Muskeln und Mimik, starke Beißhemmung – all das kennzeichnet Spiel. Border Terrier-Hündin Mila „beißt" Dudu spielerisch in die Kehle.

Im Jagdspiel von Josie und Julie prüft die „Beute", ob sie noch verfolgt wird.

Und der „Jäger" führt den …

Den Verhaltenssequenzen im Spiel fehlt die Endhandlung: Im Jagdspiel wird die Beute nicht wirklich getötet, im Kampfspiel niemand verletzt. Im Spiel werden nur Teilbereiche der passenden Körpersprache und diese übertrieben gezeigt, während der Rest des Körpers entspannt bleibt. Die Hunde beißen nur gehemmt oder deuten die Bisse mit weit aufgerissenem Maul übertrieben und symbolisch an. Im Spiel tauchen Verhaltenselemente „frühreif" auf, wie z. B. bei Welpen das Aufreiten oder andere Verhaltensbruchstücke aus dem Sexualverhalten. Im Spiel wird mit Ersatzobjekten, wie dem vom Wind bewegten Blatt oder mit vom Menschen zur Verfügung gestellten Spielzeugen, als imaginärer Beute gespielt. Solche Ersatzobjekte können wie Beutetiere, aber auch wie Spielpartner behandelt, angeknurrt, angebellt oder mit einer Spielverbeugung zum Spiel aufgefordert werden.

4. SPIEL BESTEHT AUS „WIEDERHOLUNG MIT VARIATION"

Das vierte Kriterium „Wiederholte Ausführung" betrifft Wiederholung als wichtige Komponente jeden Spiels. Verhaltenselemente oder -sequenzen wie z. B. Kopfschleudern, Pföteln, Beißen, Anspringen oder die Spielverbeugung werden flexibel, variantenreich in einer ähnlichen, aber nicht starr stereotypen Form wiederholt. Das Stöckchen wird immer wieder hochgeschleudert, das Bällchen immer wieder angestupst und das Quietsch-Spielzeug immer wieder gedrückt. Dem Spielverhalten fehlt dabei die für das Training typische Ermüdung und die Wiederholungen sehen immer ein bisschen anders aus. Sie sind nicht starr/unflexibel wie z. B. bei Zwangsverhalten oder Stereotypien. Meyer-Holzapfel (1956) vermutete, dass das Fehlen von Zielgerichtetheit, Endhandlung und Ernstbezug die spieltypischen Wiederholungen verursacht. Feddersen-Petersen (2008) nimmt an, dass Hunde durch die Wiederholungen im Spiel die Konsequenzen des eigenen Verhaltens lernen. Umgekehrt können fehlende Variabilität und stereotype Wiederholungen im Spiel Hinweise auf Traumata, psychische Erkrankungen oder schlechtes Wohlbefinden sein (Dallaire et al., 2018). Siehe dazu „Spiel, Stereotypien und Verhaltenssucht", ab S. 26.

… Tötungsbiss symbolisch aus.

5. SPIEL BRAUCHT DAS „ENTSPANNTE FELD"

Burghardts fünftes Kriterium „Entspanntes Feld" beschreibt die Voraussetzungen dafür, dass Spiel überhaupt stattfinden kann. Ein Tier spielt nur, wenn es gesund und entspannt ist, sich sicher fühlt und seine Grundbedürfnisse erfüllt sind. Es spielt nicht, wenn konkurrierende Bedürfnisse aktiviert sind, etwa durch Hunger, Durst, Müdigkeit, Schmerz oder Unsicherheit durch soziale Instabilität, Spannungen oder Bedrohungen. **Diese Wohlbefinden und Sicherheit bietende Umgebung nennen Wissenschaftler „entspanntes Feld".** Das entspannte Feld im Spiel ermöglicht es den Spielern Verhalten auszuprobieren, ohne dass die Konsequenzen des funktionalen Verhaltens drohen. Špinka et al. (2001) vermuten, dass die ansteckende Wirkung der Spiellaune dadurch verursacht wird, dass bereits spielende Artgenossen einem Tier signalisieren, dass eine Situation sicher ist. Für diese Hypothese spricht, dass sich der Stresslevel von Tierheimhunden, denen man die Geräuschkulisse spielender Hunde vorspielte, messbar reduzierte (Simonet et al., 2005).

Spiel ist vor allem ein Merkmal von jungen Tieren, die von den Eltern beschützt und versorgt werden, wie das bei Säugetieren der Fall ist. Haushunde werden auch als erwachsene Tiere noch vom Halter versorgt. Die vergleichbaren Lebensumstände ermöglichen beiden Gruppen viel Spiel, weil sie sich nicht selbst um die Erfüllung der Grundbedürfnisse kümmern müssen (Burghardt, 2005). Hunde leben sozusagen im Dauerzustand „entspanntes Feld", zumindest, wenn der Halter dafür sorgt, dass ihre Bedürfnisse erfüllt sind und sie hundegerecht leben dürfen.

Eine Alltagserfahrung, die Hundehalter kennen, ist, dass ein ängstlicher verunsicherter oder gestresster Hund nicht spielt. Stress und Spiel schließen sich aus. Wer Burghardts fünftes Kriterium genau liest, dem wird allerdings auffallen, dass er von einem „stressarmen" und nicht von einem „stressfreien" Umfeld spricht. Dies ist kein Widerspruch zur Alltagserfahrung, denn – wie beim Lernen – kann eine gewisse Dosis Stress oder Aufregung Spiel sogar fördern. Das ist immer dann der Fall, wenn der Stress so minimal ist, dass er, wie bei einem neuen Spielzeug, Aufregung, aber keine negativen Emotionen und Meideverhalten auslöst. Die Dosis an „Stress", die anregend wirkt, ist sehr individuell. Ein Beispiel für diesen minimalen Stress könnte die positive Aufregung beim ersten Schnee sein. Der Schnee ist mit einer geruchlichen, visuellen, akustischen und taktilen Veränderung der vertrauten Umgebung verbunden. Viele Hunde reagieren darauf mit enthusiastischem Bewegungsspiel in Form von den berühmten „verrückten fünf Minuten", Kreislaufen, Hüpfen, In-den-Schnee-Beißen, Herumwälzen usw.

Die anstrengende Hochkampf-Stellung wird im Spiel kürzer gezeigt als im Ernstkontext.

ERKENNUNGS-MERKMALE FÜR SPIEL

Marc Bekoff (2007) beschreibt als eindeutiges Erkennungsmerkmal für Spiel: *„Der Beweis oder „Lackmustest" für Spiel ist dann gegeben, wenn man eine Kombination von Verhaltensweisen aus unterschiedlichen Kontexten alle zur gleichen Zeit beobachtet. Diese Verhaltensvariation, innerhalb einer unvorhersehbaren Spielsequenz, kann man nirgendwo außerhalb der Kreativität des Spiels sehen."*

In einem Artikel von Miller (2017), der eine einheitliche wissenschaftliche Terminologie für Spiel anstrebt und auf einem Workshop von sechzehn Spiel-Experten beruht, wurden ebenfalls Definitionen verglichen und zwölf Merkmale herausgefiltert, die Spiel charakterisieren. Die meisten werden bereits von Burghardts Kriterien erfasst. Als zusätzliches Merkmal wurde festgehalten, dass Spiel

— bei jungen Individuen häufiger vorkommt und andere Funktionen hat als bei erwachsenen Individuen.
— durch Imagination/mentale Repräsentation (so tun, als ob) gekennzeichnet ist.

Zusätzlich wurden einige Charakteristiken (Rollenwechsel, Spielsignale) erwähnt, die vor allem Sozialspiel kennzeichnen (siehe hierzu S. 69 ff.).

SPIEL – ERKENNUNGSMERKMALE

Von den beschriebenen Spielkriterien abgeleitet, können in der Praxis folgende Erkennungsmerkmale beim Beobachten des Hundespiels hilfreich sein (vgl. Gattermann, 2006):

— Übertriebene Bewegungen (z. B. Kopfschleudern oder übertriebene Annäherung)
— Wiederholte Handlungsabläufe bzw. -fragmente (z. B. Anspringen, Spielbeißen)
— Weglassen oder Begrenzen der Endhandlung (z. B. gehemmtes Beißen)
— Andere Reihenfolge des Verhaltens (z. B. Verfolgen nach Beißschütteln)
— Unvollständiges, bruchstückhaftes Verhalten (z. B. Pausen im Jagdspiel, Aufreiten)
— Schneller Situations- und Rollenwechsel (z. B. Angreifer – Verteidiger, Jagdspiel – Kampfspiel)
— Häufiger Einsatz von Ersatzobjekten (z. B. Verfolgen von Spielobjekten)
— Fehlen des Ernstbezugs (z. B. Selbsthandicap im Spielkampf)
— Spielsignale (z. B. Spielgesicht und Spielverbeugung)
— Lustbetontes Verhalten und ansteckende Wirkung (Spielstimmung, Mimicry, Verhaltensspiegelung)

☞ AUS DER FORSCHUNG

SPIELKAMPF UND ERNSTKAMPF

Gerade die Problematik, spielende Tiere von solchen mit ernsthaften Differenzen und Streitigkeiten zu unterscheiden, begegnet uns leider häufig bei Hundehaltern, gegebenenfalls aber leider sogar bei Trainern und anderen, die es besser wissen sollten. Bemerkenswerterweise können Kinder und offensichtlich auch Tiere untereinander sehr gut erkennen, ob eine gerade ablaufende Szene spielerisch oder ernst gemeint ist. Die Anwendung der Spielkriterien, die wir bereits kennen, beispielsweise Rollenwechsel, Kombination von Elementen aus verschiedenen Funktionskreisen, häufige Wiederholung, Wegfall der Endhandlung usw., sind geeignet, hier einen Unterschied erkennen zu lassen. Am exaktesten funktioniert das mit einer statistischen Methode, die als Sequenzanalyse bezeichnet wird.

Sequenzanalyse

Um das Vorgehen bei einer Sequenzanalyse zu verstehen, begeben wir uns in ein Restaurant und sehen dort in einer Ecke an einem Tisch ein kleines grünes Männchen vom Mars mit einem Notizblock sitzen. Dieser Kollege interessiert sich dafür, in welcher Reihenfolge die Menschen in diesem Restaurant denn die verschiedenen Gerichte auf der Speisekarte zu sich nehmen. Er legt deshalb eine Tabelle an, in der er jeweils mit einem Strichlein vermerkt, welches Gericht nach welchem anderen bestellt wird. Im Laufe der Zeit füllen sich dann bestimmte Zeilen und Spalten seiner Tabelle, weil eben beispielsweise viele Menschen zunächst eine Suppe, dann ein Fleischgericht und dann einen Nachtisch bestellen, aber nur ganz wenige bestellen zunächst den Eisbecher und dann die Suppe hinterher. Am Ende des Tages hat unser Männlein also viele Strichleins in seiner Tabelle und kann nun mit einer komplizierten Berechnung, die man Markov-Analyse nennt, die Übergangswahrscheinlichkeiten zwischen den verschiedenen Gerichten benennen. Und dabei wird er dann wahrscheinlich auf eine hauptsächlich zu beobachtende Abfolge kommen, die beispielsweise lauten könnte: Salat oder andere kalte Vorspeise – Suppe – Fischgericht – Fleischgericht – Nachtisch. Zur Berechnungsmethode siehe z. B. Gansloßer et al. (2020).

Einordnung der Ernsthaftigkeit

Mit diesem Berechnungsverfahren kann man auch die Beobachtungen der Verhaltensabfolgen von Tieren untereinander studieren, im Spielkampf ergibt sich dann eine sehr lockere, kaum berechenbare, weil nahezu zufällige Abfolge der Verhaltenselemente nacheinander. Bei ernsthaften Auseinandersetzungen dagegen finden wir sehr strenge Koppelungen, weil z. B. die verschiedenen Stadien des Droh- und Imponierverhaltens mit steigender Intensität, leichte körperliche Ruppigkeiten und erst am Ende die schweren, auch verletzungsgefährdenden Verhaltensweisen des Ernstkampfes auftreten. Sequenzanalysen von Spiel-Beobachtungen oder bei anderen sozialen Kontakten können uns also helfen, die mögliche Ernsthaftigkeit und damit auch die Eskalationsgefahr einer Auseinandersetzung einzuordnen. Hier muss darauf hingewiesen werden, dass bei spielerischen Auseinandersetzungen andere Gehirnregionen und Botenstoffsysteme aktiviert sind als bei Ernstkämpfen. Die Gefahr, durch Spielkämpfe zu einem besonders aggressiven Individuum zu gelangen, ist neurobiologisch kaum begründet.

IST DER HUND EIN SPIELTRIEBTÄTER?

Wir haben bereits darauf hingewiesen, dass Hundespiele zu den komplexesten Spielformen gehören. Gleichzeitig erklären immer noch viele Hundehalter und -trainer, dass ein Spieltrieb für das Spiel von Hunden verantwortlich ist. Wie passt das zusammen?

TRIEBKONZEPTE UND -MODELLE

Um das Konzept von Trieben nachzuvollziehen, müssen wir uns tatsächlich ein ganzes Jahrhundert zurückbewegen. Individuen zeigen unterschiedliches Verhalten, auch wenn die äußeren Bedingungen konstant sind. Verhalten muss also auch von inneren Mechanismen gesteuert werden, soviel war schon Anfang des letzten Jahrhunderts zur Hochzeit des Behaviorismus („If you can't see it, it doesn't matter") klar. Um diese inneren Mechanismen zu erklären, führten Psychologen/Psychoanalytiker wie Freud, Ethologen wie Lorenz (psychohydraulisches Instinktmodell) und Tinbergen (Hierarchisches Instinktmodell) und sogar Behavioristen wie Hull (Verstärkung durch Bedürfnis-Reduktion) das Konzept „Trieb" ein und entwickelten verschiedene Triebmodelle. Das Konzept „Trieb" als innerer Drang, der insbesondere überlebenswichtiges Verhalten erzwingt, gab es also sowohl in der Psychologie als auch in der Ethologie und wurde in beiden Disziplinen unterschiedlich benutzt. Die Vorstellung von inneren „Triebkräften", die Verhalten steuern, wurde zu einer Zeit entwickelt, in der noch viele der Möglichkeiten fehlten, die heute z. B. in den Neurowissenschaften zur Verfügung stehen, um endogene Einflüsse auf Verhalten zu untersuchen. Trieb-Konzepte überzeugten durch ihre Anschaulichkeit, konnten aber nicht alle Verhaltensweisen erklären. Lorenz und Tinbergen scheiterten z. B. daran, die Motivation für Explorationsverhalten anhand ihres Modells zu erklären (Pisula, 2020). Das in der Wissenschaft schon seit fünfzig

Vielfältiges Verhalten und differenzierte Kommunikation im Hundespiel kennzeichnen eine der komplexesten Spielformen im Tierreich und werden nicht von einem Trieb gesteuert.

Jahren ausgemusterte Triebkonzept wurde auch nie einheitlich benutzt, weder von Freud (der sein Konzept mehrfach änderte) noch innerhalb der Ethologie. Hinde (1956) beschreibt mindestens drei unterschiedliche Triebkonzepte u. a. von Lorenz und Tinbergen.

HYDRAULISCHES INSTINKT-MODELL

Das hydraulische Instinktmodell von Konrad Lorenz (1950) ist das bekannteste Triebmodell. Dieses Modell vergleicht die Verhaltenssteuerung mit einem Flüssigkeitstank, mit einem von einem Federventil verschlossenen Abfluss, in dem sich eine im Nervensystem produzierte „aktionsspezifische Energie" ansammelt. Von innen übt diese sich anstauende aktionsspezifische Energie zunehmend Druck auf das Ventil aus, was zu einer erhöhten inneren Handlungsbereitschaft führt. Tauchen in der Umgebung passende externe Reize (Schlüsselreize) auf, im Modell symbolisiert durch ein Gewicht auf einer Waagschale, üben diese zusätzlich von außen Zugkraft auf das Ventil aus. Ist der Druck groß genug, um die Reizschwelle zu überwinden, öffnet sich das Abfluss-Ventil und die reaktionsspezifische Energie entlädt sich in entsprechendem Instinktverhalten (z. B. Nahrungssuche, Aggression, Spiel).

GEMEINSAMKEITEN

Den Trieb-Modellen gemeinsam ist die Vorstellung, dass Verhalten von angeborenen inneren Trieben gesteuert wird, die dafür sorgen, dass Individuen aktiv werden, um wichtige Grundbedürfnisse zu befriedigen. Gemeinsam ist ihnen auch die Vorstellung vom Trieb als eine innere Energiequelle, deren Energie sich anstaut, wenn sie keine Möglichkeit hat, sich in Verhalten zu entladen. Ein Trieb ist demnach ein hypothetischer Erregungs- oder Spannungszustand, der durch körperliche Bedürfnisse (in der Psychologie auch psychische Bedürfnisse) ausgelöst wird. Verhalten wird durch diese hypothetischen inneren Erregungszustände verursacht. Äußere Faktoren (externe Reize) können das Verhalten blockieren oder auslösen. Kann die innere Erregung (der Trieb) sich längere Zeit nicht in Verhalten manifestieren, staut sie sich an, sodass das Individuum aktiv nach Möglichkeiten zur „Entladung", also dem passenden Auslösereiz sucht (Appetenzverhalten). Ist der passende externe Reiz gefunden, löst er das entsprechende Verhalten aus. In der Vorstellung des Triebkonzeptes, ist bei einem „hoch im Trieb stehenden" Hund, bei dem der hypothetische Tank stark unter Druck steht, der Schwellenwert zur Verhaltensauslösung niedrig und nur ein schwacher Auslösereiz nötig. Bei einem Hund mit leerem Tank (schwacher Trieb) ist der Schwellenwert zur Verhaltensauslösung hoch, er benötigt einen starken externen Reiz, um das Verhalten auszulösen. Bei sehr hohem

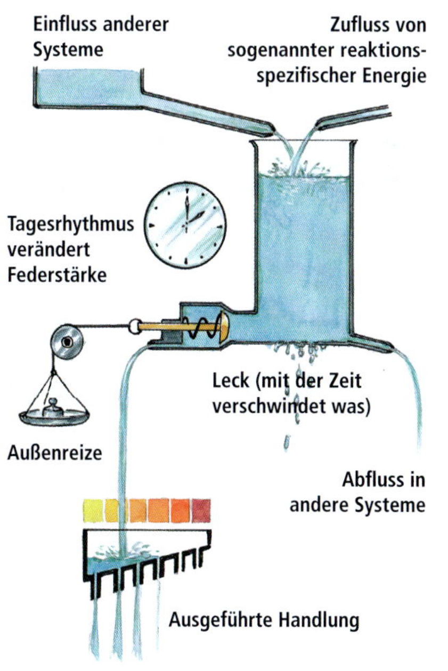

Triebmodell: Durch Zufluss ändert sich im Modell der Druck, der das Ventil öffnet und dadurch das Verhalten auslöst. Je mehr Füllung (= Handlungsbereitschaft), desto geringere Reize reichen aus.

Sozial-, Bewegungs- und Objekt-/Beutefangspiele tauchen in der Ontogenese von Hunden nacheinander auf.

Druck entlädt sich der Trieb auch ohne externen Auslösereiz in sogenannten Leerlaufhandlungen. Das sind Verhaltensweisen, die spontan auftreten, obwohl sie normalerweise durch Außenreize ausgelöst werden. Die Vertreter der Triebkonzepte waren zuversichtlich, mit den Fortschritten der Neurowissenschaft aktionsspezifische Energiequellen tatsächlich im Nervensystem nachweisen zu können. Dabei scheiterten sie jedoch. Im Gegenteil: Fortschritte in der Ethologie und den Neurowissenschaften führten dazu, dass Triebkonzepte und -modelle verworfen wurden, weil sie die Komplexität der Verhaltenssteuerung nicht abbilden und zu Zirkelschlüssen führen. Das Wörterbuch der Verhaltensforschung von Immelmann (1975) definierte Trieb als: *„Eine ältere Bezeichnung für die Bereitschaft eines Tieres zu einem bestimmten Verhalten."* Der Spieltrieb wäre demnach eine ältere Bezeichnung für die Bereitschaft des Hundes zum Spiel. Die Erklärung „Mein Hund spielt häufig, weil er einen starken Spieltrieb hat" ist ein Beispiel für einen Zirkelschluss, weil er die Bereitschaft des Hundes zum Spiel mit der Bereitschaft des Hundes zum Spiel (Spieltrieb) erklärt.

DER HUND IST KEIN SPIELTRIEBTÄTER!

Die „reaktionsspezifische Energie" als Quelle von Instinktverhalten konnte nicht nachgewiesen werden. Triebmodelle berücksichtigen viele Faktoren nicht, die Verhalten beeinflussen. Zudem sind viele Grundannahmen des Triebkonzeptes falsch. Das Hydraulikmodell sagt voraus, dass die Bereitschaft, ein Verhalten zu zeigen, ansteigt, wenn es längere Zeit nicht gezeigt werden kann. Tatsächlich kann die Möglichkeit zur Ausübung eines Verhaltens die zukünftige Bereitschaft, das Verhalten erneut zu zeigen, verringern, aber durch entsprechende positive Rückkopplungseffekte auch erhöhen (Gansloßer, 2020). Letzteres trifft auf Spiel und alle durch entsprechende Neurotransmitterausschüttung selbstbelohnenden Verhaltensweisen bei Hunden zu. Die Bereitschaft zu weiterem Spiel hängt vor allem davon ab, wieviel Spaß die vorherigen Spiele gemacht haben (Sommerville et al., 2017). Nicht jedoch vom Füllstand eines hypothetischen Reservoirs an Spielmotivation, das sich erst wieder füllen muss, bevor das nächste Spiel beginnt. Umgekehrt kann Verhalten, bei entsprechenden äußeren Bedingungen, über eine lange Zeit nicht ausgeübt werden, ohne dass die Bereitschaft, es zu zeigen, ansteigt, das Gegenteil kann der Fall sein. Nach dem Triebkonzept müsste der Spieltrieb dafür sorgen, dass ein Hund, der längere Zeit keine Gelegenheit zum Spiel hatte, in immer stärkerem Maße nach Spielmöglichkeiten sucht. Auf den ersten Blick scheint diese Hypothese zuzutreffen: Spielverhalten nimmt zu, wenn Tiere über eine gewisse Zeit isoliert oder beschränkt werden. Fehlt aber das entspannte Feld, weil Hunde unter Bedingungen leben, die ihr Wohlbefinden beeinträchtigen, spielen sie sogar über lange Zeiträume nicht. Wenn Gefahren drohen, soziale Spannungen herrschen oder die Lebensumstände die Tiere zwingen, ihre Energie in für das Überleben wichtigeres Verhalten wie die Nahrungssuche zu investieren, wird nicht gespielt (Baldwin & Baldwin, 1976; Bloch & Bloch, 2002). Hunde, die längere Zeit unter Stress im Tierheim gelebt und wenig Gelegenheit und Lust zum Spiel hatten, kommen nicht mit einem Spieltriebstau im neuen Zuhause an, der sich angesichts der nun entspannteren Umgebung entlädt. Im Gegenteil: Es dauert meist Wochen bis Monate, bis sie vorsichtig beginnen wieder zu spielen.

DIE DREI SPIELFORMEN

Je genauer sich die Wissenschaft mit Spiel von Tieren beschäftigt, desto differenzierter wird Spiel betrachtet. Immer mehr Daten weisen darauf hin, dass es mindestens drei getrennte Spielformen gibt, die von unterschiedlichen neurologischen Verhaltenssystemen gesteuert werden (Pellis & Pellis, 2017). Sie treten in der Entwicklung des Jungtiers (Ontogenese) zu unterschiedlichen Zeiten auf. Bei Hunden entwickelt sich als erste Spielform das Sozialspiel. Für Bewegungs- und Objekt/Beutefangspiel gibt es noch zu wenig Daten. Vermutlich gibt es auch Rasseunterschiede, wie auch bei Aggression und Dominanz (Serpell, Duffy & Jagoe 2017).

In Objektspielen macht sich ein Hund mit den Objekten in seiner Umgebung vertraut.

Auch Sequenzanalysen weisen auf die Unabhängigkeit der Spielsysteme hin (Gansloßer, 1998). Die drei Spielformen haben zudem unterschiedliche evolutionäre Ursprünge und sind wohl mehrfach und unabhängig voneinander entstanden, haben sich in einigen Abstammungslinien weiterentwickelt und sind bei anderen wieder verschwunden (Pellis et al., 2015; Pellis & Pellis, 2017). Den drei verschiedenen Spielformen liegen unterschiedliche Motivationen zugrunde (Pellis, 1991; Pellis & Iwaniuk, 2004; Pellis & Pellis, 2017). Das enthusiastische Kreislaufen auf der Wiese ist anders motiviert als das Spiel mit einem Spielzeug und anders als das Spiel mit einem Spielpartner. **Spielen Hunde mit Artgenossen, reduziert das nicht die Motivation zum Spiel mit dem Menschen, innerartliches und zwischenartliches Spiel sind also ebenfalls unterschiedlich motiviert** (Bradshaw et al., 2015; Rooney & Bradshaw, 2000). Die verschiedenen Spielformen werden in unterschiedlichen Kontexten gespielt und es sind unterschiedliche Gehirnbereiche und Neurotransmitter involviert:

- Objekt-/Beutefangspiel wird von Verhaltensfragmenten des Beutefang-/Jagdverhaltens dominiert und bevorzugt VOR dem Fressen gespielt.
- Sozialspiel setzt sich aus Fragmenten von Kampf-/Jagd-/Sexualverhalten zusammen und wird bevorzugt NACH dem Fressen gespielt. (Bloch, 2007; Cordoni, 2009)

Die Injektion von Sexualhormonen stoppt Sozialspiel, aber nicht Objektspiel (Rosenblum & Bromley, 1976, In: Dallaire, 2015; Smith, 1982). Geringe Mengen Morphium steigern Sozialspiel, aber weder Objekt- noch Bewegungsspiel (Guard et al., 2002; Panksepp, 1998; Sutherland et al., 2019). Das Zuführen von Oxytocin verdoppelt das Sozialspiel nahezu, nicht aber das Objektspiel (Romero et al., 2015). Nur beim Sozialspiel, nicht beim Objekt-/Bewegungsspiel, korreliert eine steigende Komplexität mit einer Vergrößerung bestimmter Gehirnbereiche wie Neocortex, Amygdala, Striatum, Hypothalamus und Cerebellum (Pellis & Burghardt, 2017). Während ein vergrößerter Mandelkern und Hypothalamus mit mehr Sozialspiel verknüpft ist, führt er nicht zu mehr Objektspiel oder Bewegungsspiel (Pellis & Pellis, 2009). All dies widerlegt die Hypothese, dass Spiel von einem einzigen Spieltrieb ausgelöst wird.

ES GIBT KEINEN SPIELTRIEB!

Gründe, warum es keinen Spieltrieb geben kann:

- Drei unabhängige Spielsysteme
- Spielsysteme sind unterschiedlich motiviert.
- Inner- und zwischenartliches Spiel sind unterschiedlich motiviert.
- Spielformen treten in unterschiedlichen Kontexten auf.
- Spielformen setzen sich aus unterschiedlichen Verhaltensfragmenten zusammen.
- Spielverhalten ist zu variabel und variantenreich, um von einem Trieb gesteuert zu werden.
- Spielformen treten zu unterschiedlichen Zeiten in der Ontogenese auf.
- Einzelne Spielformen treten mehrfach (unabhängig voneinander) in der Phylogenese auf und verschwinden wieder.
- Unterschiedliche Gehirnbereiche und Hormone/Neurotransmitter sind involviert.

SPIEL ODER NICHT-SPIEL

Einige Merkmale von Spielverhalten treffen auch auf anderes Verhalten zu, was eine Unterscheidung erschwert. Neue Gegenstände lösen Exploration und Objektspiel aus. Spiel aktiviert das körpereigene Belohnungssystem, was die Gefahr von Suchtverhalten beinhaltet. Ein Merkmal von Spiel ist Wiederholung, was eine Abgrenzung zum Stereotypverhalten erschwert.

SPIEL UND EXPLORATION

Neugier, Explorations- und Spielverhalten werden häufig in einen Zusammenhang gebracht (Pellis & Burghardt, 2017). Wissenschaftler diskutieren schon seit Jahrzehnten darüber, welche Unterschiede und Gemeinsamkeiten zwischen Spiel und Exploration bestehen und ob es sich dabei um ein oder zwei getrennte Phänomene handelt. Exploration spielt nicht nur beim Spiel, sondern auch bei vielen anderen Verhaltenskategorien eine Rolle, etwa bei der Jagd oder der Partnersuche (Pellis & Burghardt, 2017). Nach Gattermann (2006) ist Explorationsverhalten *„ein multifunktionelles Suchverhalten, das der Orientierung im eigenen Lebensraum dient“ […]*. Sowohl Exploration als auch Spiel können durch eine Vielzahl von Reizen (Geruch, Aussehen, Bewegung), ausgehend etwa von einem unbekannten Objekt, aber auch durch das Fehlen von Reizen (Langeweile) ausgelöst werden (Pisula, 2020). Durch Exploration sammelt ein Tier Informationen über seine Umwelt und reduziert so seine Unsicherheit. Das Ziel ist dabei, mit einem unbekannten Objekt oder einer neuen Umgebung oder Situation vertraut zu werden. Palagi (2013) stuft Exploration deshalb als Rezeptoraktivität ein, die evolutionär Vorteile bei der Futtersuche, der Vermeidung der Begegnung mit Fressfeinden, der Unterstützung von Lernen und der Nutzung der Umgebung bringt. Exploration besteht aus langen stereotypen Aktionen, in denen unterschiedliche Sinne eingesetzt werden, nimmt mit der Zeit ab und endet in der Gewöhnung. Die erste Annäherung an ein unbekanntes Objekt ist vorsichtig und angespannt und in der ersten Phase gekennzeichnet von einer Änderung von Herzschlag und Atmung, um das Tier auf eine sofortige schnelle Reaktion (z. B. Flucht) vorzubereiten. Bei Affen besteht Exploration aus 3 Phasen:

1. Visuelle Exploration aus Entfernung.
2. Beschnüffeln und Berühren des Objekts.
3. Ins-Maul-Nehmen und Manipulieren des Objekts (Palagi, 2013).

Die Art der Manipulation in den aufeinanderfolgenden Phasen macht die zunehmende Reduzierung der Unsicherheit sichtbar.

REZEPTOR – EFFEKTOR

Als Rezeptor, Sensor oder Sinneszelle wird eine Zelle bezeichnet, die chemische oder physikalische Reize aus der Umgebung aufnimmt, während eine Effektorzelle oder -zellverband für die Reaktion z. B. Kontraktion (Husten) oder Sekretion (z. B. Ausschüttung von Endorphinen) auf diesen empfangenen Reiz zuständig ist. Nach Palagi (2013) ist Exploration als Rezeptor-Aktivität vorwiegend auf Sinneswahrnehmung/Input ausgerichtet, während Spiel als Effektor-Aktivität aus Reaktionen/Output auf diese Wahrnehmung besteht.

SPIEL, EINE EFFEKTOR-AKTIVITÄT

Im Objektspiel, das generell nach der Exploration stattfindet, werden unbekannte Objekte benutzt, um neue, unbestimmte/ungewisse und herausfordernde Situationen zu kreieren, mit denen das Tier fertig werden muss (Špinka et al., 2001). Dieses selbstbelohnende Verhalten ermöglicht es dem Tier, seine motorischen und kognitiven Fähigkeiten zu prüfen und zu verbessern, deshalb betrachtet Palagi (2013) Spiel als Effektor-Aktivität. Im Gegensatz zur Exploration ist das Tier im Objektspiel in einer entspannten Stimmung. Wojciech Pisula (2008, 2020), ein Experte für Explorationsverhalten, definiert die Gemeinsamkeiten und Unterschiede zwischen Exploration und Spiel wie in der Tabelle dargestellt.
Neue Situationen und Gegenstände lösen besonders bei Welpen zuerst mehr oder weniger Unsicherheit oder Angst aus: „Geht von der neuen Situation, dem unbekannten Gegenstand, eventuell Gefahr aus?“, dann Neugier und Explorationsverhalten: „Was ist das?“ „Wie funktioniert es?“, und darauf eventuell Spielverhalten: „Was kann ich damit tun?“ Diesen Ablauf kann man beobachten, wenn Welpen in eine neue Umgebung (z. B. den Garten des Züchters) gebracht werden, das erste Mal in die Welpengruppe kommen oder ein neues Objekt/Spielzeug kennenlernen.
Die Abgrenzung zwischen Exploration und Spiel ist für einen Beobachter schwierig, weil die Übergänge fließend sind und beide Verhaltensweisen auch im Wechsel vorkommen. So kann eine plötzliche unerwartete Bewegung eines neuen Gegenstandes zum Rückzug führen, wenn die Furcht überwiegt. Nach einer Weile nimmt dann wieder die Neugier zu und führt zu einer erneuten Annäherung. Nach Špinka et al. (2001) ist *„die Funktion von Exploration, Probleme zu vermeiden (durch Sammeln von Informationen), die von Spiel, Probleme zu bewältigen (durch verbesserte Improvisationsfähigkeit)“*.

☞ EXPLORATION – SPIEL

GEMEINSAMKEITEN	UNTERSCHIEDE
— tritt unregelmäßig auf — enthält vielfältige Bewegungen — wird von einer großen Bandbreite von Reizen ausgelöst — kann leicht durch externe Reize abgebrochen werden — schwer bestimmbarer direkter Nutzen — beide sind mit der Entwicklung von Intelligenz verbunden	— Exploration gibt es bei allen Tierarten, Spiel nicht — unterschiedliche evolutionäre Entwicklung — Spielen macht allen Beteiligten Spaß, Exploration dagegen ist mit Unsicherheit verbunden — unterschiedlich motiviert (nach Špinka et al., 2001): Problemvermeidung versus Problembewältigung)

Während Exploration der Vermeidung von Problemen dient, hilft Spiel bei deren Lösung.

Dieses Hin- und Herpendeln zwischen Neugier und Furcht ist besonders bei Jungtieren gut zu beobachten (Baldwin & Baldwin, 1977). Je weiter die Entfernung vom sicheren Hafen, desto kürzer und zögerlicher die Bewegung zum gruseligen Objekt, desto schneller die Rückbewegung. Mit zunehmender Erfahrung nimmt dann auch die Bewegung zum gruseligen Objekt zu. Das Züricher Modell der sozialen Motivation nach N. Bischof (siehe Gansloßer et al., 2020) spricht hier von einem Abwechseln in der Stärke zwischen Sicherheitsbedürfnis und Überdrussreaktion und erklärt so auch ähnliche Vorgänge während des Ablösevorganges in der Pubertät. Explorationsverhalten ist von Vorsicht gekennzeichnet und verschwindet, wenn genügend Informationen über das neue Objekt gesammelt worden sind. Spiel ergibt sich nach der Erkundung eines neuen Objektes, wird ausgelöst durch dessen Reaktionen (Rollen, Hüpfen, Schaukeln) und findet wiederholt statt. Am einfachsten ist der Unterschied an der Körperspannung des Hundes, seiner allgemeinen Tendenz zur Annäherung oder zur Flucht, zu erkennen. Bei der Exploration ist der Hund je nach Gefahreneinschätzung mehr oder weniger angespannt, im darauffolgenden Spiel jedoch entspannt.

Exploration geht Spiel voraus, wechselt sich ab oder geht fließend ineinander über. Hunde müssen ausreichend Gelegenheit zur Erkundung neuer Situationen und Objekte haben, damit Spiel inklusive selbst initiierter Bewältigungsstrategien und selbst gefundener Problemlösungen überhaupt möglich wird. Erst wenn ein Objekt vom Hund als ungefährlich, aber interessant kategorisiert ist, kann es zum Objektspiel kommen. Bei sehr ängstlichen oder skeptischen Hunden kann der Mensch helfen, wenn er sich als Demonstrator mit dem neuen Gegenstand beschäftigt, mit ihm spielt und so dessen Ungefährlichkeit und sein Spaßpotential deutlich macht. Neue Objekte, Umgebungen oder Individuen sind als Spielzeug oder Spielpartner attraktiv, wenn sie durch ihre unbekannten Eigenschaften minimalen Stress in Form von positiver Aufregung und damit Neugier/Exploration oder direkt Spiel auslösen. Ist der Stress zu groß, lösen die neuen Objekte Furcht/Meideverhalten aus. Ist das Objekt zu bekannt, löst es wegen des Gewöhnungseffektes eventuell kein Spiel mehr aus, sondern wird ignoriert. Durch Entziehen für einige Zeit oder das Hinzufügen neuer Eigenschaften kann es wieder attraktiv gemacht werden, z. B. wenn das Spielzeug in ein Tuch gewickelt, in einen Socken gesteckt, mit einem neuen Geruch versehen oder in einer neuen Umgebung benutzt wird.

Silke und Tilo im sozialen Objektspiel.

ZEIT ZUR ERKUNDUNG!

Es ist schade, wenn Hunde, insbesondere Welpen, nicht ausreichend Zeit zur Erkundung neuer Situationen erhalten. Wenn sie mit Futter gelockt werden, bevor sie aus eigenem Antrieb und aktiv, d. h., durch ihr eigenes Verhalten ihre Unsicherheit oder Angst überwinden können. Das darauffolgende intrinsisch – vom körpereigenen Belohnungssystem – hervorgerufene Gefühl über sich hinausgewachsen zu sein, ist der Antrieb für ihr weiteres Lernen. Es sorgt für das spielerische Lernen aus Spaß am Lernen, das „Lernen des Lernens" und ist etwas anderes als „Lernen für Futter" oder „Lernen für Lob". Ein Welpe, der spielerisch lernen darf, bleibt auch später neugierig und offen für neue soziale und nichtsoziale Reize.

SPIEL, STEREOTYPIEN & VERHALTENSSUCHT

Weil Wiederholung, Freiwilligkeit (zumindest von äußerem Zwang) und scheinbare Funktionslosigkeit nicht nur im Spiel, sondern auch bei Verhaltensweisen wie Stereotypien und Verhaltenssucht vorkommen,

Tilo fokussiert das Spielzeug und zeigt mit seinem Pfotenschlagen eine typische Spielbewegung.

die auf ein mangelndes Wohlbefinden hinweisen, ist es wichtig, diese von Spiel abzugrenzen. Spiel unterscheidet sich von Stereotyp-, Zwangs- oder Suchtverhalten durch die Variabilität und Flexibilität des Verhaltens (Kriterium 4).

STEREOTYPIEN

Stereotypverhalten (auch Abnormal-repetitives Verhalten – ARV) wird definiert als *„sich wiederholendes, weitgehend formkonstantes Verhalten, das der konkreten Umweltsituation nicht entspricht, nicht im Zusammenhang mit ihr steht und zwanghaften Charakter trägt"* (Gattermann, 2006). Beispiele für stereotypes Verhalten bei Hunden sind Kreislaufen im Zwinger oder Hin- und Herlaufen am Zwingergitter, Flankensaugen, Schwanzjagen, Kreiseln, Lichtreflexe-/Schattenjagen, rhythmisches Bellen (Kaulfuß, 2011). Tiere, die Stereotypien zeigen, haben eine verringerte Zahl von Opioidrezeptoren im Gehirn und besonders stereotypieanfällige Tiere einen Dopaminmangel in manchen Hirnregionen. Verhaltensstereotypien helfen Hunden, mit stressigen Situationen – sei es aus Unter- oder Überforderung – umzugehen, da die wiederholt stereotyp ausgeführten Bewegungen Dopamin und Endorphine freisetzen (Gansloßer, 2007, 2020).

Mit Verhaltenswiederholung verbundene Ausschüttung von Dopamin und Endorphinen sind ebenfalls Merkmale von Spiel. Im Spiel variiert der Hund die Verhaltenswiederholungen jedoch, er führt das Verhalten nicht starr und in immer der gleichen Weise und Reihenfolge aus. Die Art der Bewegung, Haltung, Mimik, Muskelspannung und Variabilität unterscheiden das freudig erregte Kreislaufen eines Hundes im Rennspiel oder im solitären Rennflash, deutlich von dem depressiv wirkenden stereotypen Kreislaufen eines Zwingerhundes. **Zudem kann Spiel sehr einfach unter- und abgebrochen werden, schwere Stereotypien jedoch nur durch massives Einschreiten des Menschen.**

EXZESSIVE AUSÜBUNG EINES VERHALTENS

Die exzessive Ausübung einer Verhaltensweise wird als nicht-stoffgebundene Sucht, Verhaltenssucht oder Impulskontrollstörung bezeichnet und kann bei allen Verhaltensweisen auftreten, die zu einer unmittelbaren Selbstverstärkung/-belohnung durch körpereigene Substanzen führen. Das Verhalten wird nicht durch externe Substanzen, sondern durch das körpereigene Belohnungszentrum (z. B. Noradrenalin, Dopamin, Endorphine/Endocannabinoide) belohnt und verstärkt. Diese körpereigenen Substanzen werden bei ausdauernder körperlicher Anstrengung ausgeschüttet. Ein Beispiel dafür ist das als „Runner's High" bekannte Hochgefühl, das sich bei ausdauerndem Laufen einstellt und das es bei Menschen und Hunden gibt (Samson, 2013). Neuere Untersuchungen (siehe Gansloßer et al., 2020) zeigen hier z. B. deutliche Zusammenhänge mit den Lebensverhältnissen in der Jugend. Eine Exekutivfunktion aus einem speziellen, auch oxytocinabhängigen Teil der Großhirnrinde, namens Inselrinde, in das mesolimbische Zentrum wird offenbar bevorzugt freigeschaltet, wenn in dieser sensiblen Phase stabile und sicherheitsgebende soziale Verhältnisse herrschen. Zudem zeigen schon die Arbeiten aus der Gruppe von G. Mason (Mason & Rushen, 2006) einen Zusammenhang zwischen der Organisation dopamingesteuerter Neuronen im *Nucleus accumbens* (siehe S. 54) mit der Struktur der Umwelt in der Jugend: Jungtiere aus langweiligen Standardkäfigen haben weniger dopaminerge Neuronen im Streifenkörper und sind dann anfälliger für

Je monotoner „Hetzen-Packen-Apportieren" durchgeführt werden, desto stärker ist die Suchtgefahr.

Stereotypien. *„Die exzessive Ausübung der jeweiligen Tätigkeiten aktiviert dieselben Belohnungszentren im Gehirn und führt zu einer ähnlichen Symptomatik wie bei substanzbezogenen Störungen (z. B. Alkohol-, Tabak- und Drogensucht), d. h., Wiederholungszwang, Kontrollverlust, Toleranzentwicklung und (in schwächerem Umfang) Entzugserscheinungen"* (Mann et al., 2016).

VERHALTENSSÜCHTE

Auch bei der Verhaltenssucht gibt es die stoffgebundene Süchte kennzeichnende, chronische Störung der Belohnungs- oder Motivationsschaltkreise im Gehirn und Merkmale wie Wiederholungszwang, Verlust von Impulskontrolle, Stimmungsänderung, Vernachlässigung anderer Interessen, z. B. Spiel mit Artgenossen und sogar Entzugserscheinungen wie Unruhe oder Reizbarkeit, wenn das Verhalten nicht ausgeübt werden kann (Rosenberg & Feder, 2014). Verhaltenssucht bei Hunden kann sich im Zusammenhang mit regelmäßig und exzessiv ausgeübten Bewegungsaktivitäten entwickeln. Hier sind besonders Aktivitäten zu nennen, die Jagdsequenzen wie Hetzen enthalten, z. B. das Hinterherjagen hinter Ball/Frisbee oder einem Objekt an einer Reizangel, wobei bestimmte Rassen wie Hütehunde besonders gefährdet sind. Der spielende Hund freut sich beim Anblick des Balls oder Frisbees auf eine gemeinsame spannende, abwechslungsreiche spielerische Aktivität mit seinem Menschen. Der verhaltenssüchtige Hund reagiert mit höchster Erregung auf den Ball/das Frisbee, zeigt im Spiel bei Unterbrechungen Veränderungen des Ablaufs und am Spielende deutliche Stresszeichen. Sein Mensch ist als Werfer austauschbar.

Die zunehmende Fixierung auf eine Spielform/ein Spielobjekt, mit Austauschbarkeit des Spielpartners, ist ein Hinweis auf Störung des Wohlbefindens und eine Verhaltenssuchtentwicklung.

SPIEL, TRAINING UND BESCHÄFTIGUNG

Die Einstufung einer Beschäftigung als Spiel oder Nicht-Spiel ist relativ einfach, wenn man das Kriterium des Spielforschers Stuart Brown (Braun & Vaughan, 2009) benutzt. Kommt es bei der Beschäftigung mehr auf das Tun selbst an, ist es Spiel. Steht das Erreichen eines bestimmten Ziels im Vordergrund, z. B. der Gewinn eines Pokals beim Agility, das Formen eines Verhaltens beim Clickern, das Apportieren des Futterbeutels oder das Rollen eines Futterballs wegen des enthaltenen Futters, ist die Beschäftigung kein Spiel. **Je zielorientierter die Beschäftigung von Mensch und/oder Hund durchgeführt wird, desto eher fallen die positiven Begleiterscheinungen des Spiels weg.**

STUDIE: „SPIEL" MIT DIENSTHUNDEN

In einer Studie wurden die Halter ungarischer Diensthunde (Polizisten und Grenzschützer) aufgefordert, mit ihren Hunden zu spielen. Die eine Gruppe gab ihren Hunden das Kommando zu spielen, disziplinierte sie im Spiel kontinuierlich und lobte sie, wenn sie sich „korrekt" verhielten. Die andere Gruppe interagierte eher kooperierend und spielerisch. Vor und nach dem Spiel wurde der Cortisolspiegel der Hunde mittels Speichelprobe gemessen. Cortisol ist ein Hormon, das bei Stress ausgeschüttet wird und deshalb als Stressindikator dient. Die erste Gruppe hatte nach der „Spielsituation" einen erhöhten Cortisolspiegel, die zweite einen verringerten. Obwohl beide Gruppen von Hundehaltern glaubten, mit ihrem Hund zu spielen und auch beide die gleichen Aktionen (Spielzeug werfen, Zerren usw.) ausführten, erlebte nur die zweite Hundegruppe die gemeinsame Beschäftigung wirklich als Spiel, während die Hunde der ersten Gruppe die Situation eher als Training erlebten und mit Stress reagierten (Horváth et al., 2008).

AUS DER FORSCHUNG

STEREOTYPIE ODER SPIEL?

– Das ist hier die Frage!
Einige Beschreibungen und Diskussionen sogenannter Bewegungsspiele lassen vermuten, dass hier nicht immer sauber zwischen der Stereotypie als Problem- und Stressbewältigung und dem eigentlichen Spiel unterschieden wird. Spielverhalten, das haben wir bisher betont, zeichnet sich durch eine hohe Variabilität der Bewegungsabläufe, übertriebene Luxusbewegungen, schaukelnden Gang und andere, auf Seite 11 ff. ausführlich beschriebene Kriterien aus. Stereotypien dagegen sind genau das Gegenteil. **Sie sind formkonstant, der Bewegungsablauf ist starr, sogar die Schrittzahl, die Schrittlänge und der dabei zurückgelegte Weg sind von einer Wiederholung zur nächsten praktisch identisch.** Stereotypien von Tieren in Gehegen lassen sich beispielsweise durch festgetretene Pfade erkennen, und wenn man dann plötzlich in diesen festgetretenen Pfad ein Hindernis einbaut, stößt das Tier zunächst dagegen. Im Extremfall kann ein Tier auch aus der Stereotypie weder durch einen ablenkenden Umweltreiz, noch durch einen Sozialpartner herausgeholt werden, beispielsweise sind Muttertiere nicht mehr in der Lage, auf die säugewilligen Jungtiere adäquat zu reagieren.

Entwicklung einer Eigendynamik
Stereotypien entwickeln auch eine Eigendynamik über die Lebensgeschichte des betreffenden Tieres, beispielsweise entkoppeln sie sich im Laufe der Zeit immer mehr von der ursprünglich auslösenden Situation, und sind dann auch nicht ohne weiteres heilbar. Wir haben selbst Fälle erlebt, bei denen Hunde aus dem Tierheim ihre Zwingerstereotypie des Kreiselns und Schwanzjagens auch unter normalen Lebensumständen in der neuen Adoptivfamilie nicht abgelegt haben, was dem armen Hundehalter sogar bisweilen Anzeigen beim Tierschutz eingebracht hat.

Entstehung
Stereotypien entstehen ursprünglich oftmals aus einem frustrierten, also nicht erfüllbaren Bewegungsbedürfnis. Ob es sich dabei um ein rhythmisches Scharren eines Kleinsäugers im Terrarium handelt, der dringend eine Höhle graben möchte, um als nachtaktives Tier dem Tageslicht zu entkommen, oder eben um den kreiselnden oder Achterbahn laufenden Bären im zu kleinen Zwinger. Die Loslösung von der ursprünglichen Motivationslage ist dann beispielsweise dadurch erkennbar, dass der Bär diese rhythmische Stereotypie auch in einem mehrere Hektar großen, naturnah gestalteten Waldgehege nicht mehr ablegt und z. B. mit dem Kreiseln und Achterbahn laufen beginnt, sobald ihm ein ranghöherer Artgenosse zu nahekommt. Auch die Grabstereotypie der genannten Kleinsäuger im Terrarium kann dann aus sozialer Belastung, frustrierter Futtererwartung oder ähnlich auslösenden Situationen heraus entstehen.

Beurteilung
Zur Entscheidung, ob Bewegungsstereotypien oder Bewegungsspiele vorliegen, helfen bisweilen Videoaufnahmen.

— Je gleichmäßiger die Schrittzahl, je gleichmäßiger der Rhythmus der Beinbewegungen, je gleichartiger die Geschwindigkeit und der zurückgelegte

Tiger und manch andere Großkatzen neigen aus ökologischen Gründen mehr zu Stereotypien als Löwen und Luchse.

Weg, desto größer ist die Wahrscheinlichkeit einer Bewegungsstereotypie.

— Je variabler die Schrittzahl, je luxurierend – übertriebener die Bewegungen, je ungleicher der zurückgelegte Weg und der Rhythmus der Bewegungsabläufe, desto größer ist die Chance eines Bewegungsspiels.

Auch das Ausdrucksverhalten, beispielsweise ein Spielgesicht, oder eben im Gegenteil ein entweder angestrengt konzentrierter oder sogar mit Stressanzeichen versetzter Gesichtsausdruck, erleichtert die Entscheidung über die Wahrscheinlichkeit der einen oder anderen Interpretation.

Ursache und Bedeutung

Da auch Stereotypien, insbesondere im Bereich des *Nucleus accumbens,* des Streifenkörpers (siehe S. 54, 65), zu verstärkter Dopaminausschüttung führen können, sind sie ebenso wie echtes Spielverhaltenselbstbelohnendund damit auch lust- und suchtgefährdend.

Genau aus diesem Grund finden wir oftmals Stereotypieneigungen besonders stark bei Tieren aus langweiligen, wenig Reiz bietenden Haltungsbedingungen und nochmals verstärkt bei solchen, denen diese langweiligen Haltungsbedingungen im Zeitraum der Jugendentwicklung zugemutet wurden. **Die Entstehung einer Stereotypie zeigt also einen Umweltmangel in der Haltungssituation des betreffenden Tieres an. Sobald die Stereotypie sich dann fixiert und verselbstständigt hat, kann sie jedoch durchaus auch dem Stressabbau dienen.** Untersuchungen aus der landwirtschaftlichen Nutztierhaltung lassen beispielsweise erkennen, dass Tiere mit Stereotypien in bestimmten Situationen gesünder und weniger krankheitsanfällig sind als Artgenossen ohne Stereotypien in der gleichen Haltung. Deshalb ist die Bewertung von und der Umgang mit Stereotypien auch immer eine verhaltenstherapeutische Einzelentscheidung, bei der die medizinischen Risiken einer ausgelebten Stereotypie (z. B. Gelenkschäden oder die Gefahren von Selbstverletzung) gegen den selbstberuhigenden und belastungsdämpfenden Effekt abgewogen werden müssen. Ausführliche Darstellung zum Thema Stereotypien und Zwangsstörungen bei Tieren finden sich z. B. bei Mason und Rushen (2006).

WIE FÜHLT SICH SPIEL AN?

– SPIEL VON INNEN BETRACHTET

Um den biologischen Hintergrund eines Verhaltens zu verstehen, ist es gut, die objektive distanzierte Betrachtungsweise eines Wissenschaftlers einzunehmen. Dieser „Blick von außen" reicht jedoch nicht aus, um Spiel zu verstehen. Um Spiel zu verstehen, muss auch die innere Perspektive der Spielenden berücksichtigt werden (siehe Burghardts Ergänzung zu Tinbergens vier Fragen, „Aus der Forschung" S. 36 f.).

Eine berühmte Definition, die versucht, das Gefühl und Erleben des Spiels zu beschreiben, stammt von Huizinga (2006): *„Spiel ist eine freiwillige Handlung oder Beschäftigung, die innerhalb gewisser festgesetzter Grenzen von Zeit und Raum nach freiwillig angenommenen, aber unbedingt bindenden Regeln verrichtet wird, ihr Ziel in sich selbst hat und begleitet wird von einem Gefühl der Spannung und Freude und einem Bewusstsein des Andersseins als das gewöhnliche Leben"*. Spiel ist gekennzeichnet von einem besonderen Bewusstsein, von Spannung und Freude. Spiel fühlt sich anders an als das gewöhnliche Leben, weil die üblichen Konventionen hier nicht gelten und es im Spiel kein Ziel gibt, außer dem, „Spaß zu haben". Ein Spiel mit unserem Welpen entwickelt sich eben nicht, wenn wir uns überlegen: „Komm Bello, wir spielen eine Runde, um an deiner Beißhemmung zu arbeiten." Spiel startet eher mit dem Gefühl: „He, ich jedenfalls bin in Spiellaune, mal gucken, ob und wozu mein Hund heute Lust hat". Marc Bekoff (2007) weist darauf hin, dass man sich im Spiel gleichzeitig *„entspannt, aufgeregt und vergnügt"* fühlen kann, und betont, dass dieser einzigartige Gefühlszustand ausschließlich im Spiel vorkommt. Neben dem entspannten Umfeld und der Spielspannung, gehört zur besonderen Atmosphäre von Spiel auch Imagination, Fantasie und Kreativität, das „So tun, als ob". Hunde tun so, als ob das Stöckchen, der Ball oder der Hundekumpel Beutetiere wären, die es einzeln oder als Gruppe zu verfolgen gilt und Hunde tun so, als ob sie miteinander oder um ein Spielzeug kämpfen.

Ein anderes Mal tun sie wiederum so, als ob das Spielzeug oder der Futternapf Artgenossen wären, die sie zum Spiel einladen, spielerisch anknurren, vor denen sie sich auf den Boden fallen lassen und sich hin- und herwälzen, um ihre Spiellaune zu demonstrieren. Vielleicht stellt sich auch der solitär spielende kreislaufende Hund, der den für die Beuterolle im Jagdspiel typischen Henkel-

Zerrspiele gehören zu den sozialen Objektspielen.

schwanz zeigt, einen imaginären Spielpartner vor, der ihn verfolgt. Dieses „So tun, als ob“, die Imagination, ist nicht nur Bestandteil von Spiel, sondern auch von anderen Bewusstseinszuständen wie Träumen, Tagträumen oder Meditation.

SPIEL ALS BEWUSSTSEINSZUSTAND

Auf den ersten Blick scheinen Spiel und Traum nicht viel gemeinsam zu haben, außer vielleicht der Tatsache, dass es Wissenschaftlern bei beiden Phänomenen schwerfällt, ihre Funktionalität bzw. ihren Nutzen nachzuweisen und sie deshalb eine Vielzahl von Theorien entwickelten. Bei genauerem Hinsehen finden sich viele Gemeinsamkeiten und Jaak Panksepp (Panksepp & Biven, 2012) mutmaßt, dass es sich um zwei sich ergänzende Phänomene mit alten evolutionären Wurzeln handeln könnte. **Spielverhalten ist keine unreife Form von erwachsenem Verhalten, sondern eine eigene Verhaltenskategorie auf Basis einer eigenen neuronalen Struktur.** Der Psychobiologe und Emotionsforscher hat verschiedene grundlegende emotionale „Gehirnschaltkreise“ gefunden. Einen davon nennt er „Play-System“, also „Spiel-System“ (Panksepp, 1998). Im Spiel ist das Play-System und damit ein anderer Gehirnbereich aktiv als z. B. bei der mit der Jagd verbundenen Aufregung oder bei Wut und Angst und den daraus resultierenden aggressiven Handlungen. Das Play-System überlappt sich mit anderen Gehirnbereichen, z. B. mit denen, die bei Exploration, Freude und Bewegung aktiviert sind. Panksepp (1998) sieht zudem Parallelen zwischen Spiel und Traum: *„Tatsächlich könnte Spiel das wache funktionale Gegenstück zu Träumen sein“*. Nach Panksepp sind Spiel und Traum beim Gehirn mit einer Erfahrungserwartung verbunden und bei beiden werden vergangene Ereignisse als Quelle für zukünftiges Verhalten genutzt (Panksepp & Biven, 2012). Hunde und fast alle Säugetiere haben REM-Schlafphasen und träumen. Man weiß heute, dass im REM-Schlaf, in dem am meisten geträumt wird, auch die Verarbeitung und Verfestigung von neuen Erfahrungen (Lernen) erfolgt.

Sie sind nur möglich, wenn die Spielpartner kooperieren.

Spiel und Traum haben mehr Gemeinsamkeiten, als es auf den ersten Blick erscheint.

Panksepp vermutet, dass Spielen und Träumen die Organisation von Informationen im Gehirn unterstützen, die differenzierte emotionale Reaktionen auf zukünftige Ereignisse ermöglichen. Dadurch erleichtern sie die Integration von affektiven und kognitiven Informationen so, dass die evolutionär jüngeren (höheren) Gehirnbereiche optimaler arbeiten können. **Sowohl Spiel als auch Traum ermöglichen es Individuen, Lösungen für komplexe Probleme gefahrlos auszuprobieren.** Panksepp vermutet, dass der REM-Zustand (REM = Rapid eye movement sleep) und die damit verbundenen Träume das Überbleibsel eines älteren ursprünglicheren Bewusstseinszustandes sind, der weil er nicht mehr adaptiv war als Steuerung für reales Handeln, „abgeschaltet" wurde und nun eingesetzt wird, um Informationen für die optimale Verarbeitung und Nutzung durch neuere Gehirnregionen vorzubereiten. Im Traum ist der Motorcortex aktiv, der Hirnstamm blockiert jedoch die Übertragung der Bewegungsimpulse zu den großen Muskeln, die entspannt sind, während viele kleine Muskeln, wie bei den Augen, Fingern, Zehen aktiv sind. Hunde bewegen Pfoten, Beine, Schwanz im Traum und sie bellen auch mit geschlossener Schnauze.

Zerstört man bei Säugetieren experimentell die Zellen im Gehirn, die für die Blockierung der Muskeln im Traum zuständig sind oder bei einer bestimmten Störung (RBD = rapid eye movement sleep behaviour Disorder), die es sowohl bei Menschen als auch bei Hunden gibt, führen die Tiere die geträumten Bewegungen tatsächlich aus (Schubert et al., 2011). Vor allen Dingen solche, die sie in überlebenswichtigen Situationen brauchen, die aber nicht starr sind, sondern viel Flexibilität erfordern, weshalb Träume als Möglichkeit betrachtet werden, solche Situationen durchzuspielen und die Überlebenschancen dadurch zu verbessern.

PARALLELEN ZWISCHEN SPIEL UND TRAUM

Die Gehirnregionen, die für Emotionen zuständig sind, sind im Traum aktiver, während die für kognitive Kontrolle weniger aktiv als im Wachzustand sind. Burghardts Hypothese ist, dass Träumen im Schlafzustand eine ähnlich integrierende Funktion zu Gunsten höherer kognitiver Gehirnbereiche zukommt, wie dem Spiel und dem Play-Schaltkreis im Wachzustand und sich beide ergänzen.

Auch Kelly Bulkeley (2019) sieht Parallelen zwischen Spiel und Traum, wenn sie Träume als *„Fantasiespiel im Schlaf"* bezeichnet. Bulkeley hat eine Hypothese des Zusammenhangs von Spielen und Träumen entwickelt, in der sie u.a. Ansätze aus der evolutionären Biologie, Neurobiologie und Entwicklungspsychologie zu Spiel und Traum integriert. Sie weist darauf hin, dass Träume ebenfalls die fünf von Burghardt entwickelten Spielkriterien erfüllen: weil sie nichtfunktional sind, spontan entstehen, übertriebene und sehr bizarre, variable Versionen von Verhaltensfragmenten beinhalten. Zudem sind Kindheit/Jugend mit erhöhtem Traumvorkommen verbunden und ab einem bestimmten Stresslevel ist das normale Träumen gestört, was beides auch auf Spiel zutrifft. Zudem sind die Tierarten, bei denen Spiel am häufigsten vorkommt, auch die, bei denen die meisten REM-Schlafphasen vorkommen (Panksepp & Biven, 2012). Der Anteil der REM-Phasen ist in der Kindheit am höchsten und nimmt mit zunehmendem Alter ab. Traum und Spiel basieren auf der gleichen neuronalen Basis, dem „default mode network" (DMN), bzw. Basis- oder Ruhemodusnetzwerk, obwohl Teile des Gehirns in diesem Modus sehr aktiv sind. Es handelt sich um einen Schaltkreis stark vernetzter Gehirnregionen inklusive des Temporal-, Parietal- und Frontallappens. Dieser Schaltkreis, der beim Spielen, in REM-Schlafphasen, Tagträumen oder beim Meditieren aktiv ist, regelt, wie das Gehirn in einem nicht auf ein Ziel oder Problem fokussierten Zustand arbeitet, wenn die Gedanken, Ideen und Vorstellungen frei fließen können (Bulkeley, 2019). In diesem Zustand ist bei Menschen die distanzierte Selbstreflexion, die das eigene Denken und Erleben reflektiert, weitgehend ausgeschaltet (Smallwood & Schooler, 2015), was das von Huizinga (1949) beschriebene *„Bewusstsein des Andersseins als das gewöhnliche Leben"* im Spiel (und im Traum) erklären würde.

ZUGEHÖRIGKEIT

Traum und Spiel von psychisch gesunden Individuen sind ungeordnete, unvorhersagbare Mischungen aus veränderten Verhaltensfragmenten und stimulieren so unterschiedlichste Gehirnbereiche, auch solche, die bei zielgerichtetem Verhalten nicht gleichzeitig aktiv sind. **Auf diese Weise könnten Spiel und Traum die Gehirnentwicklung bei Jungtieren fördern, vor allem bei Tierarten mit komplexen neuronalen Netzwerken.** Spiele und Träume von Individuen, deren Wohlbefinden stark beeinträchtigt ist, wie z. B. bei einer posttraumatischen Belastungsstörung, unterscheiden sich von denen gesunder Spieler und Träumer. Sie zeichnen sich durch ihren starren Ablauf, ihre Vorhersagbarkeit, fehlende Variabilität und Fixierung auf ein bestimmtes Thema oder eine bestimmte Situation aus. So kehrt die traumaauslösende Erfahrung in immer gleich ablaufenden Albträumen wieder (Bulkeley, 2019) und wird im Spiel ebenfalls wieder und wieder nachgespielt (Dallaire et al., 2018). Spiel wird bei Kindern (und teilweise auch bei Hunden) bereits therapeutisch eingesetzt, um solche traumatischen Erlebnisse zu heilen.

Spiel ist auch für den Psychiater und Gründer des US National Institute for Play, Stuart Brown, ein besonderer mentaler Zustand, so wie Schlafen, Wachen und Träumen, weil im Spiel Hirnregionen aktiv sind, die bei keiner anderen Tätigkeit aktiviert sind. *„Spiel ist eher ein Bewusstseinszustand als eine Aktivität"* (Brown & Vaughan, 2009). Er sieht die Suche nach Neuem, Frischem als Kennzeichen des Spiel-Bewusstseinszustands und weist ebenfalls darauf hin, dass die Gehirnbereiche, die Spiel auslösen, die gleichen sind, die Schlafen und Träumen aktivieren. Stuart Brown glaubt, dass der Wunsch, akzeptiert zu werden, das Bedürfnis nach Zugehörigkeit, Motivation für das Sozialspiel ist. Durch die Erfahrung des gemeinsamen Spiels entsteht das Gefühl „dazuzugehören".

AUS DER FORSCHUNG

TINBERGENS VIER FRAGEN

Im Jahr 1963 hat der spätere Nobelpreisträger Nico Tinbergen, einer der Begründer der modernen wissenschaftlichen Verhaltensbiologie, in einem programmatischen Aufsatz die Forschungsmethodik der Verhaltensbiologie in vier nebeneinander und gleichberechtigt stehende Fragen zusammengefasst. Letztlich aber können alle lebenswissenschaftlichen Untersuchungen, von der naturwissenschaftlich-biologischen Psychologie bis zur Medizin, diese Fragestellungen als Grundstruktur für ihre Erklärungsansätze nutzen. Jede dieser vier Fragen ist genauso wichtig und gleichberechtigt, und erst, wenn alle vier Fragen gleichermaßen zufriedenstellend beantwortet scheinen, darf man davon sprechen ein Phänomen, sei es Organ, Verhaltensweise, Molekülstruktur o. Ä., wirklich biologisch erklärt zu haben.

Frage 1: Woher?

Das bedeutet, dass die stammesgeschichtliche Herkunft eines Merkmals durch Vergleich mit anderen, mehr oder weniger nahe verwandten Arten, bei morphologischen Strukturen gegebenenfalls auch durch Vergleich mit Fossilien und anderen paläontologischen Funden, beschrieben und eingeordnet werden muss. Diese Frage ist selbstverständlich im Bereich von Verhaltensweisen schwerer zu beantworten als bei Knochen, Zähnen, Geweihen und anderen, leicht versteinerbaren Organen. Aber gerade der Artvergleich oder ggf. auch der Vergleich mehrerer Unterarten oder Haustierrassen kann hier durchaus Hinweise geben. Bei Hunden, Katzen, Hühnern, Pferden u. a. Haustierformen leben ja sogar noch die wilden Ausgangsarten.

Frage 2: Wozu?

Hier geht es um den Anpassungswert einer Struktur, eines Verhaltens oder anderen Merkmals, d.h., um seine Auswirkungen auf den ultimativen Fortpflanzungserfolg. Hier muss dann auch gleich noch ein weiterer Begriff diskutiert werden, der oftmals im allgemeinen Sprachgebrauch anders benutzt wird als im biologisch-evolutionären Zusammenhang: Fitness ist im evolutionsbiologischen Sinn nicht das, was man sich im Fitnessstudio holt. **Fitness ist der Anteil des eigenen Erbguts am Genpool der nächsten Generationen.** Und alles, was der Steigerung des eigenen Genanteils dient, wird letztlich evolutionsbiologisch und evolutionsgeschichtlich auch Vorteile bringen. An dieser Stelle muss dann selbstverständlich darauf hingewiesen werden, dass Fitnessmaximierung eines Tieres auch ohne dessen tiefgründige statistische und theoretische Kenntnisse erfolgen kann. Der britische Evolutionsbiologe Dawkins (1982) hat das einmal so zusammengefasst: Eine Spinne hat keine Ahnung von Werkstoffwissenschaften, Baustatik, oder der Aerodynamik ihrer Beuteinsekten. Trotzdem ist ein Spinnennetz die optimale Konstruktion, die mit möglichst wenig Aufwand und möglichst geringem Material diese Fluginsekten optimal einfängt. Oder anders ausgedrückt: Viele Handwerker fallen zwar regelmäßig in der Meisterprüfung beim Buchführungsteil durch, führen aber trotzdem erfolgreich Betriebe, während die meisten betriebswirtschaftlich studierten Manager ein Unternehmen nach dem anderen an die Wand fahren. Gerade bei sozial lebenden Arten ist Fitnesssteigerung auch über Verwandschaftshilfe möglich.

Frage 3: Wie?
Hier geht es um die Mechanismen des Verhaltens, Hormone, neurobiologische Strukturen, aber auch z. B. Tag-Nacht-Rhythmen, auslösende Mechanismen, Funktion der Sinnesorgane und anderes, was dem Tier bei Ausführen seines Verhaltensprogrammes hilft.

Frage 4: Wodurch?
Es geht hier um die individualgeschichtliche Entwicklung des Verhaltens, die Durchgangsstadien, die das Tier im Laufe seiner Lebensgeschichte (mindestens von der befruchteten Eizelle bis zum Erreichen des völligen Erwachsenenstadiums) durchläuft und welche Einflüsse dabei auf das Tier wirken. Selbstverständlich sind gerade diese ontogenetischen Einflüsse ganz besonders wichtig bei einer Betrachtung des Spielverhaltens.

Ergänzung von Burghardt
Gordon Burghardt (1997, 2005) erweiterte Tinbergens Fragen um einen weiteren Aspekt: **die subjektive Komponente oder das individuelle Erleben (private experience).** Für das vollständige Verstehen eines Verhaltens müssen auch die kognitiven/emotionalen/motivationalen Prozesse, die das Verhalten beeinflussen/begleiten einbezogen werden. Beim Spielverhalten sind das z. B. Fragen danach, welche Emotion(en) Spiel begleiten und ob dies bei allen Spielformen dieselben oder unterschiedliche Emotionen sind. Burghardt schlug damit die Brücke von der klassischen zur kognitiven Ethologie, die auch Bewusstsein bzw. das geistige Erleben und die mentalen und sozialen Fähigkeiten von Tieren in die Erklärung von Verhalten einbezieht und dabei Erkenntnisse aus den Neurowissenschaften berücksichtigt. Spielverhalten kann z. B. nicht vollständig verstanden werden, ohne die Hypothese, dass Spielen Spaß macht und ohne, dass kognitive und soziale Fähigkeiten wie Metakommunikation, Kooperation und Fairness einbezogen werden (Bekoff, 2014a).
Diese sehr moderne und trotzdem wichtige Erkenntnis ist aber letztlich nur eine Erweiterung der dritten Frage nach dem „Wie?“. Zusätzlich zu Aspekten wie hormonelle Steuerung, Sinnesleistungen, Tages-etc.-periodik oder neuronalen Verschaltungen kommen nun sowohl höhere Gehirnregionen (Kognition) als auch basale Emotionssysteme als weitere Mitwirkende bei der Gesamtsteuerung des Verhaltens hinzu.

Dogge Gretchen und Dackel Nannerl demonstrieren Frage 1 „beide können vom Wolf abgeleitetes Spiel zeigen“ und Frage 4 „offenbar haben beide gelernt, dass sie etwas gemeinsam unternehmen können“.

EPIGENETIK

— *Aspekte des Spielverhaltens*

WAS IST EPIGENETIK?

Die Epigenetik ist derzeit sehr stark in den Fokus von verhaltensbiologischen, aber auch medizinischen und psychologischen Untersuchungen gerückt. Was Epigenetik ist, kann vielleicht am besten an einem einfachen Vergleichsbeispiel erklärt werden: Ein erfahrener Koch findet in einem Kochbuch den gedruckten Text eines Rezeptes vor. Während er dieses Rezept zum ersten Mal nachkocht, oder auch schon beim vorherigen Durchlesen, werden Randbemerkungen mit Bleistift, Hervorhebungen mit Leuchtstift, eventuell sogar angeklebte kleine Haftetiketten und manchmal Büroklammern verwendet, um das Rezept besser lesbar und umsetzbarer zu machen. Der gedruckte Text des Rezepts entspricht der genetischen Erbinformation, über die als DNA oder DNS bezeichneten Nukleinsäuren. Die handschriftlichen Randbemerkungen sind das, was als epigenetische Veränderungen am Text vorgenommen wird. Diese können durchaus auch über einige Kopiervorgänge hinweg noch lesbar bleiben. Erst nach ca. drei- oder vierfachem Kopieren von der Kopie von der Kopie werden die Bleistiftbemerkungen unleserlich, wenn sie nicht wieder neu nachgeschrieben werden. Die Aufgabe eines Entwicklungsbiologen ist es dann, den Koch beim Umsetzen des Rezepts zu beobachten und die verschiedenen Arbeitsschritte zu dokumentieren, die zwischen dem Kochbuch und dem fertigen Menü stehen.

EPIGENETISCHE PROZESSE

Nach dem Ausflug in die allgemeine Begrifflichkeit sollten wir uns noch etwas genauer darüber informieren, was bei diesen epigenetischen Veränderungen alles passieren kann. Hauptsächlich geht es darum, dass einige kleinere oder auch mittelgroße chemische Gruppen an die dem Erbgut umliegenden Eiweiße an- oder wieder abgelagert werden. Die kleineren Gruppen sind als Methylgruppen bekannt, die größeren, etwas sperrigeren heißen Acetylgruppen. Allein durch Hinzufügen oder Wegnehmen solcher Gruppen kann einerseits ein Abschnitt des Erbguts markiert werden, damit dann die Ableseenzyme, also die Kopierapparate, besser aufspringen können. Es kann aber auch ein Abschnitt des Erbguts mit einer Klammer zusammengeheftet werden, die dazwischenliegenden Teile können dann nicht mehr abgelesen werden. Entfernt man beispielsweise eine größere Zahl von Acetylgruppen von den Eiweißen, die das Erbgut aufwickeln lassen, dann kann die Wickelung verstärkt und verengt werden und die Ablesung ist insgesamt erschwert. Neben diesen direkt in der Umgebung des Erbguts stattfindenden Veränderungen können aber auch noch andere epigenetische Prozesse eine Rolle spielen. Bekannt ist beispielsweise bei vielen Tierarten, dass zumindest im weiblichen Geschlecht eines der beiden Geschlechtschromosomen (X-Chromosom) inaktiviert wird, damit es nicht zu einem Übermaß an bestimmten Substanzen im Körper kommt, gegenüber z. B. dem männlichen Geschlecht mit nur einem X-Chromosom. Werden dann nicht im ganzen Körper die gleichen X-Chromosomen aktiviert, kann es z. B. zur Existenz von dreifarbigen Kätzinnen kommen. Auch nach dem Ablesen des Erbguts können noch epigenetische Veränderungen stattfinden, wenn z. B. die Botensubstanz, die aus dem Zellkern ins Zellplasma transportiert wird, auf dem Weg dahin zerschnitten, neu zusammengefügt oder ganz inaktiviert wird. Näheres dazu findet sich in neueren Lehrbüchern der Genetik, kurz zusammengefasst auch bei Gansloßer et al., 2020.

EPIGENETIK BEI HUNDEARTIGEN

Bevor wir uns nun über die epigenetischen Aspekte des Spielverhaltens informieren können, muss noch darauf hingewiesen werden, dass es bei Hunden zu diesem Thema fast keine Untersuchungen gibt. Fast alle einschlägigen Befunde beruhen auf dem Studium von Labortieren. Dies ist allgemein üblicher Standard in den biologischen Wissenschaften. Gerade im Zusammenhang mit dem Spielverhalten jedoch, müssen wir hier mit etwas mehr Skepsis herangehen: **Die häufig als Modellsystem für die entwicklungsbiologischen Zusammenhänge benutzten Verhaltensweisen des sozialen Spielens unterscheiden sich bei Labor-**

Dreifarbige Kätzinnen entstehen, wenn an verschiedenen Stellen der Körperoberfläche unterschiedliche X-Chromosomen abgelesen werden.

nagern erheblich von den Gegebenheiten bei den Hundeartigen. Wie auf S. 203 f. deutlich gemacht wird, sind z. B. Geschlechtsbevorzugungen im Spiel von Hundewelpen oder auch die Tendenzen, sich mehr mit dem eigenen Geschlecht im Spiel zu beschäftigen, bei Hunden längst nicht so stark ausgeprägt wie z. B. bei Ratten, Mäusen oder auch in unserer Affenverwandtschaft. Welche Auswirkungen diese geschlechtsunterschiedlich ausgebildeten Spielhäufigkeiten dann haben, wenn es um die epigenetischen Aspekte geht, können wir bisher nur vermuten.

Etwas allgemeiner dürften die Zusammenhänge zwischen der Ausbildung des Stresssystems und den nachfolgenden epigenetischen Veränderungen sein, denn das Stresssystem ist viel weniger geschlechtstypisch bei Säugetieren und weniger in Abhängigkeit vom Sozialsystem ausgeprägt. Epigenetische Aspekte sind auch durchaus eine Zweibahnstraße, wie die folgenden Untersuchungen bei Ratten zeigen werden: Durch Spielverhalten oder andere soziale Aktivitäten kann sich die epigenetische Struktur rund ums Erbgut verändern. Dadurch können dann die Erbgutablesungen unterschiedlich leicht und unterschiedlich effektiv werden. Umgekehrt kann aber auch eine Veränderung im Erbgut bzw. dessen Umgebung eine Veränderung des Spielverhaltens hervorrufen. Auch hier ist also das Henne-Ei-Problem noch keineswegs gelöst und wird wohl auch nicht allgemeingültig lösbar sein. Es bedarf immer einer genauen Betrachtung der jeweils untersuchten Mechanismen. Gerade bei den Fragen der epigenetischen Umwandlungen rund ums Erbgut ist z. B. auch das Alter, in dem die genannten Veränderungen vorgenommen werden, wahrscheinlich sehr wichtig. Untersuchungen an Ratten haben z. B. gezeigt, dass die Wirkungen in den ersten zehn Tagen nach der Geburt ganz andere sein können als nach drei oder vier Wochen.

DREI EBENEN EPIGENETISCHER ASPEKTE

Auger et al. (2011) haben die Ebenen, auf denen epigenetische Aspekte rund ums Spielverhalten stattfinden können, in ihrer Arbeit gut zusammengefasst. Im Wesentlichen haben sie drei unterschiedliche Ebenen identifiziert, auf denen epigenetische Aspekte des Spielverhaltens Auswirkungen haben:

— die bereits besprochene DNA-Methylation, also die direkte Anlagerung (oder auch Wiederabspaltung) von Methylgruppen in der Umgebung des Erbguts.
— Auswirkungen in der Produktion, Konzentration und Wirkungsweise des mit der Methylation verbundenen Methylbindungsproteins, eines Eiweißes mit dem etwas sperrigen Namen Methyl-CpG-Bindungsprotein (MECP2). Dieses Protein ist es vor allem, das z. B. die Auswirkungen auf die Geschlechtsunterschiede im Spielverhalten von Ratten vermittelt.
— Anlagerung von sogenannten nuklearen Corepressoren, hierzu gehört z. B. ein Protein, das die Acetylgruppen von den Histonen abspaltet und dadurch die bereits erwähnte stärkere Aufwicklung und schwerere Ablesbarkeit bewirkt.

Die verschiedenen Ebenen sind aber nicht unabhängig voneinander, die Methylbindungsproteine z. B. rekrutieren Corepressoren, die dann wiederum die Kondensation des Erbguts bewirken. Weibliche Ratten haben mehr nukleare Corepressoren als männliche, und gerade im Mandelkern stören z. B. die nuklearen Corepressoren bei männlichen Tieren, was zu einer Erhöhung des Spielverhaltens führt, aber auch der Ängstlichkeit. Stört man die Umsetzung des MECP2-Proteins, dann wird das Spielverhalten männlicher Ratten auf das von weiblichen reduziert. Bei weiblichen Ratten wirkt sich dieser Eingriff dagegen nicht aus.

CORTICOSTERON BEI RATTEN

Was bereits häufig untersucht wurde und wahrscheinlich ein allgemeingültigeres System als die genannten Spielunterschiede ist, betrifft die epigenetischen Veränderungen im Rückkopplungskreislauf des Stresshormons Cortisol. Morley-Fletcher et al. (2003) zeigen z. B. auf, wie eine angereicherte, abwechslungsreiche Umgebung, und auch die Möglichkeit zu intensiveren, sozialen Spielen in dieser Umgebung, im Zeitraum rund um die Pubertät bei Ratten die negativen Auswirkungen von vorgeburtlichem Stress auf das Regelkreissystem des Cortisols teilweise aufheben kann. Ratten, die vor der Geburt, also im Mutterleib, in einer stressvollen Umgebung ausgetragen wurden, haben ein verändertes Regelkreissystem der Glucocorticoide (bei Ratten ist das Corticosteron, dem Cortisol unserer Hunde und Menschen aber sehr nahe verwandt) und sind deshalb auch anfälliger, sich auch bei geringfügigen Kleinigkeiten sehr stark aufzuregen. Werden aber diese zunächst vorgeburtlich dem Stress ausgesetzten Ratten in der Zeit rund um die Pubertät, der Präadoleszenz, in einer abwechslungsreichen Umgebung aufgezogen, so produzieren sie später im Stresstest weniger Corticosteron und spielen mehr. Bemerkenswert ist, dass diese Auswirkungen dagegen bei nicht gestressten Individuen nicht auftreten, was vermuten lässt, dass hier unterschiedliche Systeme wirken.

BRAIN DERIVED NEUROTROPHIC FACTOR

Eine der wenigen auch bei Hunden bereits zumindest teilweise bestätigten Zusammenhänge zwischen Stresssystem und epigenetischen Auswirkungen betrifft einen anderen Wachstumsfaktor im Gehirn, der als BDNF (Brain Derived Neurotrophic Factor) bezeichnet wird. BDNF ist sehr anfällig in seiner Produktion für epigenetische Auswirkungen. Sowohl im seitlichen vorderen Stirnhirn als auch im Mandelkern wird die Konzentration erhöht, wenn die Jungtiere in der Jungtierentwicklung häufiger und regelmäßiger spielen können. Auch andere Wachstumsfaktoren sind nach dem Spielen in diesen Regionen deutlich erhöht (siehe S. 57 f.). Es gibt auch einen kontrollierenden Zusammenhang zwischen dem bereits besprochenen MEPC2 und der Produktion von BDNF.

Und hier kommen nun die Hunde buchstäblich ins Spiel: Moesta et al. (2020) können deutlich zeigen, dass die Konzentration des BDNF bei Hunden mit Trennungsangst massiv verringert ist, und zwar sowohl im vordersten Stirnhirn als auch im limbischen System. Wenn also der Zusammenhang, dass eine spielerische Jugendentwicklung mehr BDNF produziert, auch bei Hunden gilt, dann ist der bei Hunden bereits nachgewiesene Zusammenhang zwischen Trennungsangst bzw. Trennungsstörung und verringerter BDNF-Konzentration auch auf früheres, jugendliches Spielverhalten zurückzuführen.

Wie bereits erwähnt, konnten Sgrò und Mychasuk (2020) neben dem BDNF auch noch andere Wachstumsfaktoren, wie auch Rezeptoren und Bindungsstellen, im Zusammenhang mit spielerischen Aktivitäten im Gehirn messen. Der IGF1-Wachstumsfaktor, der z. B. mit der Entwicklung der Körpergröße, aber auch mit der Entwicklung von Vorsicht und zurückhaltenden Grundpersönlichkeiten zu tun

Draufspringen und Abwehren…

… machen nicht nur Spaß, sondern werden…

… wahrscheinlich von eigenen Botenstoffen gesteuert.

hat, die Rezeptoren für das sogenannte Sozialhormon Oxytocin, die Rezeptoren für das Dopamin vom Typ D2 (siehe S. 52) werden durch die entsprechenden Verhaltensweisen beeinflusst. In all diesen Fällen kommt es auch zu veränderten Spielhäufigkeiten.

Taylor et al. (2012) konnten zeigen, dass eine vorgeburtliche Stimulation bzw. Belastung des Immunsystems (hier wurde ein bakterielles Endotoxin, also ein von Bakterien produzierter Giftstoff aus der Gruppe Lipopolysaccharide verwendet) sowohl die Spielhäufigkeit als auch die Konzentration des Vasopressins im Bereich des mittleren Mandelkerns negativ beeinflusst. Hier wiederum ist allerdings der Geschlechtsunterschied bemerkenswert, die Studie wurde an Ratten durchgeführt und konnte bei weiblichen Tieren diesen Effekt nicht hervorrufen. Die Reduktion des Spielverhaltens betraf auch nicht alle Verhaltensweisen, das Anspringen im Spiel („Pouncing"), also ein Maß der Spielaktivierung und der Spielinitiation war nicht beeinflusst, aber die Dauer und die Intensität der anderen Spielverhaltensweisen sehr wohl.

EINFLUSS VON DOPAMIN

Bemerkenswert, aber bisher fast ausschließlich bei Labornagern untersucht, sind die Zusammenhänge zwischen verschiedenen und keineswegs nur dem Sexualsystem entstammenden Botenstoffsystemen und den Geschlechtsunterschieden in der Entwicklung des Spielverhaltens. So ist für die Unterschiede im Spielverhalten männlicher vs. weiblicher Ratten die unterschiedliche Aktivität des Botenstoffs Dopamin und seiner Bindungsstellen verantwortlich. Das Dopamin ändert wiederum die Umsetzung und Konzentration der Bindungsstellen für das Östrogen, z. B. im Bereich des Mandelkerns. Dieser Mechanismus ist nicht nur für die folgende Entwicklung des Spielverhaltens verantwortlich, sondern auch eine der bereits erwähnten Zweibahnstraßen: Er wird nämlich selbst durch die Intensität und die Häufigkeit des Spielverhaltens modifiziert und aktiviert. Aktiviert man bei weiblichen Ratten kurz nach der Geburt das Dopaminrezeptorsystem, so steigt ihr Spielverhalten in die Nähe männlicher Häufigkeiten und Intensitäten.

Wenn Rattenmütter rund um den Geburtszeitraum und in den ersten nachgeburtlichen Tagen ein Jungtier weniger im Bereich der Anogenitalregion putzen und pflegen, steigt bei männlichen Tieren die Häufigkeit des Spielverhaltens nach 30 Tagen, bei weib-

Gerade die mütterliche Pflege aktiviert und beeinflusst viele epigenetische Prozesse.

lichen aber nicht. Diese Unterschiede im Brutpflegeverhalten wirken sich dadurch aus, dass die Gehirnregion, die für die Östrogenrezeptoren verantwortlich ist, unterschiedlich methyliert wird. Bei weiblichen Ratten finden wir im Bereich des Mandelkerns mehr vom MEPC2-Eiweiß, und das führt zu einer Reduktion des Spielverhaltens. Eine Zunahme von MEPC2 bei weiblichen Ratten führt aber nicht zu Auswirkungen.

Dopamin aktiviert auch die Östrogenrezeptoren, dadurch werden die Rezeptoren für das nachgeschaltete Sexualhormon Progesteron hochgefahren. Das führt wiederum zu einem verstärkten Auftreten von Spielverhalten. Auch wenn man künstlich, durch Medikamentengabe, die Dopaminrezeptoren vom Typ D1 aktiviert, nimmt das Spielverhalten und vor allem das Raufen, Balgen und Toben (das R- und T-Spiel) deutlich zu. Blockiert man die Dopaminrezeptoren oder verhindert ihre Produktion, nimmt das Spielverhalten ab. Besonders betroffen davon ist der zentrale Bereich des Mandelkerns, der für das soziale Spielen von besonderer Bedeutung ist.

Bei weiblichen Ratten aktiviert auch das männliche Sexualhormon Testosteron die Testosteronbindungsstellen und erhöht die Spielaktivitäten. Kompliziert wird es aber dadurch, dass das eigentlich als weibliches Hormon bezeichnete Östradiol auch förderliche Wirkungen an die androgenen Bindungsstellen, also die Bindungsstellen für das männliche Hormon, hat.

Die Sexualsteroide regulieren dann wiederum in der Gehirnentwicklung die Zellzahl, die Zellwanderung, aber auch die Gestalt und das Aussehen der Nervenzellen, daraus entstehen dann wahrscheinlich die Verhaltensänderungen. Kurz nach der Geburt zugeführtes Testosteron führt zu einer Vermännlichung des Spielens, und das wiederum ist wohl durch die Androgenrezeptoren, also durch die Bindungsstellen für das männliche Hormon zu erklären. Mütterliches Pflegeverhalten verändert vor allem die Ausbildung des Östradiolrezeptors Alpha und kann dadurch zu verändertem Spielverhalten führen, über die bereits geschilderten Zusammenhänge zwischen Östradiol, Testosteron und Dopamin. Wie bereits erwähnt, kann die Störung der Umsetzung des Methyl-CC2-Proteins das Spielverhalten von männlichen Ratten auf das Niveau von weiblichen absenken.

Nicht direkt dem Spielverhalten zuzuordnen, aber durch Hundebefunde schon bestätigt und von allgemeiner Wichtigkeit, sind die Zusammenhänge zwischen dem Ausmaß des mütterlichen Pflegeverhaltens in den ersten Lebenswochen und der späteren Leistungsfähigkeit von Hunden nach 18 Monaten in der Einstellungsprüfung von Militärdiensthunden, wie von Pernilla Foyer und ihrem Team (2016) dargestellt. Diese Befunde, wonach mütterliches Pflegeverhalten in den ersten drei Lebenswochen die emotionale Stabilität, Leistungsbereitschaft und den Rückbezug zum Hundeführer 18 Monate später positiv beeinflussen kann, decken sich von Michael Meaney und seinem Team (2007) dargestellten epigenetischen Zusammenhängen zwischen dem Oxytocinrezeptorsystem, der Stressbelastbarkeit und den Regelkreisen des Glucocorticoidsystems.

Es bleibt also zu hoffen, dass die genannten Zusammenhänge nicht nur weiter erforscht werden, sondern auch denjenigen, die immer noch behaupten, Hunde bräuchten, sollten oder würden gar nicht spielen, etwas Stoff zum Nachdenken verschaffen. Zu hoffen bleibt aber auch, dass die Labormethodik in den nächsten Jahren so weit fortschreiten wird, dass die genannten Zusammenhänge nicht nur an Laborratten, sondern auch an den anders tickenden Hunden im Bereich des Sozialspiels, ohne allzu große Belastung und ohne großen Stress für die beteiligten Hunde, untersucht werden können, zum Wohle der Hunde und der Menschen.

NEUROBIOLOGIE
— *Botenstoffe und Gehirnregionen*

BOTENSTOFFE – STEUERUNG VON SPIEL

Bevor wir uns mit den verschiedenen Aspekten der Neurobiologie, den beteiligten Botenstoffen und Gehirnregionen beschäftigen, muss auch hier, ähnlich wie bei der Epigenetik, darauf hingewiesen werden, dass es nur ganz wenige, auf Hunde bezogene Daten in diesem Zusammenhang gibt. Auch hier wurden die meisten Untersuchungen aus praktikablen Gründen an Labornagern, insbesondere Ratten durchgeführt. Und genau wie bei der Epigenetik muss darauf hingewiesen werden, dass in vielen Bereichen des sozialen Verhaltens, einschließlich der Verteilung des sozialen Spielens, Hunde als dauerhaft bzw. Langzeit paargebundene Säugetiere eventuell anders ticken als die nicht paargebundenen, sondern gruppenlebenden Labortiernager das tun. Gerade die auf Seite 202 ff. dargestellten Unterschiede in der Verteilung von Geschlechtsbevorzugungen, intrasexueller vs. intersexueller Spielhäufigkeiten, Spielpartnerschaften etc. bei Hundewelpen gegenüber jungen Ratten oder auch gegenüber jungen Frettchen (einer weiteren, häufig für diese Untersuchungen herangezogenen Tierart) sind möglicherweise für das Verständnis des neurobiologischen Hintergrundes ebenso wichtig.

STEUERUNG UND MODULATION

Welche Botenstoffe, Hormone oder auch Neurotransmitter an der Steuerung und Modulation des Spielverhaltens beteiligt sind, wurde in den letzten 30 Jahren von etlichen Arbeitsgruppen ausführlich untersucht. Auch hier muss zunächst, wie immer bei der Betrachtung von Botenstoffen, zwischen Hormonen, Neurotransmittern und Neuromodulatoren unterschieden werden.

Hormone im klassischen Sinne werden über die Blutbahn verteilt, sie sind meistens in einer lokalisierbaren Drüse produziert worden (Ausnahmen sind die Gewebshormone, etwa das den Appetit regulierende Leptin) und werden dann über das Blutsystem, ähnlich dem einer Radiosendung, verteilt. Jeder, der einen Radioempfänger hat (jede Zelle mit Rezeptoren, also Bindungsstellen für dieses Hormon), kann die Botschaft empfangen. Die Wirkung ist dann jedoch spezifisch auf die betreffende Zelle, so kann eben das gleiche Hormon an verschiedenen Organen ganz unterschiedliche Wirkungen entfalten.

Neurotransmitter dagegen werden (siehe Abbildung S. 60) von einer Nervenzelle auf die andere, meistens über die sogenannten chemischen Synapsen, transportiert. Die Ausschüttung der synaptischen Botenstoffe wird durch eine elektrische Erregung im Nerv vor der Synapse ausgelöst und beim Überqueren des synaptischen Spalts lösen die Botenstoffe in der nachgeschalteten Nervenfaser wieder eine elektrische Erregung aus.

Neuromodulatoren sind demgegenüber Botenstoffe, die die elektrische Empfänglichkeit und Empfindlichkeit von Synapsen entweder erhöhen oder reduzieren, und dadurch eine erregungsdämpfende oder erregungsfördernde Wirkung entfalten können. Einer der bekanntesten Neuromodulatoren ist das Noradrenalin, das sowohl als Transmitter wie auch als Modulator im Gehirn verschiedene Wirkungen entfalten kann. Gerade seine Bedeutung fürs Spielverhalten werden wir noch genauer kennenlernen.

HORMONE UND SPIELVERHALTEN

Bevor wir uns aber in die Welt der Neurotransmitter und Neuromodulatoren begeben, gibt es tatsächlich ein paar Untersuchungen an Hunden, die sich mit Hormonen und deren Zusammenhang zum Spielverhalten beschäftigen. Rossi et al. (2018) konnten z. B. entgegengesetzte Wirkungen von Cortisol und Oxytocin auf Spielaufforderungen und soziale Kontaktaufnahme darstellen. Sie platzierten Hunde in eine Arena mit einem Menschen, der ihnen unbekannt war und keinen näheren Kontakt aufnehmen sollte. Je niedriger der Cortisolspiegel der Hunde war, desto stärker war sowohl die soziale Kontaktaufnahme seitens der Hunde als auch die Ausprägung von Spielaufforderungen. Je höher der Oxytocinspiegel der Hunde war, desto mehr Sozialkontakt suchten sie und desto häufiger wollten sie auch Spielaufforderungen zeigen.

Dies ist in gewisser Weise ein Pendant zur Untersuchung von Horvath et al. (2008) aus der Budapester Gruppe. Dort konnte gezeigt werden, dass der Cortisolspiegel bei Hunden absank, wenn sie mit ihren Menschen in ein echtes Spiel verwickelt waren, dagegen anstieg, wenn die Menschen durch Reglementierung und Erziehungsversuche während dieser Phase ein Pseudospiel zeigten. Wohingegen Teresa Romero und ihr Team (Romero et al., 2015) durch Oxytocinnasenspray bei Hunden Spielverhalten steigern konnten. Wie bei der Epigenetik bereits gezeigt, sind auch die Sexualsteroide im Gehirn durchaus an der Ausformung des Spielverhaltens beteiligt (siehe S. 45). Die sogenannten männlichen Hormone, die Androgene (Testosteron und seine Abwandlungen) führen bei Ratten dazu, dass weibliche Tiere ein verstärktes, bisweilen auch männlich erscheinendes Spiel zeigen. Werden Androgen-Antagonisten, also die Androgenwirkung blockierende Medikamente eingesetzt, reduziert sich das Spiel der männlichen Ratten auf das von weiblichen Tieren. Komplizierter ist die Wirkung der Östrogene, die ja gemeinhin als weibliche Hormone bezeichnet werden. Östrogene und vor allem die Bindungsstellen für Östrogene im Gehirn, differenzieren ebenfalls das soziale Spiel von jungen Ratten. Im Zeitraum kurz nach der Geburt wird jedoch auch durch Östrogene, oder durch Östrogenrezeptorunterstützung bei männlichen Ratten das Spielverhalten aktiviert. Blockierung der Östrogenwirkung bei männlichen Ratten führt zu einer Reduktion des Spielens auf weibliches Niveau. Ebenso kann durch eine Erhöhung der Östrogene bzw. Östrogenrezeptorwirkung bei neugeborenen weiblichen Ratten das spätere Spielverhalten auf ein männliches Niveau angehoben werden. Werden im Zeitraum kurz nach der Geburt bei weiblichen Ratten die Dopaminrezeptoren aktiviert bzw. das Dopaminsystem insgesamt erhöht, so führt es zu einer Erhöhung des Spielverhaltens und einer eher männlichen Ausprägung desselben im späteren Alter. Insbesondere ein Untertyp von Dopaminrezeptoren, der als D1 bezeichnet wird, scheint hier eine Bedeutung zu haben. Komplizierter wird die Geschichte dadurch, dass unterschiedliche Teile, selbst des gleichen Hirnabschnittes (z. B. des Hypothalamus oder auch der Hirnrinde) hier offensichtlich entgegengesetzte Wirkungen haben (Auger & Olesen, 2009). Die beteiligten Hirnregionen werden wir später noch genauer kennenlernen (siehe S. 54, 60 ff). Leider haben viele keine gängigen deutschen Namen.

SEROTONIN

Nach dem kurzen Ausflug der Entwicklungsbiologie der neurochemischen Zusammenhänge des Spielens, wollen wir uns nun mit einigen Botenstoffen beschäftigen, die auch bei erwachsenen Tieren in aktuellen Situationen die Steuerung des Spielverhaltens mit beeinflussen. Siviy (1998) fasst die Wirkung des Serotonins, eines in vieler Hinsicht für Zufriedenheit und Stimmungsausgleich zuständigen Transmitters, auf das Spielverhalten zusammen. Im Allgemeinen ist eine Erhöhung der Serotoninaktivität, sei es durch Verhinderung der Serotoninwiederaufnahme aus dem synaptischen Spalt oder Aktivierung der Serotoninrezeptorstellen mit einem verminderten Spiel, insbesondere Sozialspiel, gekoppelt. **Eine Verringerung der Serotoninaktivität führt dagegen zu einer Erhöhung des sozialen Spiels.** Insbesondere reagieren Ratten mit einem verringerten Serotoninspiegel leichter und schneller auf Spielaufforderungen von Artgenossen. Wir werden später sehen, dass Serotonin das passive „Mögen" unterstützt.

Kontaktaufnahmen im Spiel profitieren von einem niedrigen Cortisolwert.

Hunde vor der Magnetresonanzröhre – heute ein wichtiges Forschungsinstrument (Foto mit freundlicher Genehmigung der Budapest Group).

AUS DER FORSCHUNG

FORSCHUNGSMETHODIK

Gerade die Erforschung der chemischen und elektrischen Prozesse in den genannten, mit Spielverhalten verknüpften Gehirnregionen, ist eine der größten Herausforderungen in der funktionellen Neurobiologie des Säugetierverhaltens. Schon deshalb, und nicht nur aus tierschutz-ethischen Überlegungen heraus, sind die früher üblichen Methoden der neurobiologischen Forschung, nämlich die Zerstörung und Abtragung ganzer Hirnareale, dieser Fragestellung meist nicht sonderlich angemessen. Durch Gehirnverletzungen, Infektionen wie z. B. Hirnhautentzündungen und ähnliche Erkrankungen, gibt es ja durchaus immer wieder bedauernswerte Zeitgenossen, denen ein Teil ihrer Gehirnfunktion fehlt. Auch aus deren Untersuchung kann man durchaus, z. B. im Zusammenhang mit den im Infokasten genannten emotionalen Funktionen (siehe S. 54), Rückschlüsse ziehen. Spielverhalten aber ist in viel zu differenzierten und auch mehrfach miteinander verschalteten Regionen des Gehirns verankert. Deshalb sind elektrische Gehirnreizungen eher, wie auch in der Panksepp-Gruppe erfolgreich geschehen, für Auslösung von Emotionen, weniger z. B. für Spieluntersuchungen geeignet.

Bildgebende Verfahren

Jedoch sind moderne Methoden der bildgebenden Verfahren hier wesentlich differenzierter. Man kann einem Gehirn sozusagen beim Arbeiten zuschauen, sobald das betreffende Tier bereit ist, sich mehrere Minuten still in eine Magnetröhre zu legen. Die meist verwendete, auch bei Hunden bereits erfolgreich angewendete Methode (siehe Gansloßer und Kitchenham, 2019), ist die **fMRI-Methode**, die funktionelle Magnetresonanzbildgebung. Hier wird, nachdem man einem Tier ein Signal gegeben, einen Geruch vorgeblasen oder ein Bild gezeigt hat, die Veränderung des Hirnstoffwechsels durch den Sauerstoffverbrauch und die veränderte Durchblutung gemessen. Wenn dann z. B. eine Situation abgerufen wird, die beim Hund Begeisterung hervorrufen würde, dann durchblutet das Gehirn an anderen Stellen stärker als in einer Situation, in der er Enttäuschung empfindet. Diese Methode ist auch für großflächige Untersuchungen, beispielsweise im Zusammenhang mit der Großhirnrinde, sehr erfolgreich angewendet worden. Ebenfalls zu den bildgebenden Verfahren, jedoch etwas komplizierter und methodisch schwieriger, ist die **PET-Methode**, die Positronen Emissions Methode. Diese wird, so z. B. auch in der Forschungsgruppe von Panksepp, eher für die kleineren, unterhalb der Großhirnrinde liegenden Regionen des emotionalen Systems verwendet.

Pharmakologische Methoden

Eine weitere, inzwischen sehr häufig verwendete Methode betrifft pharmakologische Veränderungen. Sobald man den Verdacht hat, ein bestimmter Botenstoff könnte förderlich oder hemmend für Spielverhalten sein, kann man mit verschiedenen, reversiblen Methoden dessen Stoffwechsel verändern. Man kann sogenannte Agonisten einsetzen, das sind Medikamente, die diesen Botenstoff in seiner Wirkung verstärken oder seine Rezeptoren zusätzlich aktivieren, oder Antagonisten, die diesen Wirkstoff in seiner Wirkung blockieren. Gerade bei der im Haupttext beschriebenen Untersuchung der Botenstoffe des Spielverhaltens (siehe S. 47 ff.) wurden diese Methoden bereits seit mehreren Jahrzehnten sehr erfolgreich angewendet.
Neben der Blockierung bzw. Verstärkung der Botenstoffwirkung ist auch, ähnlich wie z. B. bei antidepressiven Psychopharmaka, die medikamentöse Beeinflussung der Aufenthaltsdauer der Botenstoffmoleküle im synaptischen Spalt (siehe Anatomische Grundlagen, S. 60) möglich. Wird die Anwesenheit eines Botenstoffs im synaptischen Spalt künstlich verlängert, sollte dann auch die betreffende Verhaltensreaktion verlängert oder verstärkt werden.

Genabschnitte

Eine ganz moderne Methode der Gehirnforschung ist der Blick auf die Genumsetzung. Wenn z. B. nach einer längeren Phase intensiven Spielverhaltens bestimmte Genabschnitte aktiviert werden, so kann man die dabei tätigen Regulationsfaktoren, z. B. durch Kopplung mit nicht reflektierenden Farbstoffen, in ihrer Verteilung im Gehirn beobachten. Einige als IEG's (Immediate Early Genes), also frühe Schaltgene, bezeichnete Genabschnitte sind regelmäßig nach intensiven Spielperioden im Gehirn von Ratten nachweisbar.

Verhaltensmethoden

Aber auch über Verhaltensmethoden kann die Gehirnforschung weiterkommen. Bekannt ist hier z. B. die Methode von Jaak Panksepp, der seine Ratten immer nur in einem ganz bestimmten, für sie sozusagen als Spielzimmer reservierten Käfigabschnitt spielen ließ. Mit den Methoden der sogenannten Ortskonditionierung konnte er dann nachweisen, dass die Ratten diesen Spielkäfig bevorzugt und freiwillig aufsuchten, wenn ihnen nach spielen zumute war und mithilfe der im Ultraschall geäußerten Kicherlaute konnte er dann auch hören, wenn sie in Spielstimmung gerieten.
Auch eine besonders detaillierte Aufnahme der Abläufe des Spielverhaltens kann durchaus, z. B. in Kombination mit den genannten neurochemischen Methoden, zum besseren Verständnis der genauen Zusammenhänge führen.

DOPAMIN

Der im Zusammenhang mit den Botenstoffen des Spielsystems am häufigsten genannte, sehr wichtige Botenstoff ist das Dopamin. Berridge (2007) zeigt zunächst allgemein, welchen Teil des Belohnungssystems im Gehirn das Dopamin hauptsächlich beeinflusst: Die drei Möglichkeiten sind, so Berridge, das Mögen („Liking"), die Lernprozesse und das Suchen und Lechzen („Wanting"). Dopamin ist hier überwiegend für das Suchen und Lechzen, also das „Wanting" zuständig. Dies gilt nicht nur für das Spielverhalten.

Eine Veränderung des Dopaminspiegels, eine Aktivierung von Dopaminrezeptoren oder eine Blockade von Dopaminrezeptoren beeinflussen dementsprechend in unterschiedlicher Weise die Ausführung des Spielverhaltens wie Siviy (1998) zusammengefasst hat. Dopaminantagonisten, also Wirkstoffe, die die Wirkung des Dopamins reduzieren, reduzieren auch das Spielverhalten und wie nachfolgende detailliertere Untersuchungen zeigen konnten, betrifft dies insbesondere die freudige Erwartung, die als antizipatorische Komponente bezeichnet wird. Unter Dopamin freut man sich auf ein lustvolles Ereignis, dass man in der Vergangenheit bereits z. B. im Spielzimmer (siehe „Aus der Forschung", S. 51) immer wieder erfahren durfte.

NORADRENALIN

Im Bereich des Spielverhaltens wirkt oftmals das Noradrenalin als Gegenspieler des Dopamins. Ebenfalls wie Untersuchungen aus den Arbeitsgruppen von Siviy und Panksepp (Siviy, 1998) zeigen, dass in vielen Bereichen des Gehirns Noradrenalinaktivitäten das Spielverhalten eher hemmen, Noradrenalinagonisten wirken ebenfalls hemmend, Noradrenalinrezeptorantagonisten dagegen erhöhen die Spielwahrscheinlichkeit. Dies gilt jedoch nicht generell, auch eine Verringerung des Noradrenalinspiegels kann in bestimmten Gehirnregionen zu einer Verringerung der Spielhäufigkeiten führen. Hier müssen wir auch aus einem ganz bestimmten, praxisnahen Grund genauer hinschauen: Viele Menschen, leider auch immer noch viele, die glauben Hundetrainer zu sein, befürchten, dass durch Raufen, Balgen und Toben im Spiel möglicherweise aggressive Tendenzen im Erwachsenenverhalten gefördert werden könnten. So werden leider immer noch in vielen Hundeschulen jegliches Raufen, Balgen und Toben unter den Welpen unterbunden, weil man eben weniger aggressive und damit sozialverträglichere Hunde erzeugen möchte.

Mit den Wirkungen des Noradrenalins, das ja unbestrittenerweise mit Aggression, Kampfverhalten und insbesondere auch mit seinen Wechselwirkungen mit der Dopamin-

Freiwilliges Hinwerfen von Emma (links), …

ausschüttung zur lustbetonten Aggression (die bekannten Lustraufer) führen kann, hat sich die Arbeitsgruppe von Mareijke Achterberg (Achterberg et al., 2015, 2018) ausführlicher beschäftigt. Auch sie konnten durch komplizierte Versuchsaufbauten zeigen, dass das Dopamin hauptsächlich mit der Suchfunktion, weniger mit dem genießerischen Belohnungssystem zu tun hat. Für uns wichtig ist jedoch, dass sie eindeutig die hemmende Wirkung von Adrenorezeptoren, also Bindungsstellen für Noradrenalin, auf das Spielverhalten und die stattdessen förderliche Wirkungen von Dopaminrezeptoren und Dopaminkonzentration auf soziales Spielen nachweisen konnten. Eine erhöhte Noradrenalinsignalisierung reduziert nach ihren Ausführungen sowohl die Motivation zum Spielen als auch die Ausführung und das Ausmaß des gezeigten Sozialspielens. Wird ein Noradrenalinwiederaufnahmehemmer (Atomoxetin) angewendet, so erhöht dieser die Noradrenalinausschüttung im präfrontalen Stirnhirn und in einigen Regionen unterhalb des Großhirns, so erhöht er die Ausschüttung im präfrontalen Stirnhirn, beeinflusst aber nicht den Dopaminspiegel im *Nucleus accumbens*, den wir später noch als wichtige Region beim lustvoll- begeisterten Spielen kennenlernen werden.

Das zeigt also, dass die Befürchtung einer erhöhten aggressiven Motivierbarkeit und damit verstärkten Aggressionstendenz durch spielerisches Raufen, Balgen und Toben z. B. in Welpengruppen nicht gerechtfertigt ist. Selbstverständlich ist es wichtig, hier spielerisches von nicht mehr spielerischem Raufen, Balgen und Toben zu unterscheiden. Aber das ist eine andere Geschichte, die wir an anderen Stellen darstellen werden (siehe S. 149 ff.). Hier zeigt sich vorallem für die Praxis wieder, dass gerade Welpenstunden die Königsdisziplin der Hundeschulen sind.

... angedeutete Spielverbeugung, gefolgt von einem Spielangriff von Paula (rechts).

AUS DER FORSCHUNG

BASISEMOTIONSSYSTEME

Nicht zuletzt aufgrund der Arbeiten von Jaak Panksepp wurde die Existenz von Emotionssystemen im Gehirn eindeutig belegt. Kenneth Davis und Christian Montag (2018) haben die Prinzipien der von Jaak Panksepp als affektive Neurowissenschaft bezeichneten Disziplin in einem zusammenfassenden Artikel verdeutlicht. Seit dem Jahr 1998 hat Jaak Panksepp hier immer wieder von insgesamt sieben, als Primärprozesse im emotionalen Kommandosystem bezeichneten Emotionen und deren neurobiologischen Grundlagen gesprochen:

1. Such- und Erwartungssystem
2. Wut- und Ärgersystem
3. Furcht- und Angstsystem
4. Lustsystem im sexuellen Sinn
5. Pflege- und Fürsorgesystem
6. Panik- und Trauersystem
7. Spiel- und Soziale Freude-System

Hunger hat Panksepp im Zusammenhang mit der affektiven Neurowissenschaft ebenfalls als Steuerungssystem identifiziert, spricht ihm aber nicht die gleichen Eigenschaften wie emotionalen Affekten und

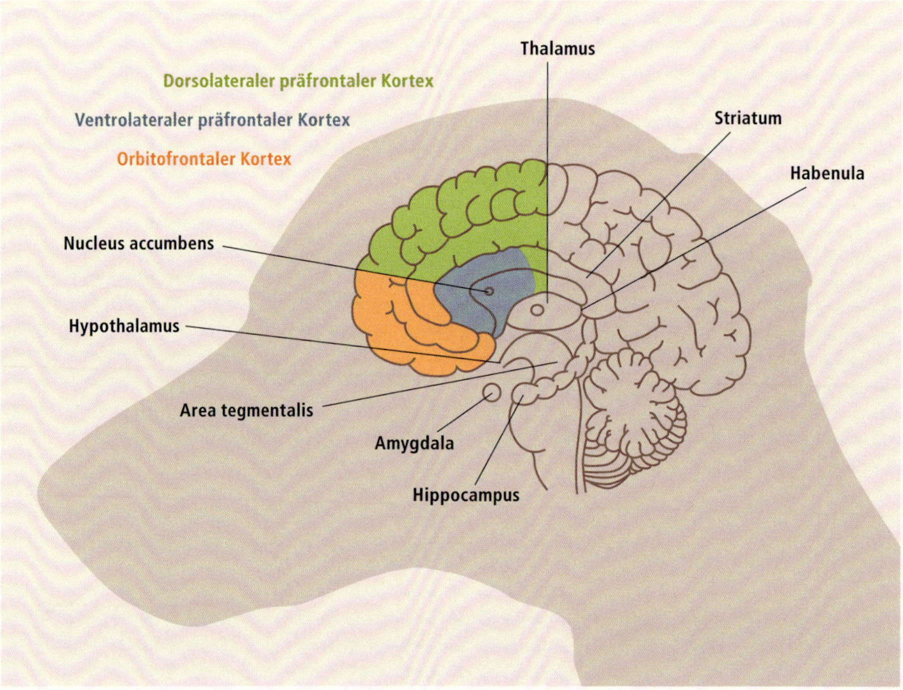

Die wichtigsten, bei emotionalen Prozessen beteiligten Gehirnregionen.

Es ist durchaus wissenschaftlich erlaubt, hier Spaß zu erkennen. Emma links und Paula beim Maulrangeln.

Gefühlen zu, da die vorher genannten mehr eine Beziehung zu Psychologie und auch zur Persönlichkeit eines Tieres aufweisen würden.

Jedes dieser Emotionssysteme wird von mehreren Botenstoffen gesteuert, wobei einige jeweils aktivierend, andere hemmend wirken.

Auch sind die meisten dieser Emotionssysteme neuroanatomisch nicht nur an ein einziges Kerngebiet, sondern an ein Netzwerk verschiedener, miteinander verschalteter Kerngebiete im Gehirn gebunden.

Kerngebiete im emotionalen Strang des Gehirns

Neuroanatomisch werden insgesamt sieben Kerngebiete dem sogenannten emotionalen Strang des Säugetiergehirns zugesprochen. Dieser beginnt bereits an der vorderen Stelle des Gehirns mit einigen, ebenfalls von Dopamin gesteuerten Regionen im Riechhirn und im Riechkolben, umfasst dann die als wichtige Elemente im sogenannten limbischen System bezeichneten Teile, die Mandelkerne, den Streifenkörper, oder die sogenannte Periventrikuläre graue Substanz, eine Reihe von Zellgebieten rund um den Hohlraum des Mittelhirns. Aber auch im präfrontalen Kortex, also im Bereich des Frontalhirns, sind affektive Regionen erkennbar. Die Abbildung zeigt die Verteilung der wichtigsten, mit dem Emotionssystem und damit auch mit emotionaler Bewertung des Spielens verbundenen Gehirnregionen. Bemerkenswert ist, dass dieser affektive Strang, also diese Zusammenschaltung von für emotionale Bewertung wichtigen Gehirngebieten, zu den ältesten Regionen des Säugetiergehirns gehört. Bereits seit mindestens 60 bis 70 Millionen Jahren, so kann man mit der Methode der molekularen Uhr errechnen, sind diese Kernareale im Gehirn von Säugetieren zu finden.

Auch die schnellen Wechsel im Ausdrucksverhalten …

OPIOIDE

Insbesondere die Arbeitsgruppe von Jaak Panksepp (Panksepp et al., 1985; erstmals Siviy, 1998) hat sich auch mit den Zusammenhängen zwischen Opioiden, hier speziell den hirneigenen, morphinartigen Substanzen und dem Spielverhalten beschäftigt. Opioide unterstützen die Ausbildung sozialen Spielens, Blockierung von Opioidrezeptoren im Gehirn, etwa durch den Wirkstoff Naloxon, reduzieren das Spielverhalten. Eine erhöhte Aktivität im Opioidsystem fördert also die Verspieltheit, wenngleich noch nicht bekannt ist, auf welchem chemischen Weg das passiert. Besonders bemerkenswert sind die von Panksepp et al. bereits 1985 gezeigten unterschiedlichen Auswirkungen der Opioidgabe auf die verschiedenen Stadien und Formen des Spielverhaltens. Morphingabe erhöhte die Wahrscheinlichkeit, dass eine Ratte während des spielerischen Raufens über dem Spielkumpel stand und diesen besonders lange am Boden festhielt (das sogenannte Pinning). Auch Tiere, die normalerweise mehr zu submissiven Verhalten tendieren, konnten durch Morphingabe zu einem erhöhten Pinning motiviert werden. Umgekehrt brachte Naloxon, der Morphinantogonist, eigentlich eher dominante und sicher auftretende Individuen dazu, mehr Spielunterwerfung zu zeigen und ihr Pinningverhalten zu reduzieren.

CANNABINOIDE

Noch komplexer wird das Ganze, wenn wir auch noch die Cannabinoide, also mit dem Wirkstoff des Haschisch vergleichbare Botenstoffe, einbeziehen. Auch Cannabinoide sind an der Steuerung des Spielverhaltens beteiligt. Trezza und Vanderschuren (2008) fassen die Wirkungen zusammen. Das endocannabinoide System, also die hirneigenen Cannabisverwandten, kann nämlich Spielverhalten in unterschiedlicher Form beeinflussen. Eine direkte Aktivierung des Endocannabissystems, durch einen Cannabinoidrezeptoragonisten, reduziert soziales

Die Existenz von Emotionen ist nicht etwa ein besonders hoch entwickeltes, sondern ein basales Element der Säugetier-Neurobiologie.

... lassen auf die Kombination von Emotionssystemen schließen.

Spielverhalten. Wird jedoch das System indirekt aktiviert, indem der Abbau eines beteiligten Botenstoffes pharmakologisch verhindert wird, so steigt das soziale Spielverhalten. Beide Wirkungen sind jedoch zusätzlich auch noch von der Aktivität des Opioid- und des Dopaminsystems abhängig. Der bereits genannte Wirkstoff, der den Cannabinoidrezeptor direkt aktiviert, reduziert sowohl die Spielmotivation als auch die Reaktion auf Spielaufforderung. Wird der genannte Wirkstoff zur indirekten Wirkung des Cannabinoidsystems gegeben, so erhöht dieser zunächst die Wahrscheinlichkeit der Spielaufforderung durch spielerisches Anspringen. Die Aufrechterhaltung des Spielens durch Pinning dagegen findet nur statt, wenn beide Beteiligte der Testpaarung mit dem genannten Wirkstoff behandelt wurden. Wurde nur einer der beiden Beteiligten mit diesem Wirkstoff behandelt, während der andere eine Blindprobe erhielt, so erhöht sich die Dauer und die Intensität des Raufens, vorwiegend durch die Dauer und Intensität des Pinnings ausgedrückt, eben nicht. Selbst auf neurobiologischer Ebene kann damit gezeigt werden, dass Spielverhalten eine zweiseitige Geschichte ist, die vom Empfänger des Verhaltens mindestens ebenso beeinflusst wird wie vom Sender. Und dass es eben nicht mal innerhalb des Sozialspiels einen einheitlichen „Spieltrieb“ gibt.

C-FOS-AKTIVITÄT

Letztlich ist eine ganz moderne Methode zur Untersuchung chemischer Zusammenhänge, hier die Untersuchung der IEGs, der sogenannten frühen Schaltgene (siehe auch „Aus der Forschung“, S. 51). Eines der wichtigsten, nicht nur im Zusammenhang mit Spielverhalten, hört auf den Namen c-FOS. Hier konnte wiederum die Arbeitsgruppe von Siviy und Kollegen (Siviy, 1998) einen bemerkenswerten Befund erheben: Ratten, die eine Zeit lang intensiv gespielt hatten, erhöhen nämlich die c-FOS-Konzentration in vielen Regionen des Gehirns gleichzeitig, nicht nur im präfrontalen Stirnhirn, sondern auch in verschiedenen Teilen des Thalamus, also des Zwischenhirns, und auch in verschiedenen anderen Regionen der Großhirnrinde. Raufen, Balgen und Toben aktiviert also offensichtlich eine ganze Reihe von Gehirnregionen. Auch im Hippocampus kann die erhöhte c-FOS Aktivität nachgewiesen werden. Dies könnte eine neurochemische Erklärung dafür sein, weswegen so viele verschiedene Bereiche des Verhaltens, Lernens, der Orientierung und viele soziale wie umweltbezogene Kompetenzen durch Spielverhalten in früher Jugend gleichermaßen gefördert werden. Und es erklärt chemisch, was einem Hund (oder Mensch) widerfährt, den man nicht genug spielen lässt!

AUS DER FORSCHUNG

GEDÄCHTNISBILDUNG UND NEURONALES LERNEN

Die stufenweise Abfolge der Abspeicherung von Gedächtnisinhalten hat auch eine ganze Reihe von neuronalen Umwandlungen und Veränderungen zum Gegenstand. Auch hier haben moderne neurobiologische Methoden eine Reihe von Erkenntnissen gebracht, die z. B. auch für den rhythmischen Ablauf von optimalen Lehr- und Unterrichtsverfahren von Bedeutung sind. Ob es Zufall ist oder nicht, in jedem Fall lässt sich der Rhythmus dieser, optimal neurobiologisch durchgeplanten Lern- und Gedächtnisprozesse häufig auch im zeitlichen Rhythmus von spielenden Tieren beobachten.

Bildung einer Gedächtnisspur

Wenn z. B. Jungtiere, oder bisweilen auch Erwachsene, im Spiel eine Bewegung mehrmals, und zwar nicht exakt starr in gleicher Art und Weise, sondern mit den anderweitig beschriebenen Luxusbewegungen variiert vollführen, dann nach einigen Minuten scheinbar die Lust an dieser Bewegung bzw. dieser Spielart verlieren und sich anderen Beschäftigungen zuwenden. Dann nach ca. 20 bis 30 Minuten wiederum scheinbar die alte, vorher Spaß gemacht habende Bewegung wieder entdecken und erneut für mehrere Minuten ausüben. Dies entspricht dann ziemlich genau den zeitlichen Abläufen bei der Bildung einer Gedächtnisspur, die in früheren verhaltensbiologischen Büchern so schön anschaulich als Engramm bezeichnet wurde. Durch die mehrmalige Wiederholung der gleichen Bewegung wird nämlich wiederholt über die gleiche synaptische Verbindung, also über das gleiche Endknöpfchen im Gehirn ein Botenstoff wiederholt ausgeschüttet, was zunächst die elektrische Empfindlichkeit an seiner Empfangsstelle erhöht. Kommt es über mehrere Minuten hinweg immer wieder zu dieser Verstärkung, dann werden neben dem ursprünglichen Botenstofftyp noch weitere, als Sekundärbotenstoffe oder sekundäre Verstärker bezeichnete andere Substanzen freigesetzt.

Gemeinsame Rennspiele (hier Golden-Hündin Bonnie und Border Collie-Rüde Isaac) …

Diese wiederum verändern die Durchlässigkeit an der Membran der gegenüberliegenden synaptischen Stelle, erhöhen die Leitfähigkeit in den Tunneleiweißen oder verändern sonst in anderer Weise deren Reaktionsbereitschaft.
Wird dieses System über einen Zeitraum von einigen Minuten aufrechterhalten, so kommen auch bereits Anforderungen an den Zellkern der beteiligten Nervenzelle, die Botenstoffe und ggf. auch die Bindungsstellen in erhöhtem Maß zu produzieren. Bis diese dann neu freigeschalteten Genabschnitte ihre Wirkung entfalten können, haben wir wiederum einen Zeitverlauf von ca. 20 bis 30 Minuten.
Nach einigen Stunden sind die ursprünglich produzierten Botenstoffe und auch Bindungsstellen sozusagen verbraucht und abgenutzt und müssen durch neuproduzierte ersetzt werden. Kommt es im Laufe mehrerer Tage immer wieder zu solchen Wiederholungen, dann wird letzten Endes auch die Zahl der synaptischen Knöpfchen, also sozusagen der Verbindungsstellen zwischen den beteiligten Nervenfasern, erhöht. Genaueres dazu findet sich beispielsweise bei La Roche (2002) oder bei Gansloßer (2020).

Veränderungen in den Markscheiden

Neueste Untersuchungen (Fields, 2020) zeigen sogar noch größere Einflüsse der Lernprozesse: Während des Lernens verändert sich die Qualität, die Wicklungsstärke und andere Eigenschaften der Markhüllen, also der die Nervenfasern umhüllenden Isolierschichten. Diese Veränderungen in den Markscheiden wiederum sind es, die das Lernen mit dem Gehirnstoffwechsel verbinden. Da die dafür zuständigen Zellen beim Hund vorwiegend im Zeitraum des 3. und 4. Lebensmonats gebildet werden, wird deutlich, warum es in dieser Zeit besonders wichtig ist, eine lernfreudige und lernfordernde bzw. lernfördernde Umgebung für Hundewelpen zur Verfügung zu stellen (siehe S. 155 ff.).

... Mimikaustausch ...

... Rangeln ...

... Rennen: Der Rhythmus verstärkt die Gedächtnisbildung.

BETEILIGTE HIRNREGIONEN

Die Abbildungen S. 54 und 65 zeigen, welche Abschnitte des Gehirns mindestens in einer oder auch mehreren Studien über die Beeinflussung von Spielverhalten genannt wurden. Wie bereits gezeigt wurde (siehe c-FOS), ist Spielverhalten wohl mit einem eigenen, komplexen Netzwerk verschiedenster Gehirnregionen verknüpft, die irgendwie parallel, miteinander und keineswegs nur nacheinander angeschaltet werden, wenn Spielverhalten auftritt. Auch hier muss man wieder einschränken, dass es sich fast immer nur um Studien zum sozialen Spielen, speziell zum Raufen, Balgen und Toben handelt, und dass vielfach Labortiermodelle (Hamster, Ratten, ab und zu Frettchen) für solche Studien herangezogen wurden. Da jedoch im Gegensatz zu den epigenetischen Untersuchungen hier nicht immer auf Geschlechtsunterschiede oder auf besondere, einem Geschlecht innewohnende Spieltendenzen abgehoben wurde, können wir hier wahrscheinlich eine breitere Übertragung auf andere Säugetiere einschließlich des Hundes vornehmen.

THALAMUS

Auch dieses Mal kommen wir nicht um Jaak Panksepp und seine Forschungsgruppe herum. So konnte er (Zusammenfassung bei Davis und Montag, 2018) zeigen, dass bereits kleine Schäden im Bereich des Thalamus, also des seitlichen Teils des Zwischenhirns, zu einer erheblichen Beeinträchtigung des Spielverhaltens führten. Demgegenüber waren selbst relativ großflächige Schäden im Bereich der Großhirnrinde weniger dramatisch in ihren Auswirkungen. Ebenso bemer-

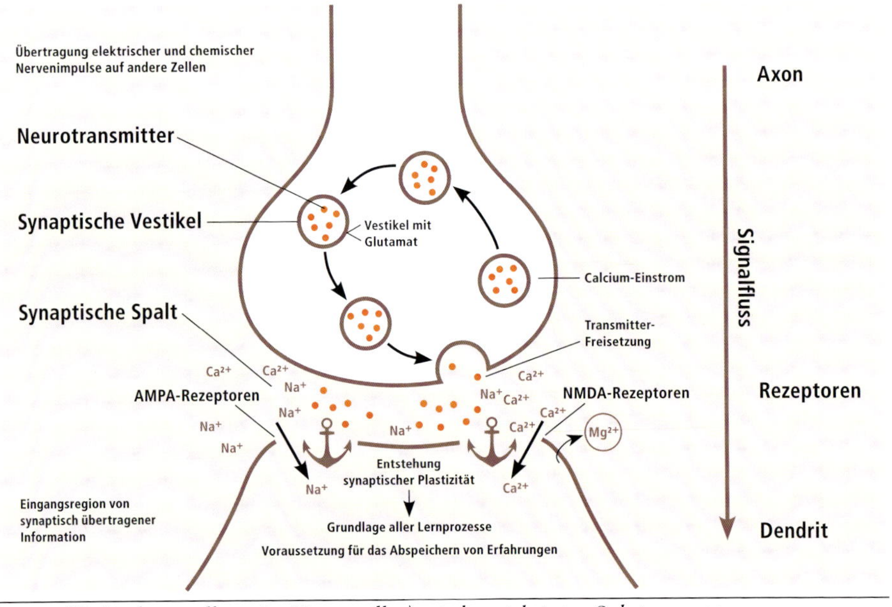

Synapse (Verbindungsstelle zweier Nervenzellen) mit den wichtigsten Substanzgruppen.

kenswert ist, dass, wenn auch noch nicht vollständig anatomisch in ihrem Mechanismus verstanden, eine Aktivierung des tiefer liegenden Spielsystems (siehe „Aus der Forschung", S. 54 f.) die Entwicklung von hemmenden Funktionen, also Exekutivfunktionen aus dem Frontallappen des Großhirns heraus, fördern und unterstützen können. Wenn das Spielsystem unter Kontrolle gestellt wird und dadurch ein etwas reiferes, mehr erwachsenen Tieren ähnliches Spielverhalten die Folge ist, kann offensichtlich unerwünschte Impulsivität in anderen Verhaltensbereichen reguliert werden.

PRÄFRONTALER KORTEX

Stephen Siviy (2016) fasst die Neurobiologie der Verspieltheit nochmals in einem großen Übersichtsartikel zusammen. Am wichtigsten sind in dieser Zusammenstellung der präfrontale Kortex, also das vorderste Stirnhirn, das dorsale und auch ventrale Striatum, (der Streifenkörper), eine Region des Mandelkerns (der Amygdala) und die Habenula. Innerhalb der Großhirnrinde ist offensichtlich der motorische Kortex vorwiegend für die veränderten Spieltaktiken während der Verhaltensreifung, vor allem die Rotationsbewegungen im Spiel zuständig. Der orbitofrontale Kortex dagegen ist offensichtlich dafür verantwortlich, dass man seine Spieltaktiken auch auf den Status des Sozialpartners einstellt. Die komplexeren Spieltaktiken, vor allem auch im Zusammenhang mit der Reaktion auf Spielaufforderungen, sind offensichtlich dort im orbifrontalen, also im vorderen Stirnhirn, zentralisiert. Die unteren Regionen des Kortex, vor allem diejenigen, die seitlich sogar vor und unter dem lymbischen System liegen, beeinflussen die soziale Erkundung und die Allgemeinaktivität nicht, sind jedoch verantwortlich für das Ausmaß des Anspringens und des Pinnings.

ZUSAMMENHANG MIT ADHS

Der präfrontale Kortex wurde insbesondere auch wegen seines Zusammenhangs mit ADHS ähnlichen und ADHS vergleichbaren Verhaltensauffälligkeiten immer wieder untersucht. Wie bei den Botenstoffen bereits dargelegt, sind Manipulationen im Dopamin- und Noradrenalinspiegel in dieser Region auch mit Auswirkungen auf das Ausmaß des Spielverhaltens verknüpft (siehe S. 52). Der häufig bei ADHS-Patienten verabreichte Wirkstoff Methylphenidat („Ritalin") oder auch ein selektiver Noradrenalinwiederaufnahmehemmer (Atomoxetin) reduzieren das Ausmaß des Spielverhaltens.

SUBKORTIKALE REGIONEN

Die subkortikalen Regionen, also diejenigen unterhalb der Großhirnrinde, wurden ebenfalls in ihrer Bedeutung für das Spielverhalten untersucht. Der vordere Teil des Thalamus, also des seitlichen Zwischenhirns, ist offensichtlich für die motorische Kontrolle des Spielverhaltens zuständig, bemerkenswerterweise aber nicht für die ebenso komplexen

Die beiden Hunde wissen wohl nichts von Neurobiologie …

... aber wer deren Bedeutung kennt, wird ihnen das Spielen nicht verbieten!

sensorisch – motorischen Wechselwirkungen bei der Futtersuche. Er bekommt aber im Zusammenhang mit dem Spielverhalten möglicherweise somatosensorische Eingänge aus dem Rückenmark und sendet dann erregende Fasern nach oben in den frontalen Kortex und auch ins Striatum. Dies kann wahrscheinlich dann die flüssigen, eleganten und schnellen Übergänge zwischen verschiedenen Verhaltenssequenzen des Spielverhaltens regulieren. Eingänge dieses, als PFA (perifaszikuläre Region des Thalamus) bezeichneten Gebietes erleichtert offensichtlich insgesamt die Verhaltensflexibilität.
Die relative Größe des Striatums, des Streifenkörpers, ist nicht nur bei Ratten, sondern auch bei Primaten im Bezug zum Spielverhalten gesetzt worden.

Je größer das Striatum bei Primaten, desto mehr Sozialspiel wird bei der jeweiligen Art gezeigt. Sowohl im dorsalen wie auch ventralen, also im oberen und unteren Teil des Striatums, sind wieder erhöhte c-FOS-Aktivitäten während und nach dem Spielverhalten beobachtbar. Der mittlere obere Teil des Striatum scheint dagegen eher wieder hemmende Wirkungen auf das Spielverhalten auszuüben, wie Untersuchungen mithilfe einer Blockade des erregenden Botenstoffes Glutamat nahelegen. Im ventralen, also unteren Bereich des Striatums, ist wohl auch der Ort, an dem die Opioide ihre Wirkung entfalten.
Neben der Größe des Striatums ist auch die Größe des Hypothalamus, also des Bodens des Zwischenhirns, bei nicht-menschlichen

Primaten in direkter Korrelation mit dem Ausdruck und dem Ausmaß des Spielverhaltens. Gerade im ventralen Teil, also dem unteren Bereich des Hypothalamus, sind c-FOS-Aktivitäten nicht nur bei Ratten, sondern auch bei Goldhamstern in Verbindung mit dem Spielverhalten beobachtet worden. Dies ist deshalb bemerkenswert, weil Goldhamster ja eher solitär leben und deshalb nicht die gleichen komplexen Sozialbeziehungen wie z. B. Ratten durch ihr Spielverhalten aufrechterhalten. In diesem Bereich, im unteren Hypothalamus, scheint das Vasopressin seine Wirkung auf das Spielverhalten zu entfalten. Insbesondere bei männlichen Ratten gibt es einen deutlichen Zusammenhang zwischen der Vasopressinaktivität und dem Ausmaß des Spielens.

KEINE EMOTION OHNE MANDELKERN!

Auch hier sind wir in der glücklichen Lage, zumindest außerhalb der Labornager, nämlich in der bereits wiederholt zitierten Studie über Primaten, einen direkten Zusammenhang zwischen der relativen Größe des Mandelkerns und dem Ausmaß des Spielverhaltens nachweisen zu können (Lewis & Barton, 2006). Die c-FOS-Aktivierung in diesem Bereich des Mandelkerns steigt besonders stark, wenn auch im Bereich des orbitofrontalen Kortex, also der Großhirnrinde, spielerische Aktivitäten zu beobachten sind. Offensichtlich wird hier im Bereich des Mandelkerns auch die Aktivität zwischen frontalem Kortex, Striatum und Mandelkern koordiniert.

HABENULA

Die Habenula ist insbesondere für die Koordination der Bereiche des Mittel- und Nachhirns mit den limbischen Strukturen des Vorderhirns zuständig. Sie liegt oberhalb median des Thalamus und hat eine Reihe von Verbindungen sowohl zum Striatum, zu anderen Teilen des limbischen Systems und zum Mittelhirn. Die neuronale Aktivität in diesem Bereich ist offensichtlich empfindlich für die Gesamtmotivation, ein unterschiedliches Ausmaß von c-FOS-Aktivitäten bei Ratten, die 24 Stunden isoliert waren, gegenüber solchen, die nur dreieinhalb Stunden isoliert waren, legt nahe, dass die sozialen Interessen dort insbesondere nach Isolation steigen. Die Spielmotivation scheint dann durch diese Aktivitäten widergespiegelt zu werden. In einigen Untersuchungen konnten auch die schädigenden Auswirkungen einer Spieldeprivation auf die Gehirnanatomie bereits gezeigt werden.

Hunde spielen in der Regel in Dyaden.

Auch hier nehmen am rauen Spiel nur Tame und Halva teil.

Der dritte Hund (Biko) bleibt lediglich Beobachter.

PYRAMIDENBAHN

Ein wichtiger Teil in der Kommunikation zwischen der Großhirnrinde und dem Rückenmark bei Säugetieren ist die sogenannte Pyramidenbahn, ein Bündel von Nervenfasern, die ohne eine einzige synaptische Umschaltung aus der Großhirnrinde bis ins Rückenmark verlaufen. Pyramidenneuronen aus dem mittleren präfrontalen Kortex bei Ratten, die während der 3. und 4. Lebenswoche nicht spielen durften, sind weniger ansprechbar auf Dopaminausschüttung. Auch Ratten, die aus genetischen Gründen wenig spielmotiviert sind (der Stamm F344), haben eine veränderte, reduzierte dopaminabhängige Plastizität im präfrontalen Kortex. Die Komplexität der Pyramidenzellen im medialen präfrontalen Kortex ist ebenfalls abhängig von der Spielerfahrung als Jugendlicher. Eine Abnahme der Komplexität der dendritischen Verzweigungen bei diesen Neuronen wird bei Ratten beobachtet, die viel mit gleich- oder ähnlich alten Kumpels und Kumpelinen in der Jugend spielen durften. Das deutet darauf hin, dass das Gehirn an dieser Stelle effektiver wird. Weniger dendritische Verzweigungen bedeuten ja gleichzeitig meist auch, dass die verbleibenden ihre Aufgaben besser und wirkungsvoller übernehmen können.

GABA

Die hier versuchte Zusammenstellung ist keineswegs vollständig. Wir könnten noch weitere, für die Ausbildung oder Ausformung des Spielverhaltens wichtige Botenstoffe, Botenstoffsysteme und Gehirnregionen anführen. So ist z. B. der erregungsdämpfende Botenstoff GABA, die Gammahydroxibuttersäure, auch an der Modulation des Spielverhaltens in verschiedenen Hirngebieten sowohl der Großhirnrinde als auch des limbischen Systems verantwortlich. Über die GABA-Mechanismen arbeitet z. B. der häufig bei Hunden und auch Katzen verabreichte

Nahrungsergänzungsstoff Casozepin. Ob dieser dementsprechend auch Auswirkungen auf das Ausmaß des Spielverhaltens hat, ist allerdings unseres Wissens bisher nicht untersucht worden.

ZUSAMMENFASSUNG

Zusammengefasst können wir also sagen, dass im Bereich des **präfrontalen Kortex**, also der vorderen Großhirnrinde, mehrere Regionen für das Spielverhalten verantwortlich sind. Unterhalb des Kortex liegt vor allem die Verantwortung im Bereich des **Zwischenhirns** (Thalamus, Hypothalamus) sowie des **Striatums. Dopamin**, das im Striatum wirkt, ist an der sensomotorischen Organisation, also an den Wechselwirkungen zwischen Körperfühlsphäre und nachfolgender Bewegungskoordination beteiligt. Ebenso wirkt das beim Spiel ausgeschüttete Dopamin im *Nucleus accumbens*, in dem es die beim Spiel erlebten positiven Erfahrungen, die Lust am Spiel, modifiziert. Der **Hypothalamus** als oberstes Regulationszentrum für alle sowohl vegetativen als auch endokrinen Vorgänge ist bei der Ausprägung des Spiels ebenso beteiligt und sorgt unter anderem durch Ausschüttung des Neurotransmitters **Oxytocin** zum positiven Erleben soziopositiver Handlungen. Der **Mandelkern**, der eine erhebliche Bedeutsamkeit für die gesamte Fühl- und Emotionssphäre hat, moduliert vor allem das Spielen. Betrachtet man die Vielzahl der beteiligten Botenstoffsysteme und Gehirnregionen, so ist auch leicht verständlich, weswegen es bisher kaum möglich scheint, die positiven Auswirkungen des Spielverhaltens auf die Verhaltensreifung und Persönlichkeitsausformung durch bestimmte, andere Alternativmaßnahmen des Trainings, der Erziehung oder des Verhaltensmanagements zu ersetzen.

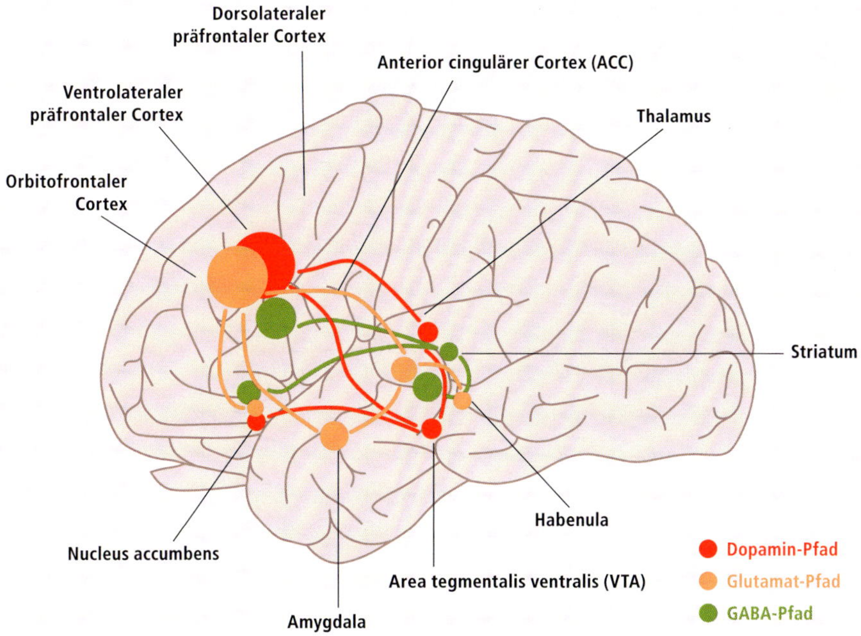

Das Netzwerk der Spielsteuerung liegt im Gehirn in mehreren Regionen verteilt.

PERSÖNLICHKEITSACHSEN UND -TYPEN

Die Untersuchung unterschiedlicher Persönlichkeitseigenschaften nicht-menschlicher Lebewesen hat in den letzten Jahren eine große Zahl von Übereinstimmungen von ursprünglich aus der Humanpsychologie bekannten Klassifikationen und Kategorienbildungen ergeben. Eine ausführliche Darstellung dieses Themas findet sich in neueren Lehrbüchern der Verhaltensbiologie, z. B. Gansloßer 2020 oder Gansloßer et al. 2020. Im Folgenden seien nur die wichtigsten Klassifikationsschemata kurz erläutert, da sie auch für das Verständnis hundlicher Verhaltenseigenschaften und speziell Spielbereitschaften von Bedeutung sind.

Scheu und Wagemutig

Häufig als sogenannte Supereigenschaften bezeichnet werden die beiden, als entgegengesetzte Pole eines Persönlichkeitskontinuums aufzufassenden Eigenschaften Scheu und Wagemutig. Beide Persönlichkeitstypen sind auch in ökologisch orientierten und evolutionsbiologisch ausgerichteten Freilandstudien einer großen Zahl verschiedener Wirbeltiere, von Fischen bis zum Menschenaffen, immer wieder festgestellt worden. Im Zusammenhang mit dem Hund sind sie z. B. erstmals von Kenth Svartberg (2002) aus der Analyse von Persönlichkeitstests herauskristallisiert worden. Das Wichtigste an diesen beiden Persönlichkeitseigenschaften ist, dass sie über ihre Anbindung an die Stress- und Botenstoffsysteme des Körpers (der wagemutige Typ reagiert in Belastungssituationen mehr mit dem Kampf- und Fluchtsystem des Nebennierenmarks, der zurückhaltende Typ mehr mit dem Cortisolsystem der Nebennierenrinde) physiologische und sogar medizinische Konsequenzen vorhersagen können. Ebenso bedeutsam ist, dass diese beiden Persönlichkeitstypen auch in Selektionsstudien, sowohl in freier Natur als auch in Laborversuchen, als evolutionsbiologisch wichtige Faktoren identifiziert werden konnten.

The Big Five

Als sozusagen darunterliegende, detaillierte Ebene der Persönlichkeitsbeschreibungen hat sich in den letzten Jahren, und auch hier ist beim Hund sehr viel Arbeit geleistet worden, die Einführung der als Big 5, als die 5 großen Achsen der Persönlichkeitsbeschreibung aus der Humanpsychologie stammenden Begriffe bzw. Begriffspaare eingebürgert:

1. **Emotionale Stabilität**, oder ihr Gegenstück, die als Neurotizismus bezeichnete sprunghafte Launenhaftigkeit, beschreibt vor allem, wie gleichmäßig, vorhersagbar und auch unbeeindruckbar durch plötzlich wechselnde Außenbedingungen ein Tier ist.
2. **Offenheit** für neue Erfahrungen wird zwar in der Hundeliteratur und verschiedenen anderen Arbeiten oft mit Trainierbarkeit übersetzt, ist jedoch ein Gesamtfaktor, der Neugier, geistige Beweglichkeit, Geschwindigkeit beim Kapieren neuer Spiele etc. beinhaltet.
3. **Geselligkeit**, oft auch als Freundlichkeit bezeichnet, müsste bei Arten wie dem Hund, die eine doppelte Artgenossenidentität mit dem Menschen aufweisen, eigentlich in zwei Achsen zerlegt werden. Es geht hier darum, wie misstrauisch oder auch kontaktfreudig man ist und ob man häufig Streit mit anderen hat, ob man viele sozial positiv getönte Verhaltens-

weisen auf potenzielle Partner richtet und letzten Endes, wie gut man sich in eine soziale Situation einpassen kann.

4. **Extraversion-Introversion** zeigt dagegen, ob man auch an der Oberfläche eines Tieres, z. B. in seiner Mimik oder seiner Körperhaltung, leicht und schnell dessen momentanen emotionalen Zustand erkennen kann, aber auch wie schnell und bereitwillig jemand auf einen sich nähernden Artgenossen oder sonstigen Sozialpartner zuzugehen pflegt.
5. **Gewissenhaftigkeit** (Conscientousness) scheidet sozusagen die Dünnbrettbohrer von den konzentriert und fokussiert, zielstrebig zuverlässig arbeitenden Zeitgenossen.

Mittlerweile sind auch noch eine Reihe von **emotionalen Veranlagungen**, z. B. Optimismus und Pessimismus, oder Impulsivität und Affekt- und Impulskontrolle, oder die als Xeno- oder Neophobie bezeichnete Ablehnung oder Abneigung gegen fremde oder neuartige Situationen, als weitere, sozusagen nochmals darunter angeordnete Persönlichkeitseigenschaften identifiziert worden. An einigen wichtigen Stellen sind die Persönlichkeitsachsen auch für Spielverhalten und Spielneigung zuständig. Bemerkenswert ist im Umkehrfall eine Studie von Wallis et al. (2020), die zeigen kann, wie sehr sich nicht nur die Persönlichkeitsachsen und -eigenschaften von Hunden über den gesamten Lebenslauf verändern, sondern dass gerade ein intensives und immer wieder länger anhaltendes Spielverhalten pro Tag mit dem Halter oder anderen Sozialpartnern die altersbedingten Veränderungen gerade in der Persönlichkeitseigenschaft Trainierbarkeit und Offenheit deutlich verlangsamen kann.

Bei Begegnungen sind vor allem die A-Typen in der vorderen Reihe.

WAS SPIELEN HUNDE?

— *Solitär- und Sozialspiele*

SOLITÄRSPIELE

Das Spiel von Hunden wird üblicherweise in solitäres Bewegungsspiel, Objekt-/Beutefangspiel und Sozialspiel eingeteilt. Diese Einteilung orientiert sich daran, was im Fokus des Spiels steht: Der eigene Körper, ein Objekt oder der Spielpartner. **Die Einteilung in Solitär- und Sozialspiel unterscheidet, ob das Spiel allein oder mit mindestens einem Spielpartner durchgeführt wird.** Bewegungsspiele sind Spiele mit dem eigenen Körper. Objektspiele richten sich an unbelebte Gegenstände. Ein Beutefangspiel richtet sich (je nach Definition) ausschließlich an lebende oder tote Beute oder auch an unbelebte Objekte als Beuteersatz. Spiel besteht häufig aus Mischformen, wie z. B. beim objektbezogenen Sozialspiel, wenn mehrere Welpen Jagd auf ein Spielzeug machen oder im Zerrspiel darum kämpfen. Alle Spiele, die Haushunde spielen, wurden auch bei Straßenhunden beobachtet (Pal, 2010).

WAS IST EIN SOLITÄRSPIEL?

Solitärspiel ist das Spiel ohne Spielpartner, das auch nicht als Aufforderung an einen zukünftigen Spielpartner gerichtet ist. **Zu den Solitärspielen gehören die Bewegungsspiele mit dem eigenen Körper und die Objektspiele ohne Partner.** Das Solitärspiel ermöglicht Hunden, besonders Welpen, das Erkunden des eigenen Körpers, der eigenen Fähigkeiten und der Umwelt und den Objekten darin. Diese Erfahrungen sind wichtig für die Entwicklung eines Welpen. Er lernt beim Bewegungsspiel immer differenziertere Kontrolle über seinen Körper und im Objektspiel, was er mit den verfügbaren Objekten tun kann.

Bekoff (1974) vermutet, dass sich Solitärspiel bei Kaniden zum Ersatz für Sozialspiel entwickeln kann, wenn kein Spielpartner

Im solitären Objektspiel erkundet Tosia, was sie mit den Objekten in ihrer Umgebung tun kann.

verfügbar ist oder dieser wiederholt nicht auf Spieleinladungen reagiert. Erhält ein Hund immer wieder keine Reaktion auf seine Spieleinladungen, „verlernt“ er nach Bekoff sein Spiel an Sozialpartner zu richten und fokussiert sein Spiel stattdessen auf Objekte (Objektspiel) oder seinen Körper (Bewegungsspiel). Sommerville et al. (2017) sehen das Potenzial von solitären Spielen in erster Linie als körperliche und kognitive Stimulierung in langweiligen, reizarmen Umgebungen, wie z. B. einem Tierheimzwinger. Hunde sind soziale Tiere und zeigt ein Hund zunehmend Solitärspiel, kann das für Sommerville ein Indiz für schlechtes Wohlbefinden sein, z. B. der Versuch Kontakt mit Artgenossen zu vermeiden oder Bewältigungsstrategie in einer zu wenig stimulierenden Umgebung. Jedoch scheint es hier auch Persönlichkeitseinflüsse zu geben (siehe S. 198). Hunde mit eher geringer Punktzahl für Geselligkeit mit Artgenossen und gleichzeitig großen Werten für Offenheit und Ausdauer spielen sowas oft sehr intensiv, auch ohne äußere Stressoren.

SOLITÄRE BEWEGUNGSSPIELE

Solitäres Bewegungsspiel besteht aus dynamischen Bewegungen, die typischerweise allein ausgeführt werden (Graham & Burghardt, 2010). Bewegungsspiel richtet sich weder an einen Mitspieler noch gegen ein Objekt, sondern im Fokus steht der eigene Körper, weshalb diese Spielform auch als „self-directed play“ bezeichnet wird. Zum Bewegungsspiel gehören Fortbewegungen und Drehungen des ganzen Körpers oder Teilen davon in drei Dimensionen: vertikale und horizontale Sprünge, Galoppieren, Rennen, bzw. spielerisch abgewandelte Fortbewegung wie Stop-and-Go, Kreislaufen, Zickzacklaufen, Trampeln, Hopsen, Rutschen, sowie Drehbewegungen um die eigene Achse wie Wälzen, Drehen, Kreiseln. Im Bewegungsspiel springt der Hund z. B. in die Luft, hüpft auf und ab, dreht sich im Stehen oder Liegen um die eigene Achse, schleudert Kopf- und Vorderkörper von einer Seite zur anderen, und jagt spielerisch seinen eigenen Schwanz. Er strampelt auf dem Rücken liegend mit allen vier Beinen

Solitäre Bewegungsspiele bestehen aus ziellosen, wiederholten, oft übertriebenen Bewegungen im Raum.

Hunde wälzen sich gerne mit Spielgesicht oder geschlossenen Augen auf dem Rücken oder der Seite.

in der Luft oder wälzt und windet sich auf dem Rücken, sodass Vorder- und Hinterkörper sich fast berühren.
Hunde laufen eine Strecke immer wieder auf und ab, häufiger aber laufen sie Kreise um einen imaginären oder tatsächlichen Mittelpunkt, wie z. B. einen Baum. Das Laufen kann abrupte Stopps, Starts und Wendungen, kurze Pausen und das schnelle Überspringen von Hindernissen enthalten. Bewegungsspiel ist sehr ansteckend.

FUNKTION VON BEWEGUNGSSPIEL

Die Bewegungen im Bewegungsspiel imitieren funktionale Bewegungen, aber in nicht funktionaler, übertriebener Weise. Im Ernstkontext werden Bewegungen in Richtung eines Ziels ausgeführt, sie führen zu etwas hin oder von etwas weg. Im Gegensatz dazu führen die Bewegungen im Bewegungsspiel den Spieler eher zum Ausgangspunkt zurück (Wilson & Kleinman, 1974). Welche Art von Bewegungen im Spiel bevorzugt ausgeführt werden, hängt auch von der Tierart ab. Fagen (1981) geht davon aus, dass die natürliche Selektion dafür sorgt, dass Bewegungsspiel immer aus den für das Tier besten Verhaltenszusammensetzungen besteht, was Intensität, Dauer, Frequenz, aber auch Alter, Geschlecht und Tierart angeht, um ein optimales Bewegungsprogramm, ähnlich einem optimalen Trainingsplan, zu erzielen. **Es gibt Hinweise, dass die Verbesserung der motorischen Fähigkeiten tatsächlich eines der Hauptfunktionen von Bewegungsspiel ist** (Sommerville et al., 2017). Dabei werden im entspannten Feld des Spiels auch die Muskeln trainiert, die im

Ernstkontext sonst nur mit gefährlichen Konsequenzen gebraucht werden, wie bei der Jagd, im Kampf und der Flucht (Fagen, 1981). Häufigkeit und Dauer von Bewegungsspiel stehen in engem Zusammenhang mit der Größe und Beschaffenheit der Fläche beziehungsweise des Raumes, der einem Tier zur Verfügung steht (Jensen & Khyn, 2000).

So sieht man z. B. bei domestizierten Tieren nach dem Winter im Stall viel Bewegungsspiel, wenn sie das erste Mal wieder auf die Weide hinausdürfen. Das Bewegungsspiel von Hunden sieht auf einer leeren Wiese anders aus als auf einer mit Gestrüpp und Bäumen strukturierten Fläche oder im Wohnzimmer. Die Energieüberschuss-Hypothese geht davon aus, dass die Funktion von Spiel bei Tieren der Abbau überschüssiger Energie ist, die mit den *„für Wachstum und Entwicklung nötigen Aminosäuren bzw. Proteinen ‚unnötig' mit aufgenommen wurde"* (Ganslоßer, 1998). Eine aktuelle Studie an Assam-Makaken (Bergrhesusaffen) widerspricht allerdings dieser Hypothese (Berghänel et al., 2015), weil bei dieser Tierart zwar mit der Häufigkeit des Bewegungsspiels die körperliche Geschicklichkeit anstieg, aber eine stark negative Korrelation zwischen der Häufigkeit/Dauer von Bewegungsspielen und dem Wachstum festgestellt wurde. Anders ausgedrückt: Die Energie für Spiel ging auf Kosten des Wachstums bzw. Vielspieler wuchsen langsamer. **Eine wichtige Bedeutung hat das Bewegungsspiel vor allem im Rahmen der Gesunderhaltung der Gelenke.** Selbst beim geradlinigen Galopp werden gerade bei Hunden robusterer Rassen nur ca. Zweidrittel der Gelenkknorpelfläche belastet und damit ernährt. Nur im freien Bewegungsspiel erfolgt eine so vielfältige Bewegung, dass die gesamte Gelenkfläche beansprucht und damit gesund erhalten wird (vgl. Ganslоßer & Kitchenham, 2019; Ganslоßer et al., 2021; Fischer & Lilje, 2011 für funktionale Details).

WER FÜHRT BEWEGUNGSSPIELE VERMEHRT AUS?

Bewegungsspiel ist vor allen Dingen bei Tieren zu finden, die sich viel bewegen (Schwimmen, Fliegen, Klettern, Rennen) und häufig vor Raubfeinden fliehen müssen. Es ist deshalb bei Beutetieren wie Hirschen oder Gazellen verbreiteter als bei Beutegreifern wie Hunden oder Bären und es enthält je nach Tierart Bewegungen aus dem Beutefang oder der Flucht vor Raubtieren (Power, 2000). Die Erwartung, dass Bewegungsspiel die Unterschiede im Verhalten gegenüber Raubfeinden (Verteidigung versus Flucht) widerspiegelt, wurde bei einer vergleichenden Untersuchung von Maultier- und Weißwedelhirschen jedoch nur teilweise erfüllt (Carter et al., 2019). Bewegungsspiel könnte die phylogenetisch älteste Spielform sein, weil sie kognitiv weniger herausfordernd ist als Objekt- oder Sozialspiel, es fehlen jedoch noch Belege für eindeutige stammesgeschichtliche Muster (Burghardt, 2005).

Zoomies sind wissenschaftlich noch wenig erforscht …

RENNFIEBER

Jeder Hundehalter mit einem gesunden Hund, besonders einem Welpen, kennt sie, die verrückten fünf Minuten, bei denen der Hund in Hochgeschwindigkeit herumsaust, über Tische und Bänke springt, sich aus heiterem Himmel plötzlich benimmt, als ob er wie Marc Bekoff (2019) es formuliert *„vom Teufel besessen wäre"*. Pat Miller (2008) beschreibt das Verhalten des Hundes im Rennfieber so: *„Er zieht den Schwanz ein, senkt das Hinterteil, reißt die Augen weit auf und saust in Höchstgeschwindigkeit um den verfügbaren Platz herum"*. Die im englischsprachigen Raum als FRAPS oder „frenetic random activity periods", also „zufällige, frenetische Aktivitätsperioden" oder auch „Zoomies" oder „high energy fits" (Bekoff, 2017, 2019, 2019a), im deutschsprachigen Raum als „Rennfieber, Rennflash, die verrückten fünf Minuten" bezeichnet, beschreibt schon Groos (1930) mit „ziel- und zwecklosem Herumjagen" und als Rennfieber auch Ludwig (1965), Lemmer (1981) und Althaus (1982). Hunde (aber auch Kaninchen, Ziegen, Pferde, Gazellen, Katzen, Elefanten, Bären, Frettchen, Raben, Elche, Wölfe und Delfine u.a. Tiere) zeigen regelmäßig den Rennflash. Zwar zeigen Elefanten auch dabei meist nur schnellen Schritt, aufgrund ihrer Gewichtsanpassungen, aber regelmäßig ist als auslösender Faktor, auch z. B. in Zoos, plötzlicher heftiger Starkregen zu sehen. **Merkmale dieses solitären Rennspiels sind Geschwindigkeit, Wiederholung und die hohe Energie, mit der die Bewegungen ausgeführt werden.**

ZOOMIES

Zoomies sind definiert als schnelle Bewegungen aus dem Stillstand, Hüpfen oder in die Luft springen, Herumrennen, inklusive Körper- und Kopfdrehungen (Coda et al., 2020). In diesen anscheinend von spontanen Bewegungsimpulsen verursachten solitären

Eventuell beschreiben verschiedene Autoren mit dem Begriff unterschiedliche Phänomene.

(aber sehr ansteckenden) Bewegungsspielen laufen Hunde in schnellem Tempo meist in Kreisform, wobei das Laufen abrupte Stopps, schnelle Richtungsänderungen und Drehungen enthält. Dazu gehört ein enthusiastischer Blick mit weit aufgerissenen Augen, Spielgesicht oder Grimassen, häufig ein Rundrücken und Henkelschwanz wie in Jagdspielen, manchmal ein heftig wedelnder oder eingeklemmter Schwanz, der vor einem imaginären Verfolger geschützt wird und zurückgelegte Ohren (Lindsay, 2013). Althaus (1982) nennt es „plötzliche Temperamentsausbrüche“ und beobachtet die aus Bewegung (Hüpfen, Rennen, Vorderkörperschlenkern, Schwanzwedeln, Rückwärtsgehen, Drehen um sich selbst, Spielverbeugung, Rennfieber) und Vokalisation (Bellen, Knurren, Winseln) bestehenden Bewegungsausbrüche, bei Siberian Huskywelpen häufig bis zur 5. Woche und das Rennfieber erstmals am 42. Tag.

Ursache für Zoomies

Die amerikanische Hundetrainerin Barbara Handelman (2008) geht davon aus, dass die Ursache für Zoomies Überforderung, Stress oder bei Welpen Energieschübe sind und führt als Beispiel das Kreislaufen eines überforderten Hundes in einem Agility-Wettbewerb auf, der seinem Besitzer ausweicht. Auch Karen London (2020) geht davon aus, dass Zoomies Stress, überflüssige Energie und Aufregung abbauen, da sie bevorzugt auftreten, nachdem der Hund in irgendeiner Form begrenzt wurde. Wenn er z. B. längere Zeit drinnen bleiben musste, gebadet oder getrimmt wurde oder wenn er Anlass für freudige Erregung hat, z. B. wenn er einem geliebten Menschen oder Hund begegnet, auf den ersten Schnee des Winters trifft, es an den Strand geht oder ein besonders begehrtes, unerwartetes Leckerchen oder neues Spielzeug bekommt (London, 2020). Jedoch ist hier, bei allem Respekt vor den genannten Kolleginnen, zu fragen, ob die Abgrenzung zwischen Spiel und Bewegungsstereotypie hinreichend exakt vorgenommen wurde („Aus der Forschung“, S. 30). Da Rennfieber bzw. Zoomies bisher nur bei Kaninchen (Coda et al., 2020), nicht bei Hunden oder anderen Tieren, wissenschaftlich untersucht wurde, bleibt offen, ob es sich bei dem von London und Handelman als stressanzeigendes Verhalten kategorisierte Kreislaufen überhaupt um das gleiche Phänomen handelt, wie das als Rennfieber bezeichnete spielerische Kreislaufen mit Spielgesicht und entspannter Körperhaltung. Bekoff sieht Rennfieber als Bestandteil des natürlichen Verhaltensrepertoires von Hunden und empfiehlt Hundehaltern, es dem Hund so oft wie möglich zu erlauben und nur darauf zu achten, dass er sich oder andere nicht verletzen kann.

OBJEKT-/ BEUTEFANGSPIELE

Objektspiel ist definiert als: *„die Einbeziehung verschiedenartiger unbelebter Objekte in das Spiel eines Tieres“* (Hall, 1998). Objektspiel gibt es nicht nur bei Säugetieren und Vögeln, sondern wurde z. B. auch bei Schildkröten, Fischen, Tintenfischen und Krokodilen beobachtet und Waran-Eidechsen spielen mit Objekten so ähnlich wie Hunde (Burghardt et al., 2016). Am häufigsten kommt Objektspiel bei Primaten, Karnivoren und Vögeln vor (Power, 2000). Interessanterweise wurden fast alle Objekt-

Das gegen Objekte gerichtete Spiel von Hunden enthält spielerische Fragmente aus Beutefang- und Sozialverhalten.

spiele außerhalb der Klassen der Säugetiere oder Vögel, bei erwachsenen Tieren beobachtet. Objektspiel gibt es typischerweise bei Tieren, die jagen, bei Aasfressern oder bei Tieren mit großer Nahrungsbandbreite. Es ist deshalb bei Beutegreifern wie z. B. Hunden, Katzen und Bären verbreiteter als bei Beutetieren. Individuelle Persönlichkeitsmerkmale wie generelle Verspieltheit, Neugier/Neophilie bzw. Furchtlosigkeit/Offenheit für neue Erfahrungen (Mehrkamp & Wynne, 2014; Svartberg, 2006) sowie die Rasse und die Verfügbarkeit von Objekten (Mehrkamp et al., 2017) beeinflussen die Häufigkeit von solitären Objektspielen. So spielten die von Lambrich (2007) beobachteten Border Collie-Welpen Objektspiele vorwiegend im solitären Kontext. Zimen (1982) beobachtete Objektspiele bei jungen Pudeln häufiger als bei Jungwölfen.

ÄHNLICHKEIT MIT BEUTEFANG

Objektspiel enthält generell viele Verhaltensbruchstücke aus dem Futtersuch- bzw. Beutefang-Repertoire der jeweiligen Tierart (Aldis, 1975; Burghardt, 2005). Auch das Verhalten von Hunden im Objektspiel hat Ähnlichkeit mit ihrem Verhalten gegenüber kleinen Beutetieren (Fox, 1969; Gupta, 1987; Russell, 1990). Objektspiel tritt bei einigen Arten bevorzugt vor der Fütterung/Nahrungssuche auf (Burghardt, 2005), was als weiterer Hinweis für eine ähnlich gelagerte Motivation betrachtet wird. Neue Gegenstände, besonders solche, die sich bewegen oder Geräusche machen, haben ein starkes Potenzial, Objektspiel bei Hunden auszulösen. Spielobjekte können natürliche Gegenstände wie Stöcke, Blätter, Tannenzapfen, Steine, aber auch Futterreste oder vom Menschen zur Verfügung gestelltes Spielzeug sein.

ABLAUF VON OBJEKTSPIELEN

Hunde bevorzugen den Einsatz von Objekten als Spielzeug im sozialen Kontext, vor dem solitären Objektspiel (Bradshaw et al., 2015), spielen jedoch auch allein mit Objekten. Das Verhalten von Hunden in Objektspielen ähnelt motivational und strukturell ihrem Umgang mit kleinen Beutetieren.
So sind z. B. die spielerischen Varianten von Fixieren, Anschleichen, Verfolgen, Packen und Zerreißen zu sehen. Objekte, die als Beuteersatz dienen, werden vom Hund beschnüffelt, beleckt, zerrissen und zerkaut. Liegt der Hund, wird dabei der Hinterkörper zur Seite gestreckt. Steht er, hält er den Gegenstand zwischen den Vorderbeinen fest, zerrt, reißt Teile ab und schüttelt die Spielbeute. Liegt der Hund auf dem Rücken, streckt er die Beine in die Luft und der Spielgegenstand wird mit den Vorderbeinen festgehalten und zerrissen. Nach dem Zerreißen wälzt er sich manchmal in den Einzelteilen. Jeder Hundehalter kennt das Öffnen von Plüschtieren, indem ein kleines Loch hineingebissen wird, aus dem der Inhalt gezielt herausgerissen wird. Beim Wegschleudern wirft der Hund Spielgegenstände hoch und fängt sie im Laufen wieder auf. Scott und Fuller (1965) und Fox (1969) beobachteten dieses Hochschleudern bei Hunden, die dies außerhalb des Spielkontextes auch mit kleinen Beutetieren durchführten. Auch Lemmer (1971) beobachtete Elemente des Beutefangverhaltens, wie den Mäuselsprung, Hochwerfen und Packen von Beute/Objekten in gleicher Form im Spiel- wie im Ernstkontext bei Dackel und Foxterrier.
Neben dem Mäuselsprung findet auch das Totschütteln kleiner Beutetiere im Spiel seine Entsprechung. Im realen Beutefangverhalten springt der Hund steil mit parallel gestellten Vorderbeinen vorwärts, landet auf den eng gestellten Vorderpfoten, packt die Beute im Genick und tötet sie durch Genickbiss und Kopfschütteln. Im Spiel führt er dieses Verhalten mit „Ersatzbeute“ durch.

Gupta (1987) analysierte im Rahmen ihrer Dissertation den Zusammenhang zwischen Beutefang und Objektspiel bei Frettchen und Hunden. Dabei untersuchte sie u. a. das Verhalten von sechs Staffordshire Bullterrier-Welpen im Alter von 4 bis 8 Wochen im Objektspiel. Sie fand eine große Variabilität in der Zusammensetzung der Verhaltenssequenzen im Objektspiel. Die Verhaltenssequenz „den Ball beschnuppern -> auf den Ball stürzen -> den Ball verfolgen“ und „den Ball mit den Vorderpfoten festhalten“ kam häufig vor und ist für Gupta ein Erkennungs-

Zum Jagdverhalten gehört spielerisches Verfolgen …

Packen, Schütteln, Tragen, Werfen, Auffangen …

merkmal für Beutefangverhalten im Objektspiel bei Hunden. Untersucht wurde allerdings nur das Verhalten einer kleinen Anzahl Welpen einer einzigen Rasse eines einzigen Wurfs gegenüber einem Tennisball. Bekannt ist, dass Beutefangsequenzen durch die künstliche Selektion der Zucht bei unterschiedlichen Rassen und Zuchtlinien innerhalb der Rassen verändert wurden (Coppinger & Coppinger, 2001; Sundman et al., 2016). Die Variabilität des Verhaltens im Objektspiel hängt auch von der Art des Objektes ab (Burghardt et al., 2016).

BEUTEFANGSPIELE MIT BEUTE

Alle Kaniden spielen mit kleinen Beutetieren und einige Wissenschaftler bezeichnen dieses gegen lebende oder tote Beute gerichtete Spiel als Beutefangspiel (predatory play). Da das Objektspiel von Hunden viele Verhaltenselemente aus dem Beutefangkontext enthält, häufig im Kontext des Fressens gespielt, von ähnlichen Objekten ausgelöst wird und ähnlich motiviert sein soll (Biben, 1981, 1983; Fox, 1969; Gupta, 1987; Russel,

... und wird vor allem von trag- und schlenkerbaren, zerlegbaren beuteähnlichen Objekten ausgelöst.

Hunde zeigen im Objektspiel viele Verhaltensweisen, die sie gegenüber kleinen Beutetieren einsetzen.

1990), wird auch das beschriebene Spiel mit Ersatzobjekten von einigen Wissenschaftlern als Beutefangspiel betrachtet. Nach den Beobachtungen von Gupta (1987), Russell (1990) und Hall (1998) gibt es zwischen dem Objektspiel und dem Beutefangverhalten von Hunden, was Struktur und Motivation angeht, keinen Unterschied, weshalb Gupta den Begriff Objektspiel ablehnt und stattdessen konsequent den Ausdruck „Objekt-Jagd" (object-predation) verwendet.

Russell (1990) prüfte in ihrer Dissertation, ob Objektspiel als Training für Beutefang bei Karnivoren betrachtet werden kann und untersuchte dafür das Verhalten von Frettchen und Hunden. Sie kam zu dem Ergebnis, dass das Verhalten im Objektspiel und beim Beutefang aus dem gleichen Verhaltensspektrum stammt und zu ähnlichen Sequenzen zusammengesetzt wird. Es wird von ähnlichen Reizen (Bewegung, Weichheit, Geruch und Größe) ausgelöst und taucht ungefähr zur gleichen Zeit in der Ontogenese beider Tierarten auf. Junge Frettchen, die keine Möglichkeit zum Objektspiel hatten, zeigten später (vorübergehende) Defizite in ihren Beutefangfähigkeiten. Russell betrachtet Objektspiel deshalb als Training für Beutefang, wobei Objektspiel langfristig zwar nicht essenziell für das Erlernen der Jagd ist, aber den Lernprozess beschleunigt.

IST OBJEKTSPIEL EINE ART ERSATZJAGD?

Die Bruchstücke des Beutefang-/Jagdverhaltens treten im Objektspiel in beliebiger Reihenfolge, nicht fest organisiert wie im Ernstkontext, auf. Im Spiel können außerdem die Verhaltensmuster, die der Hund besonders gern zeigt, auch bevorzugt ausgeführt werden (Hall, 1998). Es wäre also zu erwarten, dass die durch die Selektion betonten Elemente der Jagdsequenz im Objektspiel sichtbar werden. Burghardt et al. (2016) beobachteten die Entwicklung des Objektspiels bei Hundewelpen verschiedener Rassen von der 3. bis zur 7. Lebenswoche. Objektspiel trat früh in der Ontogenese, aber später als Exploration auf. Solitäres Objektspiel startete früher und

hatte seinen Höhepunkt vor dem Start des sozialen Objektspiels. Die Komplexität des Objektspiels nahm rasch zu, seine Struktur ähnelte dem bei erwachsenen Hunden und es zeigten sich Unterschiede zwischen den untersuchten Rassen (dazu mehr ab S. 239 ff.).
Die Bruchstücke des Beutefangverhaltens traten im objektbezogenen Spiel vor der Entwöhnung auf, woraus Burghardt schließt, dass Hunger/Beutefang als primäre Motivation für Objektspiele ausscheidet. Das ist anders bei Katzen, deren Verhalten die Grundlage der meisten Studien zur Motivation von Objektspielen und deren Nähe zum Beutefangverhalten bildet (siehe „Aus der Forschung", S. 80 f.). Burghardt hält es jedoch für eine stark vereinfachte Sichtweise, Objektspiel als Ersatzjagd mit identischer oder sehr ähnlicher Motivation zu betrachten. Er sieht Objektspiele differenzierter und vermutet, dass nur bei bestimmten Objektspielen, nämlich denen, in denen keine schnelle Gewöhnung und das damit zusammenhängende Desinteresse am Objekt zu beobachten ist, andere biologisch tief verwurzelte, selbstbelohnende neuronale Systeme wie das Beutefangverhalten beteiligt sind. Als Beispiel nennt Burghardt hier u. a. das ausdauernde Jagen des vom Menschen geworfenen Balls.

VERHALTENSMUSTER IM BEUTEFANGSPIEL

Spiel mit der lebenden/toten Beute besteht bei Kaniden aus variablen Sequenzen von Verfolgen, Fangen und Tragen der Beute. Verhaltensmuster, die Fox (1969, 1975a) im Beutefangspiel von Hunden beobachtet hat: Spielverbeugung, übertriebene Annäherung, Bepföteln, Anbellen, Anstupsen mit Pfote oder Nase, Kopfschütteln beim Beutewerfen, Werfen – Auffangen – Werfen, Hinter der Beute herrennen, Beute zwischen den Pfoten und dem Kopf auf dem Boden festhalten, Beute mit den Vorderbeinen vorwärtsbewegen, zwischen die Kiefern nehmen, mit der Nase berühren, beknabbern, mit den Pfoten berühren und anstoßen sind vom Hundespiel mit Objekten bekannt. Hunde zeigen im Gegensatz zum Wolf/Kojoten/Fuchs auch Spiel mit der Beute in Anwesenheit von Artgenossen (Fox, 1969; 1975a). Sie zeigen mehr „Beute" stehlen, „Beute" tauschen, Zerrspiel und ausgedehnteres Spiel mit der toten Beute. Bei Hunden sind artgenossentypische Spielmuster gegenüber Beutetieren viel häufiger als bei anderen Kaniden. Fox (1975a) zeigt das Beispiel eines Pointers, der eine Spielverbeugung gegenüber einer lebenden Maus macht und aus dieser Position die oben beschriebenen Verhaltensweisen zeigt. All das deutet daraufhin, dass die Grenzen zwischen Spiel und Beutefangverhalten bei Hunden weniger stark ausgeprägt sind als bei ihren wilden Artgenossen. Allerdings zeigten die Hunde alle Bestandteile des Beutefangverhaltens gegenüber kleinen Beutetieren wie Orientieren, Annähern, Verfolgen, Attackieren usw. als Ernstverhalten, bevor diese Sequenzen im Spiel auftauchten, was darauf hindeutet, dass das Verhalten nicht im Spiel gelernt, aber eventuell verfeinert und flexibilisiert wird (Fox, 1969, 1975a).
Katzen (Caro, 1980; Hall, 1998), junge Frettchen (Russell, 1990) oder Kojoten (Vincent & Bekoff, 1978), die als Jungtiere viel spielen, werden keine besseren Beutefänger. Die Verhaltensbruchstücke aus dem Beutefangverhalten tauchen im Ernstkontext eher auf als im Spiel (Fox, 1969) und Hunger ist keine Motivation für Objektspiel (Burghardt et al., 2016). Dies alles spricht dafür, dass Fox (1969) mit seiner Vermutung Recht hatte: *„Es ist deshalb unwahrscheinlich, dass Spielverhalten zur ‚Organisation' von Beutefang und Beutetöten beiträgt. Es ist eher so, dass bestimmte Muster von ‚Beutefang' und Tötungsverhalten in das intraspezifische Spiel und das Spiel mit unbelebten Objekten einbezogen werden."*

AUS DER FORSCHUNG

SPIELVERHALTEN BEI KÄTZCHEN

Das Spielverhalten von Hauskatzen, und da ganz besonders das von jungen heranwachsenden Kätzchen, ist für viele Menschen geradezu das Musterbeispiel eines spielenden Tieres. Wenn man ein Kätzchen beim Spiel beobachtet, fallen einem z. B. ganz schnell die deutlichen Unterschiede zu einem, an anderer Stelle noch ausführlicher zu besprechenden Wurfgeschoss-Junkies unter den Hunden auf (siehe S. 275). Wie ein Kätzchen mit einem Wollknäuel oder einem anderen rollfähigen Gegenstand spielt, das ähnelt in Körperhaltung, Bewegungsabläufen und auch in sonstigen Elementen des Ausdrucksverhaltens überhaupt nicht dem eines schnellstmöglich mit größtmöglicher Effektivität über die Wiese flitzenden Bällchen-Junkies.

Spielkugel…

Entwicklungsphasen des Spiels

Besonders bemerkenswert ist, dass das Spielverhalten von heranwachsenden Kätzchen in vielen Studien als Beispiel für die Entwicklung des Spielverhaltens anderer Säugetiere herangezogen wurde. Die Arbeitsgruppen von Tim Caro und John Deag haben zu diesem Thema eine Reihe von Originalarbeiten veröffentlicht, die z. B. bei Gansloßer und Rodewald (2016) zusammengefasst wurden. Die Entwicklungsphasen des Spiels bei Kätzchen sind zunächst vor der Entwöhnung durch eindeutige Bevorzugung des Sozialspiels charakterisiert, um den Zeitraum der Entwöhnung herum beobachtet man dann sehr viel, als Beutefangübung auszulegendes Objektspiel und etwa im Alter von 12 bis 13 Wochen beginnt erneut eine neue Phase intensiven Sozialspielens. Gerade das Objektspiel ist in diesem Zusammenhang von besonderer Wichtigkeit, da es, und das unterscheidet spielende Kätzchen von den meisten anderen bisher untersuchten Säugetieren, nicht etwa durch ungünstige Lebensumstände unterdrückt, sondern durch solche eher gefördert wird. Katzenmütter mit großen Würfen oder Katzenmütter, die aus irgendwelchen anderen Gründen nicht soviel Milch geben können oder/und die Kätzchen früher entwöhnen, provozieren nämlich eine verstärkte Häufigkeit und Intensität des Objektspiels um den Zeitpunkt der Entwöhnung herum. Um den 40. Lebenstag sind bei diesen Kätzchen besonders viele und auch besonders zielgerichtete Formen des Objektspielens zu beobachten und die betreffenden Katzenwelpen werden später auch effektivere Mäusejäger. Bemerkenswert ist dabei, dass Kätzchen, die im Objektspiel

... oder Plüschmaus – hungrige Katzen spielen anders!

den Beutefang üben, später nicht perfekter oder geschickter beim Beutefang am realen Objekt Maus sind. Wohl aber, dass sie während des Lernens in jedem Stadium schneller und damit auch energiesparender den nächsten Lernschritt bewältigen, als solche, die ohne Spielmöglichkeiten nur am realen Objekt Maus trainieren können.

Einflüsse des Spiels

Auch bei erwachsenen Katzen sind noch einige bemerkenswerte Einflüsse des Spielverhaltens zu beobachten. In einer ganz neuen Arbeit hat eine Arbeitsgruppe um Martina Cecchetti (Cecchetti et al., 2021) gezeigt, dass das Angebot eines qualitativ besonders hochwertigen und mit hohem Fleischanteil versehenen Futters und die gleichzeitige Möglichkeit zu regelmäßigem Objektspiel mit dem Halter, beispielsweise über eine bei Katzen sehr wohl geeignete, für Hunde (siehe S. 275) dagegen oft problematische Reizangel, zu einem verringerten Jagdverhalten auf Vögel und andere freilebende Kleintiere geführt hat. Katzen können also offensichtlich durch Beschäftigung im Objektspiel vom Interesse an der lebenden Beute abgelenkt werden, vorausgesetzt, dass ihr Bedarf an hochwertiger Ernährung mit vielen tierlichen Aminosäuren durch eine qualitativ gute Fütterung gedeckt wurde.

Hunger und Beutefangspiel

Noch ein anderer bemerkenswerter Punkt ist beim Spielverhalten von Katzen immer wieder aufgefallen: Die Zusammenhänge zwischen Hunger und Objektspiel ähneln denen zwischen Hunger und echtem Beutefang: Hungrige Katzen spielen mit größeren Spielzeugen, genauso wie sie sich auch an größere Beutetiere heranwagen. Satte Katzen spielen nur mit kleinen Spielzeugmäusen, genauso wie sie auch nur noch kleine Beutetiere verfolgen bzw. zu erlegen versuchen. Der Hunger macht also nicht nur risikobereiter, dass man beispielsweise größere männliche Mäuse oder sogar junge Ratten angreift, obwohl diese bissiger sind, sondern man überträgt das offensichtlich auch auf größere Spielzeuge.
Auch bei Katzen wurde eindeutig nachgewiesen, dass Sozialspiel und Beutefang = Objektspiel zwei getrennte Motivationssysteme beinhalten, auch hier ist also die Bezeichnung „Spieltrieb" irreführend und den wahren verhaltensbiologischen Gegebenheiten nicht angemessen.

KAU- UND FRESSSPIELE

Kauspiele (non-nutritive chewing) sind definiert als *„Beißen und Kauen auf Objekten, von denen keine oder wenig Energie oder Nährstoffe aufgenommen werden können“* (Tanner et al., 2007). Spielzeug, das bekaut werden kann, ist bei Hunden beliebter als Spielzeug, bei dem das nicht möglich ist (Pullen et al., 2010). Das Bekauen von Objekten kommt sowohl im Rahmen des solitären als auch im sozialen Objektspiel häufig vor.

Das spielerische Bekauen und Zerlegen von Stöckchen ist bei Hunden sehr beliebt, aber nicht ganz ungefährlich.

Das spielerische Bekauen von Objekten tritt bei Hundewelpen ab der 3. Lebenswoche auf und ist dann (zumindest bei Border Collie-Welpen) bis zur 8. Woche die häufigste Verhaltensweise im Umgang mit Objekten und die häufigste Spielform nach dem Sozialspiel (Günther, 2009; Heine, 2000).
Die Vermutung liegt nahe, dass die Kauspiele bei Welpen im Zusammenhang mit dem Durchbrechen der Zähne stehen könnten (Althaus, 1982; Burghardt et al., 2016; Lemmer, 1971). Bei Tüpfelhyänen ist das offenbar nicht der Fall (Tanner et al., 2007), denn Kauspiele traten am häufigsten zwischen dem 2. und 4. Lebensmonat auf, in einer Zeit nach dem Durchbrechen der Milch- und vor dem Durchbrechen der bleibenden Zähne. Pal (2010) und Burghardt et al. (2016) vermuten bei Hunden einen Zusammenhang zwischen dem Durchbrechen der Milchzähne und der Bevorzugung bestimmter Spielzeuge (Hartgummiknochen), die sich zum Bekauen besonders eignen. Ebenfalls wichtig könnte der Zusammenhang mit dem Serotoninhaushalt sein (siehe S. 49 und „Aus der Forschung", S. 84 f.).
Einige Autoren älterer Artikel wie z. B. Meyer-Holzapfel (1956), Ludwig (1965) oder Lemmer (1971) kategorisieren Spiele, in denen Objekte zerkaut, zerrissen und zerstückelt werden, als Fressspiele und diese wie auch Fangspiele, Jagdspiele, Apportierspiele und Beuteverteidigungsspiele als „Spiele des Nahrungserwerbs". Im Fressspiel zerstückelt der Hund bei *„schräger Kopfhaltung mit den Backenzähnen, zumeist in Liegehaltung mit seitlich weggestreckten Hinterbeinen ein Objekt, wie einen Stock, Papier oder ein Spielzeug. Im Stehen stemmen sie die Vorderläufe gegen das Objekt und reißen, jetzt mit den Schneidezähnen Einzelstücke ab"*. Die Übergänge zum Ernstverhalten sind nach Lemmer (1971) fließend und diese Spielform tritt häufig in Zusammenhang mit Fang- und Jagdspielen auf.

STÖCKCHEN-KAUEN ALS WERKZEUGGEBRAUCH BEI HUNDEN?

Einen interessanten neuen Blickwinkel auf Kauspiele von Hunden eröffnen Brooks & Yamamoto (2021) mit der Frage, ob das Bekauen von Stöcken etc., um die Schmerzen beim Zahnen zu mildern oder die Zähne zu säubern, als Werkzeuggebrauch bei Hunden betrachtet werden sollte. Werkzeuggebrauch wurde bisher vorwiegend bei Primaten beobachtet, die z. B. Zweige benutzen, um Termiten aus Baumstämmen zu „angeln" oder Steine, um Nüsse zu knacken. Aber auch bei Vögeln oder Elefanten wurde Werkzeuggebrauch beobachtet. Die Definition von Schumaker (2011) zum Werkzeuggebrauch ist immer noch Standard in der Literatur: *„Der externe Einsatz eines nicht verbundenen oder eines manipulierbaren verbundenen Umgebungs-Objekts, um die Form, Position oder den Zustand eines anderen Objekts, eines anderen Organismus oder des Benutzers selbst effizienter zu ändern, wenn der Benutzer das Werkzeug während oder vor dem Gebrauch hält und direkt manipuliert und für die richtige und effektive Ausrichtung des Werkzeugs verantwortlich ist."*
Fast alle Hunde benutzen Stöcke oder andere Gegenstände, um sie zu bekauen und eventuell, um Reste zwischen den Zähnen zu beseitigen. Zahnende Welpen benutzen Stöcke und andere Gegenstände eventuell auch, um die mit dem Zahnen verbundenen Schmerzen zu lindern. Beim Bekauen halten viele Hunde das Stöckchen zwischen den Vorderpfoten, um es so zu stabilisieren, wechseln die Seiten und die Position des Stockes, um gezielt bestimmte Zähne zu erreichen. Das erfüllt nach Brooks & Yamamoto die Definition zum Werkzeuggebrauch von Schumaker, die den Einsatz des Stockes zur Reinigung der Zähne oder der Linderung von Zahnschmerzen (oder der Verbesserung der Stimmung, siehe „Aus der Forschung", S. 84) mit dem Einsatz von Werkzeug zur Beseitigung von Juckreiz bei Primaten vergleichen.

AUS DER FORSCHUNG

KAUEN …

… macht schlau, glücklich und hält jung! Das Auftreten der im Haupttext besprochenen Kauspiele lässt sich am besten im Zusammenhang mit neueren Untersuchungen zur Auswirkung regelmäßiger Kaubewegungen bei verschiedenen Tierarten auf Hormonhaushalt, Hirnstoffwechsel und Gehirnleistung interpretieren. Bereits seit längerem ist bekannt (siehe Lebelt, 1998), dass bei Pferden eine Verbesserung des Serotoninspiegels durch Anbieten von längerem Heu bzw. Stroh und dadurch gesteigerte Kaubewegung erzielt werden kann. Serotonin, als natürlicher Stimmungsausgleicher und -aufheller bezeichnet, unterstützt eine Vielzahl von Gehirnfunktionen, im Bereich von Lernen, Stressbewältigung, Aggressions- oder auch Angstregulation. Untersuchungen von Berthelsen und Hansen (1999) an Kaninchen unterstreichen die Bedeutung der Heufütterung in diesem Zusammenhang. In den vergangenen Jahren wurden nun überwiegend durch Studien an Labornagern und auch Vergleichsstudien am Menschen (z. B. Chen et al., 2015; Gomez et al., 2010 und Ono et al., 2010) mögliche Mechanismen dieser Auswirkungen neurobiologisch verständlich.

Auswirkung auf das Gehirn

In verschiedenen Regionen sowohl der Großhirnrinde (z. B. im vordersten Bereich des Stirnhirns oder auch der mit Regulation sozialer Bewältigungsstrategien verknüpften Inselrinde) als auch im Bereich des Hypothalamus und des Hippocampus (siehe S. 54) wurden bei/nach Kautätigkeiten verstärkte Aktivitäten, verstärkte Durchblutung oder verbesserte Sauerstoffversorgung gefunden. Gerade im Bereich des Hippocampus wurde auch eine verbesserte Zellerneuerung belegt. Auswirkungen auf verschiedene Botenstoffssysteme, z. B. des Dopamins, des Noradrenalins oder die Cortisolreaktion steuernden CRF (Corticotropin Releasing Factor), und verschiedene andere Veränderungen in den Bereichen der Nervenwachstumsfaktoren kommen hinzu.
Auch verstärkte Aktivierung des langzeitgedächtnisbildenden NMDA–Rezeptorsystems, und dadurch eine verstärkte Langzeitpotenzierung als Abspeicherhilfe für gerade gewonnene Lernerfahrungen, sind bestätigt.

Kauen beeinflusst den Hirnstoffwechsel.

Sowohl Kaubewegungen beim Menschen, z. B. durch Kaugummikauen hervorgerufen oder bei Ratten durch Nagen an Holzstäben und härtere, schwerer zerkleinerbare Nahrungsbestandteile als auch Veränderungen der Beißkraft durch verschiedene kieferorthopädische Maßnahmen, lassen sich sehr deutlich mit Veränderungen der Lern- und Gedächtnisbildung, aber auch der ebenfalls vom Hippocampus gesteuerten Tagesperiodik und der Reaktion auf akute und chronische Stressbelastungen sehr gut nachweisen.

Beim Menschen konnte auch durch regelmäßige kräftige Kaubewegungen vor allem in höherem Alter das Einsetzen von demenzartigen Gehirnfunktionsverlusten deutlich verringert oder verzögert werden. Während beim jugendlichen Gehirn, insbesondere im Bereich des Hippocampus, diese Auswirkungen individualgeschichtlich noch wenig auffallend sind, gewinnen sie im Laufe des Älterwerdens an Bedeutung.

Da gerade im Zusammenhang mit der Funktion und Funktionserhaltung des Hippocampus die neuronale Plastizität inzwischen unbestreitbar ist, muss den genannten Tätigkeiten der Kaumuskulatur, aber auch des Gebisses selbst (registriert und vermittelt auch über Sinnesorgänchen rund um die Zahnwurzeln), eine verstärkte Bedeutung beigemessen werden. Neben der Bedeutung der genannten Kau- und Kieferbewegungsspiele, ist hier auch auf die Notwendigkeit des Knabberns und Zerkauens von härteren Kauartikeln für Hunde hinzuweisen.

Ob es – wissenschaftlich betrachtet – auch Spiel und/oder Werkzeuggebrauch sein kann, ist noch unklar.

AUSLÖSER VON SOLITÄRSPIELEN

Hunde haben Vorlieben beim Spielzeug: Besonders spannend finden sie Objekte mit Überraschungspotenzial. Sie spielen gern mit Objekten, die sich unvorhersagbar bewegen und sie lieben weiche, bewegliche Objekte, die sie vielfältig manipulieren und zerlegen können. Diese Objekte können sie schlenkern, werfen, fangen, schleudern, herumtragen, zerren, bekauen und zerreißen (Althaus, 1982; Burghardt et al., 2016; Pullen et al., 2010). Auch mit Spielzeug, das mit Gerüchen (Lavendel, Kaninchen) präpariert wurde, wird bevorzugt gespielt (Murtagh et al., 2020). Das Spielpotenzial eines Objektes hängt auch von seiner biologischen Signifikanz ab, also der Ähnlichkeit mit echter Beute (Althaus, 1982; Berlyne, 1971; Hall, 1998). Objektspiel wird vorwiegend von Gegenständen ausgelöst, die in Aussehen, Größe, Oberfläche, Geruch und besonders Bewegung und Geräuschen echter Beute ähnlich sind. **Je ähnlicher das Spielzeug echter Beute ist, desto mehr Spielpotenzial besitzt es** (Hall, 1998; Russell, 1990). Auch Burghardt et al. (2016) stellten fest, dass Welpen Spielzeug favorisieren, das echter Beute ähnlich ist. So bevorzugten die Hundewelpen ein Kunstfell-Eichhörnchen gegenüber Gummibällen, Tauen oder Gummiknochen. Mit dem Eichhörnchen spielten sie am längsten und sie zeigten diesem gegenüber auch das vielfältigste Spielrepertoire.

GEWÖHNUNG AN OBJEKTE

Die Gewöhnung, d. h., *„die Reduzierung der Reaktion infolge wiederholter Stimulation“* (Pullen et al., 2012), an neue Objekte, durch Exploration und Objektspiel und das damit nachlassende Interesse und Objektspiel setzt bei Hunden (wie auch bei Katzen, Hall, 1998) relativ rasch ein. Das ist für Enrichment-Projekte in Tierheimen natürlich problematisch (Burghardt et al., 2016; Pullen et al., 2012; Wells, 2004). Tauschten Pullen et al. das bespielte Objekt durch ein identisches neues Objekt aus, erwachte das Interesse des Hundes wieder. Pullen schlussfolgert, dass Objekte, mit denen der Hund bereits gespielt hat und die deshalb mit seinem Speichel „verunreinigt“ sind und seinen Eigengeruch angenommen haben, für das solitäre Objektspiel uninteressant werden (Pullen et al., 2012). Fox (1969) beobachtete, dass die Gewöhnung im Objektspiel von Hunden und anderen Kaniden dazu führt, dass das zunächst überwiegend zu beobachtende Appetenz-Verhalten (Orientierung, Verfolgen, Anspringen usw.) durch Endhandlungen (Objekt zerkauen, Objekt mit dem Pfoten festhalten und ziehen) ersetzt wird. Pullen et al. (2010) fanden zudem heraus, dass robuste, haltbare Kunststoff-Spielzeuge von Tierheimhunden weniger angenommen wurden als weiche Stoff-Spielzeuge und Spielzeuge, die Geräusche produzieren. Diese Vorliebe für Spielobjekte, die sich zerkauen, zerreißen lassen, gilt als Indiz für eine ähnliche Motivation wie beim Beutefang (Hall, 1998). Bradshaw et al. (2015) vermuten, dass ein *„komplexes gewöhnungsähnliches Rückkopplungssystem das Spiel mit Objekten hemmt, die gegen Veränderungen resistent sind“*. Jeder Hundehalter weiß, dass ein neues Spielzeug sofort das Interesse des Hundes weckt. Haben Hunde die Wahl zwischen vertrauten und neuen Objekten, entscheiden sie sich in der Mehrheit für neue, unbekannte Objekte (Kaulfuß & Mills, 2008), wobei es Unterschiede im Grad der Neophilie (Offenheit, Affinität gegenüber neuen Reizen) zwischen den Rassen zu geben scheint (Kniowski, 2012), die mit ihren Aufgaben bzw. Zuchtzielen zusammenhängen (z. B. Apportieren vs. Aufspüren). Hunde sind zwar weniger neophob als Wölfe, verlieren aber auch schneller wieder das Interesse an neuen Objekten. Sie nähern sich neuen Objekten schneller an, aber untersuchen sie auch weniger lang (Moretti et al., 2015).

Bewegungs-Selbsthandicap gibt es auch im solitären Objektspiel, wie hier beim Spielen in Rückenlage.

SELBSTHANDICAP

Selbsthandicap im Spiel ist die Fähigkeit eines Tieres, sich freiwillig in ungünstige oder gefährliche Positionen oder Situationen zu begeben (Palagi et al., 2016a). Als sensorisches Selbsthandicap wird die freiwillige Einschränkung eines Sinnes bezeichnet, z. B. wenn Primaten beim Blinde-Kuh-Spiel ihre Augen schließen oder bedecken. Als kinematisches oder Bewegungs-Selbsthandicap wird Verhalten bezeichnet, bei dem ein Tier im Spiel schwierige Positionen einnimmt, Bewegungen ausführt oder schwierigen Untergrund/Gelände auswählt (Byers, 1977). Im Gegensatz zum sozialen Selbsthandicap spielen das kinematische und das sensorische Selbsthandicap auch in Solitärspielen eine Rolle. Špinka et al. (2001) machten darauf aufmerksam, dass Tiere im Solitärspiel Selbsthandicap einsetzen, indem sie gezielt die Kontrolle über ihre Bewegungen lockern oder sogar durch Selbstbehinderung einen kurzzeitigen Kontrollverlust riskieren, sodass sie die Balance verlieren, ausrutschen, fallen, sich überschlagen oder im Objektspiel die Kontrolle über ihren Körper oder das Spielzeug verlieren. Beispiele dafür sind Hunde, die Objekte in Rückenlage mit ausgestreckten Vorderpfoten manipulieren, sich um die eigene Achse drehen und gleichzeitig versuchen, das Objekt mit der Pfote zu berühren oder an der Uferkante einer Wasserfläche oder an der Sofakante mit einem Objekt spielen, wo immer die Gefahr besteht, dass das Objekt und/oder der Spieler abstürzt, ins Wasser fällt. Einerseits gibt das dem Spiel den nötigen Kick, andererseits die Gelegenheit, die eigenen Fähigkeiten zu erweitern und zu verbessern.

SOZIALSPIELE

Das Sozialspiel ist ein Spiel mit mindestens einem Spielpartner und kann ein innerartliches (Hund-Hund) oder ein artübergreifendes Spiel (Hund-Mensch, Hund-Katze usw.) sein. Bei Hunden ist das Sozialspiel in Form von Spielkämpfen und Verfolgungsspielen die beliebteste Spielform. Sozialspiel ist definiert als *„Aktivität, die sich an ein anderes Individuum richtet, in der Handlungen aus anderen Kontexten in modifizierten Formen und in veränderten Sequenzen verwendet werden"* (Bekoff, 2015). Sozialspiel ist vor allen Dingen bei Tieren mit großer Verhaltensflexibilität, Tieren mit großem Gehirn im Verhältnis zur Körpergröße, großem Neocortex (Säugetiere) oder Vorderhirn (Vögel) und bei Tieren, die in größeren Gruppen und komplexen sozialen Beziehungen leben, zu finden. Sozialspiel ist die verbreitetste Spielform bei Tieren und ist bei vielen Tieren im Vergleich zum Solitärspiel die beliebtere Spielform (Aldis, 1975; Burghardt, 2005; Fagen, 1981).

Die Häufigkeit von Sozialspiel und der Kooperationsgrad im Spiel korrelieren bei Kaniden mit ihrem Grad an Geselligkeit (Bekoff, 1974a; Biben 1981, 1983; Miklosi, 2007). **Sozialspiele haben nicht zufällig ihren Höhepunkt in der Sozialisationsphase des Welpen, sondern tragen maßgeblich dazu bei, aus dem Welpen ein sozial kompetentes Mitglied der Familie und der Hunde-Community zu machen, in der er lebt.**

Wölfe spielen mehr sozial als solitär und häufiger Kontakt- als Bewegungsspiele (Cordoni, 2009). Sozialspiel ist auch bei jungen Hunden die erste und die beliebteste Spielform. So waren 59 % aller Interaktionen bei Border Collies (Heine, 2000), 74 % bei Samojeden (Günther, 2009) und 69 % bei den Terriern und Beagles (Koscinczuk et al., 2016) Sozialspiel oder andere Welpen-Welpen-Interaktionen und nur ein kleinerer Teil (41 %, 26 %, 31 %) Explora-

Raufspiele gehören zu den beliebtesten Hundespielen.

„Tiere spielen lieber mit einem Artgenossen als mit einem Objekt, weil ein lebendiger Spielpartner eine größere Bandbreite von Reaktionen liefert.“

Dr. Gordon Burghardt

tion, solitäres Spiel oder andere Beschäftigung nichtsozialer Natur. Sozialspiel ist facettenreich und kann sowohl objekt-, bewegungs- und soziale Dimensionen beinhalten, ist jedoch immer in erster Linie sozial (Pellegrini et al., 2015), d. h., im Sozialspiel steht immer der Spielpartner und die Interaktion und Kommunikation mit ihm im Mittelpunkt. **Sozialspiel ist die körperlich und mental anspruchsvollste Spielform, denn ein Spielpartner erfordert mehr Aufmerksamkeit, Signalverstehen und ein schnelleres Reaktionsvermögen als ein Objekt.** Deshalb kosten Sozialspiele auch mehr Energie als solitäre Spiele (Zupan et al., 2019). Hunde bevorzugen einen einzelnen Spielpartner vor einer Gruppe, d. h., die meisten ihrer Spiele werden in Dyaden gespielt (Adler et al., 2011). Im Gegensatz dazu spielen Wölfe häufiger auch triadische Spiele (mit drei Spielern) oder Gruppenspiele.

Anders als Wölfe spielen Hunde meist in Dyaden, seltener in Triaden oder größeren Gruppen.

ROLLENWECHSEL

Der Begriff Rollenwechsel wird im Spiel für zwei eng verwandte Phänomene benutzt: Für den Wechsel der Rollen im asymmetrischen Spiel mit verteilten Rollen, z. B. „Jäger" und „Gejagter" und „Angreifer" und „Verteidiger" (Aldis, 1975; Smuts, 2014; Zimen, 1982). Ein Rollenwechsel wird ebenfalls durchgeführt, wenn ein außerhalb des Spiels statushohes oder körperlich überlegenes Tier im Spiel den „Unterlegenen" spielt und sich besiegen lässt (Bekoff, 1974a). Die Art und Weise des Rollenwechsels spiegelt nach Feddersen-Petersen (2008) die Individualität der Spieler und ihre soziale Beziehung zueinander. Deshalb variiert der Rollenwechsel zwischen Dyaden (Zweierbeziehungen) enorm, kann in einer Dyade selten vorkommen, bei einer anderen dagegen die Regel sein und sich auch im Laufe des Zusammenlebens verändern (Ward & Smuts, 2009). Studien bei Ratten legen nahe, dass gerade der Rollenwechsel, als Beispiel für kooperierendes Verhalten in einer spielerischen Wettbewerbssituation, einen entscheidenden Anteil an der mit dem Spiel verknüpften Verbesserung der Sozialkompetenz von Jungtieren hat (Pellis et al., 2019).

WAS SOZIALSPIEL EINZIGARTIG MACHT

Sozialspiel besteht bei Hunden aus Verhaltensbruchstücken aus dem Ernstkontext wie Jagd, Sex oder Kampf und aus Verhalten, das nur im Spiel vorkommt, wie die Spielverbeugung, Körperdrehungen oder Kopf-/Oberkörperschleudern. Sozialspiele sind bei Hunden die häufigsten Spiele und dauern auch länger als Solitärspiele (Burghardt, 2005). Burghardt identifiziert vier entscheidende Merkmale von Sozialspielen: Rollenwechsel, soziales Selbsthandicap, Spielsignale und Metakommunikation (Burghardt, 2015).

SOZIALES SELBSTHANDICAP

Im Spiel zwischen ungleichen Spielpartnern (ungleich in Größe, Kraft, Alter, Spielbereitschaft) gibt es das freiwillige soziale Selbsthandicap. Als soziales Selbsthandicap bezeichnet man das Verhalten, mit dem ein Hund sich freiwillig in eine ungünstige Position begibt oder die ihm verfügbaren Fähigkeiten nicht vollständig einsetzt (Bekoff & Byers, 1998; Burghardt, 2005; Palagi et al., 2016a). Erwachsene, ranghohe, starke oder große Hunde legen sich z. B. auf den Rücken und laden aus dieser ungünstigen Position heraus zum Spiel ein. Dies ist häufig beim Spiel von erwachsenen Hunden mit Welpen und generell häufiger beim Spiel vertrauter Spielpartner zu beobachten, da das Einnehmen einer solchen Position Vertrauen in den Spielpartner voraussetzt (Aldis, 1975; Bloch & Bloch, 2002). Interessanterweise ist die mit Selbsthandicap verbundene und deshalb risikoreichere Rolle des Underdogs, also die des Beutetieres im Jagdspiel oder die des unten liegenden Verteidigers im Raufspiel, die beliebtere bei vielen Tierarten (Pellis & Pellis, 2011), weil sie mehr Herausforderungen bietet.

SPIELSIGNALE

Um Spielverhalten von der nichtspielerischen Verhaltensvariante – z. B. eine Spielattacke von einem echten Angriff – zu unterscheiden, haben Hunde Spielsignale wie die Spielverbeugung oder das Spielgesicht (open-mouth-display) entwickelt (Aldis, 1975; Bekoff & Byers, 1998; Palagi et al., 2016a). Zudem scheinen artübergreifend Merkmale des Spiels wie Intensität (Übertreibung, Hemmung) oder die willkürliche Aneinanderreihung von Verhaltenssegmenten, auch artübergreifend, insgesamt als „Spielsignal" erkannt zu werden (siehe S. 255 ff.).

Marc Bekoff betrachtet die Spielverbeugung (hier ausgeführt vom linken Hund) als Meta-Kommunikationssignal.

META-KOMMUNIKATION

Der Begriff Metakommunikation ist von Bateson (1955, 1972) für Situationen geprägt worden, in denen eine *„sekundäre Kommunikation, die Bedeutung einer primären Kommunikation ändert“*. Metakommunikation ist also Kommunikation auf einer zweiten Ebene, die dem Empfänger, außer dem eigentlichen Signal, auch noch übermittelt, wie er das Signal interpretieren soll (Špinka et al., 2016). Metakommunikation bezog Bateson vor allem auch auf die paradoxe Kommunikationssituation im Spiel, in dem Verhalten nicht das bedeutet, was es normalerweise bedeutet. Aggressive Elemente (z. B. Beißen), die normalerweise auf Distanzvergrößerung abzielen, sollen im Spiel das Gegenteil bewirken, nämlich Distanzverringerung (Feddersen-Petersen, 1991).

Metakommunikation im Spiel bedeutet, dass mit einem vorausgehenden, begleitenden oder nachfolgenden Spielsignal die Bedeutung anderer Signale verändert wird. Im Sozialspiel erhält eine im Ernstkontext aggressive Handlung (z. B. Beißen mit Schütteln) durch eine vorausgehende Spielverbeugung eine andere Bedeutung (Bekoff, 1974, 1975, 1995). Durch Metakommunikation in Form von Spielsignalen markieren die Spielpartner ihr Verhalten fortwährend als „Als ob“-Verhalten. Spielsignale haben die Funktion „dies ist Spiel“ zu signalisieren und machen es den Hunden möglich, zwischen *„einer Simulation (z. B. Spielkampf) und dem, was simuliert wird (realer Kampf) zu unterscheiden“* (Špinka et al., 2016). **Metakommunikation, Rollenwechsel, Selbsthandicap und Spielsignale schaffen den entspannten Raum und die besondere Atmosphäre, die Spiel von allen anderen Aktivitäten unterscheidet und die Interaktion aller Gruppenmitglieder unabhängig von Größe, Alter, Geschicklichkeit und Rang möglich macht.** Rollenwechsel, Selbsthandicap und Spielsignale haben auch die Funktion, dem Spielpartner zu signalisieren, dass man gern spielen oder weiterspielen möchte (Aldis, 1975; Bekoff & Byers, 1998; Fagen, 1981).

SOZIALSPIEL UNTER HUNDEN

01 Junghunde testen im Spiel mitunter auch Grenzen aus, so wie Border Collie Isaac. Mit Spielverbeugung und Spielbeißen versucht er Dudu in Bewegung zu bringen.

02 Nach dem Rempeln versucht er den bereits verunsicherten Dudu hinunterzudrücken.

03 Er springt den protestierenden Dudu wieder an, um ihn aus dem Gleichgewicht zu bringen.

04 Auch das Spielbeißen löst Protest bei Dudu aus. Isaac hört nicht auf.

05 Dudu setzt, trotz eingeklemmter Rute, in diesem unausgeglichenen Spiel Abbruchsignale …

06 ... gefolgt von einem Drohen im Sitzen, mit zurückgelegten Ohren (Botschaft kommt an).

07 Border Collie Isaac signalisiert mit der Spielverbeugung „alles nur Spiel".

08 Spielpause: Dudu mit immer noch leicht unsicherer Körperhaltung, bei entspannter Mimik.

09 Dudu startet ein Jagdspiel und kontrolliert mit Rückwärtsblick, ob er verfolgt wird.

10 Nachdem eindeutige Grenzen durchgesetzt und Missverständnisse geklärt sind, können Dudu und Isaac – hier beide mit Spielgesicht – entspannt weiterspielen.

SOZIALE SPIELFORMEN

Zu den Sozialspielen von Hunden gehören die Jagd- und Verfolgungsspiele, Spielkämpfe sowie die Werbungsspiele zwischen Rüde und Hündin inner- und außerhalb der Paarungszeit (Burghardt & Pellis, 2018). Außer bei ganz jungen Welpen, die sich wegen noch fehlender Mobilität auf Beißspiele beschränken müssen, wechseln sich in typischen Spielsequenzen Verfolgungsspiele und Spielkämpfe mit Körperkontakt ab.

SOZIALE BEWEGUNGSSPIELE

Soziale Bewegungsspiele entsprechen den bereits beschriebenen solitären Bewegungsspielen, nur werden sie in einem sozialen Kontext gespielt, d. h., die Tiere spielen parallel zueinander (Größbacher et al., 2020). Die Hunde kämpfen nicht spielerisch und jagen sich nicht, sondern imitieren oder synchronisieren ihre spielerischen Bewegungen. Sie rennen z. B. parallel nebeneinander, wenden dann gleichzeitig und rennen parallel wieder zurück. Ein Hund wälzt sich auf dem Rücken auf der Wiese und ein zweiter macht es ihm nach oder mehrere Hunde hüpfen und rennen nebeneinander in der Brandung oder im Sand oder zeigen viele synchrone Spielverbeugungen, Sprünge, Drehbewegungen, Wendungen usw.

JAGD- UND VERFOLGUNGSSPIELE

Zu den Jagd-, Renn-, Flucht- oder Verfolgungsspielen gehören alle Hundespiele, bei denen ein Hund oder mehrere Hunde spielerisch einen Artgenossen verfolgen. Einige dieser Spiele könnte man eher als Teil eines Spielkampfes interpretieren. In diesem Fall spielen die Hunde z. B. die Rollen „Eindringling ins Territorium" und „Verteidiger des Territoriums". Spielt der verfolgte Hund dagegen ein Beutetier und der Verfolger den Jäger, handelt es sich um ein Jagdspiel, also ein soziales Beutefangspiel. Aloff (2007) nennt soziale Jagdspiele auch „prey-predator-play", also Beute-Beutegreifer-Spiele. In den meisten Verfolgungsspielen wird spielerisch das Verfolgen eines Beutetiers simuliert. Dem Jagdspiel fehlt jedoch das Such- und Orientierungsverhalten, das den Anfang der Echtjagd ausmacht und dessen Zielgerichtetheit. Verfolgungsspiele sind außerdem dadurch gekennzeichnet, dass sowohl der Verfolgte als auch der Verfolger in einer verminderten Geschwindigkeit rennt, die sich von der Geschwindigkeit einer echten Flucht oder eines Angriffs deutlich unterscheidet. Auslöser für Verfolgungsspiele ist die Bewegung eines Spielpartners. Verfolgungsspiele werden durch ein betontes

Der Hund rechts fordert seinen Spielpartner mit enthusiastischer Mimik auf, ihn zu verfolgen.

Sein Spielpartner reagiert mit Verfolgen ...

... wird selbst verfolgt und gibt zu verstehen, ...

... dass er nicht mehr in Spiellaune ist.

Zurückweichen, Wegrennen, Wegspringen, Hüpfen oder „Hopsen" eines Hundes ausgelöst, wobei dieser den für die Beuterolle typischen Henkelschwanz zeigt und häufig einladend über die Schultern zurückschaut, ob er auch verfolgt wird.

Während der Verfolgungsjagd verringert der Verfolgte seine Geschwindigkeit, stoppt vielleicht sogar, wenn der Verfolger zu weit zurückbleibt und lässt sich „fangen/überwältigen", obwohl er hätte entkommen können und umgekehrt lässt der Jäger die Beute entkommen, obwohl er sie hätte fangen können. Haben die Hunde eine große Spielfläche zur Verfügung, kehrt der Flüchtende oft im Kreis zum Ausgangspunkt zurück. Natürliche Hindernisse wie Bäume, Sträucher, auch Menschen oder künstliche Hindernisse wie Pfosten, Bänke usw. werden als Wendemarken oder kurzfristige Verstecke benutzt. Rennspiele sind außerdem durch kurze Pausen gekennzeichnet, in denen häufig der Rollenwechsel stattfindet.

Wer welche Rolle einnimmt, scheint der Hund zu entscheiden, der sich als Erster bewegt: Macht er eine Bewegung in Richtung Spielpartner, übernimmt er die Rolle des Verfolgers, macht er eine Bewegung weg vom Spielpartner, übernimmt er die Rolle des Flüchtenden. Manchmal gibt es auch einen „fliegenden" Rollenwechsel während des Jagdspiels. Dann ändert der Verfolgte plötzlich seine Richtung, rennt auf den Verfolger zu, der dann ebenfalls umdreht und sich verfolgen lässt. Manchmal überholt der Verfolger die Spielbeute und lässt sich danach selbst jagen. Holt der Verfolger die Beute tatsächlich ein und es kommt zu einem körperlichen Kontakt, geht das Spiel häufig in einen Spielkampf über (Aldis, 1975). Rennspiele finden eher bei (noch) guter Kondition statt, nicht wenn die Hunde schon müde sind (Zimen, 1982).

RENNSPIELE MENSCH-HUND

Viele Hunde lieben Rennspiele und spielen begeistert mit ihrem Menschen „Nachlaufen“. Diese Spezies übergreifenden Spiele sind ein wunderbares Beispiel für das freiwillige Selbsthandicapverhalten unserer Hunde. Natürlich ist jeder gesunde Hund schneller als ein Mensch und das weiß er auch. Deshalb drosselt er in der Rolle des „Beutetiers“ seine Geschwindigkeit und nähert sich bewusst so an, dass der viel langsamere Mensch eine reelle Chance hat, ihn zu „fangen“.
In der Rolle des Beutetiers kann der Mensch seine fehlende Geschwindigkeit durch schnelle Richtungswechsel ausgleichen. Da manche Hunde durch die schnelle Bewegung im Rennspiel in eine hohe Erregung geraten, kann diese Spielform für Kinder problematisch sein. Kinder und Hunde sollten grundsätzlich nie allein spielen und verantwortungsvolle Eltern werden jedes Kind-Hund-Spiel aufmerksam beobachten.

UMADRESSIERTES JAGDVERHALTEN

Das gefährlichste Phänomen im Zusammenhang mit Sozialspiel ist das umadressierte Jagdverhalten oder „predatory drift“. Dieser Begriff stammt ursprünglich vom bekannten Hundetrainer und Tierarzt Dr. Ian Dunbar. Er bezeichnet das Wechseln einer ursprünglich sozialen Interaktion (häufig Spiel) zwischen Hunden in echtes Jagdverhalten mit einem der Hunde als unfreiwillige Beute, durch Auslösen/Triggern der Jagdsequenz.

Umschwenken auf Echtjagd-Modus (predatory drift), mit der Gefahr schwerer Verletzungen bis hin zum Tod durch ungehemmtes Beißen, Packen, Schütteln usw.
Ausgelöst wird es durch nicht-spielerisches, nicht-simuliertes „beuteähnliches“ Verhalten des verfolgten (meist kleineren) Hundes, der bedrängt, umgerannt, verletzt wird, dem Schmerzen zugefügt werden: panisches Weglaufen, Hinfallen, Zappeln, Quietschen, Schmerzensschrei des „Beute-Hundes“.

Größenunterschiede als entscheidender Auslöser:

— Besonders gefährdet sind unsichere, davonlaufende Kleinhunde.
— Kann sowohl in Kampf- als auch aus Jagdspielen heraus ausgelöst werden.
— Kann in dyadischem Spiel oder Gruppenspiel ausgelöst werden, besonders häufig jedoch in Gruppenjagdspielen.
— Kann auch Hunde als „Täter“ betreffen, die vorher nie als jagdlich ambitioniert aufgefallen sind.

Kontrolle durch den Menschen:
Gruppenjagdspiele, Spiele von Hunden mit Größenunterschieden, Kleinsthunde im Spiel mit größeren Hunden sollten besonders sorgfältig beobachtet werden. Insbesondere die Körpersprache des Hundes, der das Beutetier spielt, bzw. verfolgt wird. Es sollte auf einen niedrigen bis moderaten Erregungslevel geachtet werden, ggf. Pausen oder Abbruch erzwungen werden!

Mit einem sehr gehemmten Über-den-Rücken-Beißen soll der Collie-Mischling gestoppt werden.

GRUPPENJAGDSPIELE

Hunde spielen auch Verfolgungsspiele, in denen mehrere Hunde einen Hund – die Spielbeute – verfolgen. Wenn Welpen beteiligt sind, übernimmt häufig die Mutter, der Vater oder ein anderer erwachsener Hund die Rolle des Beutetiers. Trumler (1985, 2000) hatte den Eindruck, dass die erwachsenen Hunde diese Gruppenjagdspiele nutzen, um die Welpen die Regeln der Rudeljagd zu lehren.

Beim Gruppenjagdspiel wird der flüchtende Hund (die Beute) von mehr als einem Hund verfolgt und dabei immer wieder in die Mitte gedrängt. Der Fliehende wird in die Zange genommen. Er wird verfolgt, eingekreist, gestellt und gehemmt in den Nacken, über den Rücken, in die Vorder- oder Hinterbeine und (zumindest symbolisch) in die Kehle gebissen. Die Spielbeute wird überholt, die Verfolger hetzen sie, treiben sie sich gegenseitig zu und schneiden ihr den Weg ab. Der sehr gehemmt oder nur symbolisch durchgeführte Tötungsbiss in die Kehle, kann zu einem freiwilligen und sehr dramatischen Hinwerfen des beutespielenden Hundes oder einem fliegenden Wechsel der Rollen führen. Die für die Spieljagd beschriebenen Verhaltensweisen sind auch Bestandteil der Echtjagd. Die Ziele der Bisse stimmen mit den Zielen bei der Echtjagd überein (Bloch, 2004) und es liegt nahe, diese Spielform tatsächlich als Training für die kooperative Jagd zu betrachten.

Die Jagd auf große, wehrfähige Beutetiere ist gefährlich. Im Jagdspiel könnten verschiedene Jagdtaktiken ausprobiert und verfeinert werden, ohne dass ernste Konsequenzen in Form von Beuteverlust, Verletzungen oder gar Tod drohen. Im Spiel kann der Umgang mit der möglichen Abwehr der Beute trainiert werden. Es gibt auch Vermutungen, dass Hundeartige durch den Umgang mit der Spielbeute im Spiel die Angst vor der wehrfähigen Beute verlieren (Feddersen-Petersen, 2008; Fox, 1975a). Eine andere Funktion könnte das Kennenlernen der Reaktionen der Spielpartner als potenzielle Jagd- und Kooperationspartner sein. Gruppenjagdspiele verbessern in diesem Fall die schnelle, differenzierte Kommunikation und Koordination zwischen den Rudelmitgliedern.

SPIELKÄMPFE, KONTAKTSPIELE

Spielkämpfe gehören zu den häufigsten Spielformen von Hunden und werden meist mit viel Körperkontakt durchgeführt, auch wenn es Ausnahmen wie beim Maulfechten ohne Berührung gibt. Spielkämpfe setzen sich nach Fagen (1981) aus *„Verhaltensweisen aus dem agonistischen Kontext, eingesetzt in einem nicht agonistischen Kontext"* zusammen. Agonistische Handlungen umfassen alle Verhaltensweisen, die im Zusammenhang mit Konflikten gezeigt werden, also sowohl Angriffs- als auch Verteidigungs- und Fluchtverhalten. Spielkämpfe simulieren allerdings lediglich das Verhalten in agonistischen Auseinandersetzungen und werden deshalb manchmal auch als „pretend fighting", also „Als-ob-Kämpfe" bezeichnet (Pisula, 2020). Alle Aktionen in Spielkämpfen werden gehemmt durchgeführt, ohne Verletzungen zu verursachen, von Spielsignalen begleitet und die Spieler wechseln die Rollen. Gekämpft wird in Rücken-, Bauch- oder Seitenlage, im Sitzen, Stehen und im Hochstand. Zu Spielkämpfen gehören Verhaltensweisen wie Anspringen, Rempeln, Kämpfen auf den Hinterbeinen, Maulringen/Maulfechten, Aufreiten, freiwilliges Hinwerfen, Versuche, den Spielpartner aus dem Gleichgewicht zu bringen und am Boden festzuhalten und die Abwehr des unten liegenden Hundes mit Hinter- und Vorderbeinen und vor allen Dingen Spielbeißen. Spielkämpfe werden häufig mit Auflauern, Anschleichen, spielerischer Annäherung, spielerischem Anspringen oder Spielbeißen eröffnet. Spielkämpfe im Liegen (besonders in Bauch- oder Seitenlage) sind entspannter, während ein länger dauernder Hochkampf auf einen höheren Erregungsgrad hinweist (Ludwig, 1969). Smuts (2014) unterscheidet Spielkämpfe in asymmetrische und symmetrische Spiele (mehr dazu ab S. 156 f.).

MAULRANGELN, MAULFECHTEN

Beim Maulrangeln schwenken die Hunde den Kopf mit weit geöffneter Schnauze seitwärts hin und her und verhaken die Schnauzen ineinander (Smuts, 2014).

Spielkämpfe/Raufspiele (rough-and-tumble play) gehören zu den Lieblingsspielen der meisten Hunde.

☞ ESKALATIONSRISIKEN

ALLES IM GRÜNEN BEREICH	KONFLIKTPOTENZIAL
— Spielsignale	— Leckerchen
— Rollenwechsel	— Spielzeug (wertvolles)
— Selbsthandicap	— Platzrecht
— Spielpausen	— Nicht passende Spielpartner
— Niedriger Erregungslevel	— Starke Größenunterschiede
— Blickkontakt	— Dreier-Konstellation
— Wenig Körperspannung, weiche, kurvige Bewegungen	— Gruppenjagd
— Seitliche Annäherung	— Zu hohe Erregung
— Distanzverringerndes Verhalten (freiwillige Nähe)	— „Spielpolizei"
— Angriff und Abwehr nacheinander	— Eingrenzen, impertinentes Aufreiten, Kopf auflegen usw.
	— Keine Freiwilligkeit, Angst, Verunsicherung usw.

Diese entspannte Spielform wird von viel Vokalisation – sehr tiefen oder sehr hohen Tönen – begleitet. Beim Maulfechten wird ähnlich agiert, die Spielform kommt jedoch ohne Körperkontakt aus, d. h., das Fechten findet eher symbolisch statt, der Kontakt mit dem Gesicht des anderen Hundes wird vermieden und ist eine beliebte Spielform für Hunde, die lieber ohne Körperkontakt spielen. Diese Spielform wird in Bauch- oder Seitenlage, im Sitzen oder in Hochkampfstellung gespielt.

Beim Maulrangeln schwenken die Spielpartner die Köpfe mit weit geöffneten Schnauzen hin und her.

Im Spiel wird in Kopf, Hals und Vorderbeine gebissen und der Tötungsbiss in die Kehle simuliert.

BEISSSPIELE

Feddersen-Petersen (2008) bezeichnet Beißspiele als *„ritualisierte Auseinandersetzungen im Nahfeld“*, die mit wenig Bewegungsaufwand durchgeführt werden (siehe „Aus der Forschung“, S. 101). Die meisten Hundespiele beinhalten gehemmtes oder ritualisiertes Beißen in die Luft. Bei Welpen gibt es in der frühen Lebensphase Spiele, die sich wegen der noch fehlenden Beweglichkeit auf Beißen beschränken. Auch von älteren Hunden werden ritualisierte Beißspiele im Liegen oder Sitzen gespielt, in denen überwiegend in Kopf, Hals oder Vorderbeine gebissen wird. Auch als Initialspiel und dem als Teasing bezeichnete Necken und Triezen eines potenziellen Spielpartners, als Spieleinladung, sind Beißspiele beliebt. Bei den Beißspielen im Liegen hörte Ludwig (1965) bei Boxern beim Schwenken der Köpfe hohe schrille Töne, bei den Beißspielen im Stehen helle Knurrlaute. Beißspiele, die im Liegen oder Sitzen gespielt werden, gehören zu den Spielen mit einem niedrigen bis moderaten Erregungslevel.

Die Hochkampfstellung ist anstrengend und daher nur kurz und am Anfang des Spiels zu sehen.

RINGKAMPF, HOCHKAMPF

Bei Ringkämpfen stehen die Spielpartner auf den Hinterbeinen, legen ein oder beide abgewinkelten Vorderbeine auf die Schultern des anderen Hundes, stemmen die Hinterbeine in den Boden und versuchen den Spielpartner herunterzudrücken, aus dem Gleichgewicht zu bringen, in den Halsbereich zu beißen und/oder zeigen Maulfechten. Weil diese Spielkampfform sehr anstrengend ist, wird sie nur kurz und meist am Anfang gezeigt, wenn die Tiere noch nicht müde sind (Ludwig, 1965).

AUS DER FORSCHUNG

RITUALISIERUNG

Der Ritualisierungsbegriff gehört zu den ältesten Fachausdrücken in der biologischen Verhaltensforschung. Er hat aber in den letzten Jahren und Jahrzehnten einen Bedeutungswandel durchlaufen. Ursprünglich war der Ritualisierungsbegriff ganz klar definiert dafür, dass eine Verhaltensweise aus dem ursprünglichen Zusammenhang herausgenommen und in einen anderen Funktionskreis, in einen anderen Zusammenhang übernommen wurde. Das häufig zitierte Beispiel dafür ist der menschliche (oder auch bei anderen Affenarten übliche) Kuss, der aus dem Balzfüttern stammt, jedoch ursprünglich eben ein Element der mütterlichen Jungtierbetreuung (Nahrungsübertragung) darstellt.

Heutige Definition

Modernere, vor allem englischsprachige Lehrbücher der Kommunikationsforschung und Verhaltensbiologie fassen den Ritualisierungsbegriff etwas weiter: **Alle Verhaltensweisen, die entweder im Laufe der Individual- oder der Stammesgeschichte an eine spezielle Funktion der Informationsübertragung angepasst wurden, werden als ritualisiert bezeichnet.** Wenn also aus einem Übersprungverhalten (Sich-Schütteln aufgrund eines inneren Konflikts) durch Übertreibung, Verstärkung oder Veränderung der Rhythmik des Schüttelns ein Balzschütteln wird, dann ist das genauso ein Ritualisierungsprozess, wie wenn ein abgebremstes, gehemmtes In-die-Luft-Schnappen anstatt des kräftigen, verletzungsgefährdenden Zupackens im Drohverhalten eingesetzt wird. Gerade im Bereich des Spielverhaltens sind die Ritualisierungsprozesse häufig wichtig, um zu verstehen, wie aus einem Übersprungverhalten (gerade hier ist die Diskussion über die Spielverbeugung besonders aufschlussreich) ein Signalverhalten werden kann.

Beispiel: Balzverhalten von Enten

Ungeachtet mancher anderer, methodischer Einwendungen gegen diese Arbeit ist immer noch die Arbeit von Konrad Lorenz über die Ritualisierungsprozesse im Balzverhalten verschiedener Entenarten ein sehr gutes Beispiel dafür, wie aus Übersprungverhalten (Scheintrinken, Sich-Schütteln, Übersprungputzen etc.) eine ritualisierte Balzverhaltensweise entstehen kann. Die Erpel empfinden offensichtlich zunächst in Gegenwart ihrer Rivalen und/oder ihrer Angebeteten einen inneren Konflikt, der sich durch die genannten Übersprungverhaltensweisen äußern kann. In einem späteren Schritt werden diese Übersprungverhaltensweisen dann übertrieben, stärker betont, in rhythmischer Abfolge gezeigt und schon ist das Balzsignal entstanden. Der letzte Schritt wäre dann übrigens einer, der durch eine zusätzliche Betonung mithilfe von Prachtgefiedern oder anderen Organen die Ritualisierung nochmals verstärkt. Die Rückenbürste, die ein Hund sträubt, um besonders beim Droh- oder Imponierverhalten beeindruckend auszusehen, wäre ebenfalls ein solches Beispiel.

SOZIALSPIELE MIT OBJEKT

Die Einteilung der Hundespiele ist eine theoretische: In der Praxis werden bei Hunden die einzelnen Spielformen gemischt. So benutzen Hunde häufig Objekte im sozialen Kontext, sei es im Spiel mit Artgenossen oder im artübergreifenden Spiel mit Menschen oder anderen Tieren. Im solitären Objektspiel gibt es, wie bereits beschrieben, bei Kaniden Ähnlichkeiten zwischen dem Verhalten gegenüber den Spielobjekten und kleineren Beutetieren (siehe S. 77 ff.). Gibt es einen solchen Zusammenhang auch für soziale Objektspiele? Gibt es also Parallelen im Jagdverhalten größeren Beutetieren gegenüber und dem Sozialspiel mit Objekten?

STUDIE ÜBER SPIELVERHALTEN VON KANIDEN

Mehrere vergleichende Untersuchungen von Biben (1981, 1983) gingen der Frage nach: Worin unterscheidet sich das Spielverhalten von Kaniden mit ungleich ausgeprägter Geselligkeit? Drei sehr unterschiedlich gesellige Kaniden sind der solitär lebende und jagende Mähnenwolf, der etwas geselligere Krabbenfuchs, der im Familienverband lebt, aber einzeln jagt, und der hochsoziale Waldhund, der im erweiterten Familien-Rudel von 12 bis zu 100 Tieren zusammenlebt und kooperativ jagt (Biben, 1983; Ganslоßer & Sillero-Zubiri, 2006). Der Mähnenwolf lebt von kleinen Beutetieren wie Kaninchen, kleinen Nagetieren, Vögeln, Insekten und von Früchten. Der Krabbenfuchs lebt von Krabben und ebenfalls von kleinen Nagetieren, Insekten, aber auch von Früchten, Eiern und Aas. Beide benötigen vielfältige und variable Jagdtechniken wie Beschleichen und Mäuselsprung bei kleinen Beutetieren und vertikale Sprünge auf Insekten und Vögel. Waldhunde leben in der Nähe des Wassers, jagen kooperativ und treiben Beutetiere, von ihrer Körpergröße oder größer wie Pakas und Wasserschweine häufig ins Wasser. Sie umkreisen die, aufgrund der Überzahl der Gegner, unterlegene Beute und beißen sie in alle erreichbaren Körperstellen.

Objektspiel bei Welpen

In einer Studie verglich Biben (1981) das soziale Objektspiel von Welpen des solitär jagenden Krabbenfuchses und des hochsozialen, kooperativ jagenden Waldhundes, in einer zweiten die Entwicklung des Sozialverhaltens inklusive Spiel bei Welpen aller drei Kaniden. Objektspiel war bei den beiden solitär jagenden Kaniden größtenteils solitär (Mähnenwolf 52 %, Krabbenfuchs 83 %), hingegen bei dem kooperativ jagenden Waldhund zu 77 % sozial. Im Spiel der hochsozialen Waldhunde fehlten Spielsignale wie die Spielverbeugung und ihr Spiel wirkte auch wegen fehlender Verhaltensvariabilität

Es macht den Eindruck, als ob die Mutter im Spiel…

weniger spielerisch. Waldhunde spielten mit größeren Objekten als der Krabbenfuchs und nicht mit toter Beute wie der Krabbenfuchs. Waldhunde zeigten im Vergleich mit den anderen untersuchten Kaniden nur einfache und wenig differenzierte Spielformen (Beißen, Kauen, Rollen, Vokalisation), was ihre zwar kooperative, aber sehr wenig komplexe Form der Jagd widerspiegelt. Sie zeigten allerdings viel Kooperation, wenig Wettbewerb um Objekte und sehr viel mehr soziales Objektspiel, wie das gemeinsame Tragen von oder Kauen auf Objekten. Das Spiel der solitärjagenden Kaniden war viel wettbewerbsorientierter, facettenreicher und variabler. Es schlug häufiger in Aggression um (Biben, 1981, 1983). Bei den Welpen des Krabbenfuchses führten Spielsignale zu einer deutlichen Abnahme der aggressiven Reaktionen.

Schlussfolgerung

Biben schlussfolgerte: **Nicht der Grad der Geselligkeit, sondern die Komplexität des Jagdverhaltens ist für die Komplexität des Objektspiels und des objektbezogenen Sozialspiels verantwortlich.** Das ist eine interessante Hypothese für den Vergleich der Komplexität und Wettbewerbsorientierung im solitären und sozialen Objektspiel verschiedener Hunderassen, deren Beutefangverhalten und Geselligkeit durch gezielte Zucht verändert wurde. Eine bemerkenswerte Korrelation ergibt sich aber möglicherweise auch mit der Evolutionshöhe: Der Waldhund (siehe Gansloßer & Sillero-Zubiri, 2006) ist stammesgeschichtlich/anatomisch sehr ursprünglich. Seine Geselligkeit ist also, im Gegensatz z. B. zu Wolf, Rot- oder Afrikanischem Wildhund, nicht mit allgemeiner Evolutionshöhe verknüpft.

... Fähigkeiten für die gemeinsame Jagd trainiert, wie Zusammenarbeit und Koordination der Welpen.

Im sozialen Objektspiel steht immer der Spielpartner, …

… nie das Objekt im Mittelpunkt.

OBJEKTE IM SOZIALSPIEL

Im Prinzip spielen Hunde im sozialen Objektspiel mit allen verfügbaren, tragbaren Objekten. Da Spielzeug oder andere Objekte von Hunden im Sozialspiel, anders als im Objektspiel, nur als Katalysator zur Spieleinladung oder zur Steigerung und Aufrechterhaltung der Spielstimmung eingesetzt werden, müssen die Spielobjekte keinen eigenen Wert oder biologische Signifikanz besitzen, wie im solitären Objektspiel. Es ist Teil des Spiels, so zu tun, als ob ein Blatt, ein Stöckchen oder ein Stofffetzen einen Wert besitzt und es sich lohnt, darum spielerisch zu streiten (Aldis, 1975). Im Gegensatz zum Solitärspiel ist es im Sozialspiel von Hunden eher hinderlich, Objekte im Spiel einzusetzen, die für einen oder mehrere der beteiligten Hunde einen hohen Wert haben (z. B. das Lieblingsspielzeug), denn das erhöht das Risiko von Streit. Hunde verhalten sich im sozialen Objektspiel mit dem Menschen kooperativer als im Hund-Hund-Spiel (Rooney et al., 2000).

OBJEKTE ALS SPIELAUSLÖSER

Hunde setzen Objekte sowohl in Spielkämpfen, z. B. im Zerrspiel oder Keep away, als auch in Jagd-/Verfolgungsspielen ein, wenn ein oder mehrere Hunde den momentanen Besitzer des Objektes verfolgen. Sozialspiele mit Objekt beginnen gerade bei Welpen häufig damit, dass ein Hund beginnt mit einem Objekt zu spielen und damit die Aufmerksamkeit anderer Hunde erweckt, die in das Spiel einsteigen oder versuchen, ihm das Objekt wegzunehmen und so ein Zerrspiel oder Spielkampf entsteht. Objekte haben im solitären Objektspiel eine andere Bedeutung als im sozialen Spiel mit Objekt (Bradshaw et al., 2015). **Hunde setzen Objekte ein, um ein neues Spiel auszulösen oder den Spielpartner, der beginnt die Spiellaune zu verlieren, wieder in Spielstimmung zu bringen.** Das Objekt ist dabei ein Katalysator, der Wettbewerb (zurück) ins Spiel bringen soll. Wie unwichtig die Art des Objektes ist, sieht man daran, dass nicht nur Spielzeug, sondern willkürlich Blätter, Zweige, Tannenzapfen und ähnliche Gegenstände, die zufällig in Reichweite sind, aber keinerlei „biologische Signifikanz“ oder Spielpotential haben, eingesetzt werden.

Ablauf eines Sozialspiels mit Objekt

Bei Border Collie-Welpen machten die objektbezogenen Sozialspiele ca. 15 % aller erfolgreichen Spieleinladungen aus (Heine, 2000). Das Objekt wird dabei z. B. zwischen den Vorderpfoten abgelegt und „bewacht“, dabei fixiert der Hund abwechselnd den

Hier animiert Mila mit einem Objekt …

… ihren Spielpartner Frodo zur Verfolgung.

potenziellen Spielpartner und das Objekt. Manchmal entfernt er sich kurzzeitig vom Objekt, läuft zum potenziellen Spielpartner und kehrt zurück zum Objekt oder er trägt das Objekt Richtung Spielpartner und bietet es an, greift dieser danach, entfernt er sich wieder. Häufig wird das Objekt in spielerischer Imponierhaltung, notfalls wiederholt, am Spielpartner vorbeigetragen. Um eine Reaktion des potenziellen Spielpartners auszulösen, wird das Objekt beim Laufen absichtlich fallengelassen. Tritt der gewünschte Effekt ein und der gewünschte Spielpartner beteiligt sich am Spiel, wird das Objekt im Laufe eines Spielkampfes häufig überflüssig, wird von beiden Hunden ignoriert und bleibt unbeachtet liegen. Auch der Einsatz von Objekten im Sozialspiel wirft die Frage nach Werkzeuggebrauch bei Hunden auf, denn so Brooks & Yamamoto (2021) und auch schon Schumaker (2011), wird hier ein Objekt eingesetzt, um Spiel zu initiieren oder wieder in Schwung zu bringen.

Das Anbieten des „erbeuteten" Objektes zeigt, dass der Streit um das Objekt nur simuliert ist.

Boxer-Hündin Zula und Rüde Rayo, die zusammenleben und deshalb sehr vertraut sind, im Zerrspiel.

KEEP AWAY

Keep-Away wird von vielen Tierarten, wie Raben, Ratten, Eidechsen, Gorillas und anderen Primaten, Menschen und Hunden gespielt. Diese Spielform sieht wie eine spielerische Simulation der Verteidigung einer Ressource aus und wird von Hunden als zwischen- und innerartliches Spiel gespielt (Gácsi et al., 2013). Das Spiel ist ein Beispiel für den spieletypischen Wechsel zwischen freiwilligem Kontrollverlust und Wiedererlangen der Kontrolle (Špinka et al., 2001). Es wird oft als Initialspiel für Rauf- oder Verfolgungsspiele eingesetzt. Der einladende Hund zeigt häufig die Spielverbeugung und legt das Objekt zwischen den Vorderpfoten ab. Er spielt mit dem Objekt und bewacht es dabei übertrieben. Zwischendurch lockert der Hund demonstrativ die Bewachung und lockt so den potenziellen Spielpartner. Versucht dieser sich das Objekt zu schnappen, entwickelt sich ein Verfolgungsspiel, wenn der Einladende mit dem Objekt wegläuft. Alternativ entwickelt sich ein Raufspiel, wenn er das Objekt weiter verteidigt, oder ein Zerrspiel, wenn beide am Objekt ziehen.

TAUZIEHEN, ZERRSPIELE

In Zerrspielen (Tug of war) stemmen Hunde die Beine mit ganzer Kraft in den Boden und reißen, begleitet von Spielknurren, ruckartig am Stofffetzen, Tau oder anderen Spielobjekten. Abgerissene Teile werden fallengelassen, um dem Spielpartner den Rest wegzunehmen (Ludwig, 1965; Venzl, 1990). Zwischendurch können die Hunde nebeneinander liegen und beide entspannt auf dem Spielobjekt kauen, dann versucht ein Hund, das Objekt ein Stück zu sich zu ziehen und das Zerrspiel beginnt erneut (Heine, 2000). Zerrspiele können in Dyaden oder als Gruppe und mit sehr unterschiedlichen Krafteinsätzen und Erregungsgraden gespielt werden. In dyadischen Zerrspielen zwischen ungleichen Spielpartnern kann man den Grad von Selbsthandicap des körperlich überlegenen Spielpartners gut beobachten. Wenn man solitäre Objektspiele als simulierte, gespielte Jagd auf kleine Beutetiere, Rudeljagd als simulierte kooperative Jagd auf große Beutetiere interpretiert, könnten Zerrspiele als Spielkampf um Teile der erlegten größeren Beutetiere gedeutet werden.

Vertrautheit beeinflusst das Hundespiel.

Es ist sichtbar, dass sich die Hunde zurückhalten.

SONSTIGE SPIELFORMEN

Spiel, besonders Sozialspiel, ist eine Verhaltenskategorie, die von den individuellen Vorlieben der Spieler und einer Vielzahl von Faktoren beeinflusst wird.

KOMMUNIKATIONSSPIELE

Wölfe zeigen in den ersten drei Monaten ausgiebige Mimikspiele, die bis zu 19 % ihrer sozialen Verhaltensmuster ausmachen (Feddersen-Petersen, 1991). Diese mimischen Kommunikationsspiele bestehen aus spielerisch übertriebenen Gesichtsausdrücken, in denen die wölfischen Kommunikationssignale von Begrüßung, Aggression und Unterwerfung geübt und verfeinert werden (Feddersen-Petersen, 2008). Diese Mimikspiele werden bei Hunden nicht beobachtet, dafür akustische Kommunikationsspiele, die beim Pudel am häufigsten im 4. Monat vorkommen und relativ stereotyp wirken (Feddersen-Petersen, 1991). Hunde, die häufiger und in mehr Situationen bellen als Wölfe, zeigen mehr Spielbellen und einige Rassen wie Pudel, Beagle, Weimaraner und Kleiner Münsterländer zeigen spezielle Bellspiele. In diesen Spielen stehen oder sitzen zwei oder mehr Hunde einander gegenüber und bellen einander ausdauernd, manchmal minutenlang an (Zimen, 1982), manchmal gleichzeitig, häufig abwechselnd (Günther, 2009). Zimen beobachtete diese Bellspiele auch gegenüber Gegenständen, Menschen und anderen Tieren und besonders häufig bei jungen Hunden. Feddersen-Petersen (2008) beschreibt eine besondere Form von Verbellspiel bei Deutschen Schäferhunden, bei denen die Hunde sich gegenüberstehen oder umstellen und einander

Werbungsspiel: Joe mit spielerischer Imponierhaltung gegenüber Jamie, die ihn beschnuppert.

anbellen. Die von Venzl (1990) beobachteten Beagle-Welpen setzten sich auf den Boden und bellten Gegenstände an, andere Rassen zeigen soziales Bellspiel. Günther (2009) beobachtete Bellspiele bei Samojeden-Welpen selten, Heine (2000) beim Border Collie-Welpen und Maglieri et al. (2022a) beim Tschechoslowakischen Wolfshund im Spiel gar nicht.

FESTUNGSSPIELE

„King of the Hill" wird von vielen Tierarten wie Ziegen, Rotwild und Primaten gespielt (Aldis, 1975), von Hunden auch im zwischenartlichen Spiel nicht nur mit Menschen, sondern auch mit anderen Tierarten. In dieser Spielform, die auch Festungsspiel oder „King of the Castle" genannt wird, verteidigt ein Hund durch spielerische Schnappbewegungen, Kopfstoßen, spielerisches Schieben und Spielbeißen einen erhöhten Platz, z. B. einen Baumstamm oder Felsen gegenüber Artgenossen (Zimen, 1982). Es gibt auch Hunde, die ebenerdige Plätze spielerisch verteidigen wie z. B. ihr Körbchen. Diese Spielform wird sowohl von Welpen als auch von erwachsenen Hunden eher selten gespielt, bei Border Collie-Welpen machten sie z. B. weniger als 1 % aller Spiele aus (Heine, 2000).

SEXUELLE SPIELE

Als sexuelle Spiele werden die Sozialspiele bezeichnet, die Bruchstücke aus dem Sexualverhalten beinhalten, bei Hunden z. B. Aufreiten mit oder ohne Beckenstöße. Diese Spiele werden schon bei Welpen beobachtet, aber in Form von Flirten beim Junghund und erwachsenen Hund auch im Kontext des Werbeverhaltens gezeigt (siehe S. 168 ff.).

MODESPIELE

Spielobjekte werden allein durch das Interesse und die Manipulation durch andere Hunde zu begehrenswerten Objekten, was zu einer ausdauernden spielerischen Beschäftigung mit diesen Objekten führen kann. Baege (1933) beschreibt bei seinen Mischlingswelpen um den 64. Tag Modespiele als Spiele, in denen tagelang ausschließlich mit einem bestimmten Objekt (z. B. dem Futternapf oder einem Besen) gespielt wird und anderes verfügbares Spielzeug oder andere Objekte ignoriert wurden. Im Spiel lernen Tiere ihre belebte und unbelebte Umgebung kennen und können viele verschiedene Kombinationen und Reihenfolgen von Bewegungen ausprobieren, für die außerhalb des Spiels keine Gelegenheit besteht, z. B. weil dies zu gefährlich ist. Die entspannte Stimmung im Spiel ermöglicht

das Ausprobieren neuer Bewegungskombinationen oder das Ausprobieren, wie man neue oder vertraute Objekte einsetzen kann. Hunde können in diesem Freiraum neue Spiele erfinden.
Leben Hunde zusammen, können sich durch wiederholte Spielabläufe regelrechte Spieltraditionen entwickeln. **Als tradiert wird eine Verhaltensweise betrachtet, die von mindestens zwei Tieren einer Gruppe durch Beobachten übernommen wurde und über längere Zeit gezeigt wird.** Eberhard Trumler (1985) hat bei seinen Wölfen z. B. ein scheinbar sinnloses spielerisches Hangrutschen (Neuerfinden) beschrieben, das die Welpen von den älteren Gruppenmitgliedern übernahmen (Tradieren). Radinger beobachtete bei den Wölfen in Yellowstone immer wieder ein ähnliches Spiel, bei dem die Wölfe einen Berg hinaufklettern, um ihn im Schnee auf dem Rücken hinunterzurutschen. Sie beobachtete weitere Spiele, bei denen sie auf dem zugefrorenen See schlitterten, echte Versteckspiele und neu erfundene Spiele mit zufällig gefundenen Gegenständen wie Pylonen oder zielgerichtet gepflückten Tannenzapfen (Bloch & Radinger, 2010). Trumler (1985) beobachtete im Jagdspiel die Weitergabe bestimmter Jagdstrategien von den älteren Rudelmitgliedern an die jüngeren. Ludwig (1965) hat selbst erfundene Spiele seiner Boxer beschrieben, bei denen sie auf einer Fußmatte durch den Flur schlitterten oder den Spielpartner regelmäßig an einem Keilriemen in Rückenlage über den Hof zogen. Menzel & Menzel (1937) beobachteten, dass die Welpen ein besonderes Spiel mit Steinen von älteren Hunden übernahmen. Sie führten Tests durch und stellten fest, dass nur die Welpen, die zusammen mit den „Stein-Spielern" spielten, dieses Spielverhalten übernahmen. Es handelte sich also auch hier um eine Spieltradition, die durch Experimentieren im Spiel „erfunden" und „tradiert", d. h., durch Beobachtungslernen übernommen wurde.

Joe untersucht interessiert den Urin der fremden Hündin …

… und übermarkiert den für ihn sehr gut riechenden Urin.

Die ebenso interessierte Hündin lädt zum Verfolgungsspiel ein.

HUNDESPIEL

— *Kommunikation und Interaktion*

KOMMUNIKATIONSSYSTEME

Im Fokus des Sozialspiels steht immer der oder die Spielpartner, deshalb ist Sozialspiel ohne wechselseitige Aufmerksamkeit, schnelle Reaktion und Kommunikation nicht möglich. Schon vor Beginn des eigentlichen Spiels müssen die Hunde sich darüber austauschen, dass sie spielen wollen, was sie spielen wollen und wer im Spiel welche Rolle übernimmt.

SENDER, EMPFÄNGER, SIGNAL

Der Begriff Kommunikation wird nicht nur im allgemeinen Sprachgebrauch, sondern auch in sozialen, biologischen und technischen Zusammenhängen leicht unterschiedlich gebraucht. Normalerweise findet man zuerst die Auflistung der drei Komponenten eines Kommunikationssystems, nämlich **Sender**, **Empfänger** und das dazwischen laufende **Signal**. Aus der Sicht der technischen Kommunikationswissenschaften ist alles in Ordnung, wenn an diesen drei Komponenten bzw. an der zur Signalübermittlung notwendigen Verbindung (Draht, Luft, Flüssigkeiten ...) nichts gestört ist.
Ein biologischer Kommunikationsbegriff muss zwangsläufig umfassender sein, denn sowohl der Sender als auch der Empfänger werden durch das Senden bzw. Empfangen des Signals verändert. Einem Rundfunksender ist es egal, ob auch ein Radiogerät eingeschaltet ist, und ein Radiogerät reagiert normalerweise auch weder genervt noch begeistert, wenn die gleiche Botschaft immer wieder oder in leicht veränderter Form übermittelt wird. Beides ist jedoch im Zusammenhang mit biologischen Kommunikationssystemen der Fall. Ein Sender kann sich selbst beeinflussen (entweder, indem er seine Motivation steigert oder auch senkt) und der Empfänger wird durch das aufgenommene Signal in seiner Motivation geradezu definitionsgemäß verändert.

Als Bewegungsseher können Hunde minimale Bewegungen wahrnehmen und schnell darauf reagieren.

BIOLOGISCHE KOMMUNIKATIONS-SYSTEME

Daher sind für biologische Kommunikationssysteme (siehe Gansloßer, 2020; Gansloßer et al., 2020) andere Kriterien maßgebend. Eine wichtige und allgemein verbreitete Definition besagt, dass **Kommunikation immer dann stattfindet, wenn ein Lebewesen das Verhalten eines anderen beeinflusst, ohne für diese Beeinflussung auch die notwendige Energie zu liefern.** Oder, um ein Beispiel des amerikanischen Verhaltensbiologen Peter Marler mal wieder zu zitieren: Es ist nur dann ein Akt der Kommunikation, wenn ich zu jemandem sage er soll von der Brücke springen und er dies tut. Werfe ich ihn über das Geländer, dann ist es eben keine Kommunikation.

Weder Absicht noch gegenseitiges Interesse der Beteiligten sind notwendige Voraussetzungen für erfolgreiche Kommunikation.

Und genau dieser kleine Unterschied macht uns auch z. B. beim Studium der hundlichen Spielabläufe ab und zu Probleme: Wirft sich ein Hund freiwillig auf den Boden, dann ist das ein Spielsignal im Sinne der Kommunikation. Wird er dagegen von einem ungestüm agierenden Spielkumpan umgeworfen, dann ist es eben keine.

Bedeutung von „Lauschern"

Und noch etwas gilt für die Kommunikationsdiskussion: Während im technischen System die Zahl der anwesenden mithörenden Lauscher höchstens dann von Bedeutung ist, wenn es um Spionageabwehr und ähnliche Dinge geht, ist es im biologischen System durchaus von Bedeutung, wie viele zusätzliche potenzielle Empfänger noch herumstehen. Auch hier wieder ein Beispiel aus der Spielforschung: Wenn ein Hund beobachtet, wie ein Mensch mit einem anderen Hund spielt, kann der Hund daraus eine ganze Reihe von Schlussfolgerungen ziehen, die seine eigene Spielmotivation hinterher beeinflussen (siehe Gansloßer und Käufer, 2017). Wenn das Spiel sich langsam im Laufe des Ablaufs verkrampft und der beobachtende Dritte den Eindruck bekommt, einer der beiden würde möglicherweise nicht fair spielen, dann verweigert er die Spielaufforderung von beiden, unabhängig davon ob Mensch oder Hund, ob Gewinner oder Verlierer sich so merkwürdig verhalten haben. Mehr noch: Er möchte mit keinem der beiden Beteiligten spielen. Läuft dagegen das Spiel die ganze Zeit in lockerer, entspannter Atmosphäre ab, dann ist der Beobachterhund sehr schnell bereit, sich sowohl mit dem Gewinner als auch mit dem Verlierer, sowohl mit dem Menschen als auch mit dem Hund dieses Teams, auf ein eigenes Spiel einzulassen.

Auch im Bereich der spielerischen Kommunikation sind also diese, in verhaltensbiologischen Zusammenhängen sehr häufig diskutierten Fragen immer wieder von Bedeutung. Ein weiterer, im Bereich der „ernsthaften" Kommunikation unter Tieren bereits weitgehend geklärter Zusammenhang dagegen harrt beim Spielen noch der Aufklärung: Während die Kommunikation im Ernstbezug (sei es aggressives Verhalten, Sexualverhalten oder anderes) ganz häufig nur dem Sender dient, und ganz häufig auch eine Manipulation des Empfängers in Richtung des für den Sender wichtigen und wünschenswerten Ausganges beinhaltet, wissen wir darüber beim Spielverhalten noch wenig. Eigentlich betonen wir ja immer, dass Spielverhalten nur auf Gegenseitigkeit und im gemeinsamen Interesse stattfindet. Deshalb müsste auch aus der Definition des Spielens heraus zu erwarten sein, dass auch die Kommunikation beim Spiel ehrlicher, fairer und im gegenseitigen Interesse stattfinden sollte. Getestet und geprüft hat das unseres Erachtens bisher noch niemand. Und gerade bei Kommunikation zwischen unterschiedlichen Rassen sind „Fremdsprachenkenntnisse" sehr wichtig!

AUFFORDERUNG ZUM SPIEL

Burghardts zweites Spiel-Kriterium weist darauf hin, dass Spiel immer freiwillig ist, d. h., niemand kann zum Spiel gezwungen werden. Ein Hund in Spiellaune muss den Hund, mit dem er spielen möchte, also zunächst zum Spiel einladen. Das funktioniert nicht immer auf Anhieb, wenn der gewünschte Spielpartner gerade mit anderen Dingen beschäftigt ist.

AUFMERKSAMKEITS-FORDERNDE SIGNALE

Erkennen Hunde, dass ein Hund, mit dem sie interagieren wollen, abgelenkt ist, benutzen sie zuerst ein aufmerksamkeitsforderndes Signal (Attention getting signal). Diese Signale werden nicht nur im Sozialspiel eingesetzt, sondern immer, wenn ein Hund die Aufmerksamkeit eines anderen Hundes auf sich lenken will. Alexandra Horowitz (2009) fand heraus, dass Hunde registrieren, ob der Spielpartner ihnen Aufmerksamkeit schenkt oder abgelenkt ist. Ist der Partner abgelenkt, blickt er z. B. in eine andere Richtung, senden sie zunächst ein Signal, mit dem sie die Aufmerksamkeit des gewünschten Spielpartners auf sich lenken. Erst wenn der andere Hund sie anschaut, senden sie das Spieleinladungssignal, z. B. die Spielverbeugung. Auch Wölfe verwenden aufmerksamkeitsfordernde Signale in dieser Weise, wobei deren Einsatz bei Welpen erst im Laufe der Jugendentwicklung beobachtbar wird (Stenglein et al., 2015), siehe „Aus der Forschung", S. 116 f.

Hunde versuchen zudem sehr differenziert, die Aufmerksamkeit des potenziellen Spielpartners zu erlangen. Sie wählen die Art der Signale, die sie senden, passend zur Ablenkung des gewünschten Spielpartners. Sie platzieren ihren Körper vor das Gesicht des anderen Hundes, springen rückwärts, drehen sich herum, sodass ihr Hinterteil vor dem Gesicht des anderen Hundes platziert wird, oder schnappen in die Luft. Dabei passen sie die Art des Signals an den „offenen" Wahrnehmungskanal des anderen Hundes an.

Die „Beute" links zeigt den typischen Blick zurück, der „Jäger" zeigt den symbolischen Tötungsbiss.

In-Dein-Gesicht: Gesicht wird unmittelbar vor dem Gesicht des Partners positioniert.

Pfotenschlagen: Das Gesicht oder wie hier den Körper mit der Pfote berühren.

Rempeln: Spielpartner wird mit einem Körperteil wie Schulter oder Hüfte angestoßen.

Beißen: Kurzer Schnauzenkontakt mit geschlossener Schnauze und gedrosselter Kraft.

Selbst-Präsentation: Hochspringen unmittelbar vor dem Partner.

Nasenkontakt: Berühren mit Nase und geschlossener Schnauze.

Ist der andere Hund visuell abgelenkt, wählen sie ein akustisches Signal wie Bellen. Sind der visuelle und der akustische Wahrnehmungskanal belegt, wählen sie ein taktiles Signal: Sie rempeln den Hund an, berühren ihn mit geschlossenem Maul, mit der Nase oder Pfote oder beißen ihn sanft. Erst wenn sie die Aufmerksamkeit des anderen Hundes haben, kommunizieren sie ihre Absicht zu spielen oder mit dem unterbrochenen Spiel fortzufahren (Hecht & Horowitz, 2015; Horowitz, 2009). Hunde setzen auch unterschiedlich risikoreiche aufmerksamkeitssuchende Signale ein, je nachdem wie vertraut der gewünschte Spielpartner ist (Dutton et al., 2011).

☞ ATTENTION GETTING SIGNALS

Aufmerksamkeitsfordernde Signale (Horowitz, 2009)

SIGNAL (ÜBERSETZT) V=VISUELL, T=TAKTIL, A=AKUSTISCH	AGS	BESCHREIBUNG
Übertriebener Rückzug (v)	Exaggerated retreat	Rückwärtsgerichteter Sprung mit dem Kopf Richtung Partner
In-Dein-Gesicht (v)	In-your-face	Körper oder Gesicht wird unmittelbar (wenige Zentimeter) vor das Gesicht des Partners positioniert
Selbst-Präsentation (v)	Self-present	Annähern/Hochspringen im Nahbereich (ein Meter) im Gesichtsfeld des Partners
Präsentieren (t)	Present	Hinterteil vor das Gesicht des Partners positionieren (mit möglichem Körperkontakt)
Rempeln (t)	Bump	Partner mit Körperteil anstoßen
Nasenkontakt (t)	Nose	Partner mit Nase und geschlossener Schnauze berühren (nicht intensiv)
Beißen (t)	Bite	Kurzer Schnauzenkontakt mit geschlossener Schnauze und gedrosselter Kraft (gegen Nacken, Hinterteil, Gesicht, Rumpf)
Ungerichtetes Beißen (t)	Bite-at	Ungezielt: in die Luft Richtung Partner, ohne ihn zu berühren, unvollständig/wiederholt
Pfotenschlagen (t)	Paw	Gesicht/Körper mit Pfote berühren
Bellen (a)	Bark	Bellen zielgerichtet Richtung Partner oder ungerichtet

Dass Hunde, die bemerken, dass ein Artgenosse ihnen keine Aufmerksamkeit schenkt, zuerst Signale benutzen, um diese Aufmerksamkeit zu erhalten und dann erst Spielsignale einsetzen, ist ein Hinweis darauf, dass sie den mentalen Zustand eines anderen Individuums nachvollziehen können (Theory of Mind).

Dies wird von weiteren Studien gestützt, die zeigen, dass Hunde berücksichtigen, ob Menschen sie sehen oder hören können und ihr Verhalten und sogar ihren Gesichtsausdruck entsprechend anpassen (Call et al., 2003; Kaminski et al., 2009, 2017; Kundeya et al., 2010; Miklosi, 2009; Ohkita et al., 2016).

AUS DER FORSCHUNG

PERSPEKTIVEINSCHÄTZUNG

Die Erkenntnisse von Alexandra Horowitz (2009) lassen eindeutig erkennen, dass Hunde den Ablenkungsstatus bzw. die Blickrichtung ihres potenziellen Spielkumpans berücksichtigen, bevor sie eine Spielaufforderung senden. Bei abgelenkten oder in „die falsche Richtung" orientierten potenziellen Spielkumpanen wird zunächst ein aufmerksamkeitsforderndes Signal gesendet. Die Frage, die sich uns nun stellte, war, ob es sich dabei um ein speziell im Zusammenhang mit der Kommunikation zwischen Hund und Mensch entwickeltes Merkmal handelt. Andernfalls sollten vergleichbare Fähigkeiten auch bei nicht domestizierten Wildkaniden zu finden sein.

Studien an Rothunden und Grauwölfen

In zwei ersten Vorstudien zu diesem Thema hatte Sonja Sprenzel sich mit der Gruppe Asiatischer Rothunde (*Cuon alpinus*) im Tierpark Berlin und Verena Wolf mit einer Gruppe kanadischer Grauwölfe im Zoo Wuppertal beschäftigt. Während die Arbeit von Sonja Sprenzel an den Rothunden zwar eine ganze Reihe von Spielverhaltensweisen zeigen konnte, war keinerlei Hinweis auf die genannten Fähigkeiten zur Perspektiveinnahme bzw. Perspektiveinschätzung zu erkennen. Anders bei den Grauwölfen im Zoo Wuppertal. Bemerkenswert könnte das Ergebnis sein, weil stammesgeschichtliche Untersuchungen zeigen, dass der Weg zur geselligen Rudelbildung evolutiv bei Grauwolf und Rothund unabhängig, nicht über gemeinsame Verwandtschaft, entstand. Zu sehen war dabei zum einen, dass in einem Wurf von Jungwölfen, die vom Alter von drei bis acht Monaten beobachtet wurden, sich die genannten Fähigkeiten im Laufe der Zeit erst entwickelten. Selbstverständlich kann in einer derartig auf Beobachtung ausgerichteten Studie nicht unterschieden werden, ob es sich dabei um Erfahrungs- oder Lernprozesse oder um die Reifung der zugehörigen Strukturen im Gehirn und Wahrnehmungsapparat gehandelt hat. Immerhin war es bemerkenswert, dass die Wölfleins im Laufe ihrer Jugendentwicklung diese Fähigkeiten hatten.

Videoanalysen

Zur genaueren Analyse der Situationen wurden Videoaufnahmen angefertigt und die Häufigkeit des Auftretens verschiedener aufmerksamkeitsfordernder Signale in Abhängigkeit von der Körperposition des Gegenübers, also des potenziellen Spielkumpans, verglichen. Die Ausgangshypothese war, dass ohne die genannte Fähigkeit zur Perspektiveinschätzung aus jeder Körperrichtung des Spielkumpans die gleiche Häufigkeit an auffordernden Signalen zu sehen sein müsste. Traten die aufmerksamkeitsfordernden Signale dagegen von der seitlichen oder rückwärtigen Orientierung des Kumpans aus gesehen häufiger auf und die direkten Spielaufforderungen mehr dann, wenn man sich ohnehin vor oder schräg vor dem Spielkumpan befindet, dann wäre das ein Hinweis auf die genannte Fähigkeit. In der Tat treten die spielauffordernden Signale ohne vorherige Aufmerksamkeitseinforderung verstärkt, und auch statistisch abgesichert, dann auf, wenn man sich vor bzw. schräg vor dem Spielkumpan befindet. Befindet man sich dagegen seitlich des Spielkumpans oder hinter diesem, werden bevorzugt zunächst aufmerksamkeitsfordernde Signale eingesetzt.

Des Weiteren wurde bei der Einteilung der auftretenden Spielverhaltensmuster zwischen visuell Aufmerksamkeit erregenden, taktil Aufmerksamkeit erregenden sowie visuellen und taktilen Spielsignalen unterschieden. In mehr als 75% der Fälle wurden Spielsignale direkt, aufmerksamkeitserregendes Verhalten dagegen in knapp 25 % der Fälle gezeigt. Vorrangig handelt es sich dabei um taktile Signale zur Aufmerksamkeitsforderung, stattdessen aber mehr visuelle Signale im Spiel selbst. Die meisten Signale wurden tatsächlich gesendet, wenn der Empfänger dem Initiator zugewandt (57,9 %) oder wenigstens seitlich orientiert (26,4 %) war. Ein „Dialog" entstand am besten, wenn der Interaktionsempfänger direkt frontal das jeweilige Kommunikationssignal erhielt oder wenigstens seitlich zum Sender stand. Bei frontaler Spielaufforderung entstand in 51 % der Fälle tatsächlich eine Spielsituation, bei seitlicher Ausrichtung in 18,3 % (insgesamt wurden 1026 Szenen aus fast 18 Stunden Filmmaterial ausgewertet).

Auch beim Spiel, das von Erwachsenen initiiert und auf jugendliche Empfänger gerichtet war, fanden sich unter 1076 Signalen in 262 Interaktionen deutlich erkennbare statistische Zusammenhänge. Auch hier wurden viel mehr Spielsignale im Vergleich zu aufmerksamkeitserregenden Signalen registriert, auch hier mehr taktile Aufmerksamkeitserreger und mehr visuelle Spielsignale. Auch hier wurden Spielsignale vorrangig gezeigt, wenn sich der Interaktionspartner dem Sender gegenüber in zugewandter Position befand, was dann auch meist mit Erfolg belohnt war.

Auch wenn die von Jugendlichen ausgehenden Signale, insbesondere gegen Erwachsene, wesentlich seltener waren, konnten die genannten Zusammenhänge auch bei ihnen bestätigt werden. Auch innerhalb der Welpengruppe konnten mehr Spielsignale als aufmerksamkeitserregende Signale und mehr taktile gegenüber visuellen Aufmerksamkeitserregern beobachtet werden. Visuelle Spielsignale waren auch hier häufiger als taktile. War der potenzielle Interaktionspartner frontal zum möglichen Sender eines Signals ausgerichtet, erhöhte sich die Wahrscheinlichkeit für das Senden, wie auch für die Reaktion auf ein Signal. Näheres siehe Stenglein et al. (2015).

Hier braucht es keine Aufmerksamkeitsforderung – beide Hunde haben einander gut im Blick.

Spielgesicht bei Isaac (hinten), Spielbeißen bei Dodo (vorne) und Pföteln bei beiden Hunden sind Spielsignale.

SPIELEINLADUNGS-SIGNALE

Sozialspiel wird durch Spielsignale eingeleitet und von diesen begleitet. Laut Wörterbuch der Verhaltensbiologie ist ein Spielsignal (play signal) ein *„spezielles Signal, das die Bereitschaft zum Spielverhalten anzeigt. Es vermeidet Missverständnisse und signalisiert, dass das folgende Verhalten ohne spezifischen Ernstbezug ist"* (Gattermann, 2006). Hunde setzen Spielsignale ein, um ihre Spiellaune und die Art des Spiels, das sie spielen wollen, zu kommunizieren, um die Spielstimmung während des Spiels aufrechtzuerhalten und Spiel nach einer Pause fortzusetzen. In den von Alexandra Horowitz (2009) beobachteten Spielbegegnungen hatten Spielsignale einen Anteil von 12 % am Spielverhalten. Spieleinladungssignale sollen den potenziellen Spielpartner in Spiellaune bringen und die darauffolgenden Verhaltensweisen eindeutig als Spiel kennzeichnen. Spielsignale ermöglichen es Hunden, spielerische von nichtspielerischen Aktionen zu unterscheiden. Diese Fähigkeit entwickeln Welpen durch viele frühe soziale Interaktionen und insbesondere im Spiel. Zusätzlich zum Austausch von Spielsignalen halten Hunde während der Spielphasen, die zu Missverständnissen führen könnten, ständigen Blickkontakt (Bekoff, 1999, 2015). Als Bewegungsseher sind sie in der Lage, minimale Bewegungen wahrzunehmen und blitzschnell darauf zu reagieren. Die Schnelligkeit der Reaktion auf und sogar Spiegelung von mimischen Spielsignalen als „emotionale Ansteckung – emotional contagion" wird sogar als indirekter Hinweis auf die mögliche Existenz von ansonsten bei Caniden bisher nicht belegten Spiegelneuronen gesehen (Palagi et al., 2015).

VIELFALT AN SPIELSIGNALEN

Spielsignale können mimisch sein (z. B. das Spielgesicht), aus einer Bewegung des ganzen Körpers (z. B. der Aufforderungslauf) oder einzelner Körperteile (z. B. das Pföteln) bestehen. Bei visuellen Spielsignalen müssen die Spielpartner sich sehen können (z. B. die Spielverbeugung), akustisch hören (z. B. das Spielbellen, Spielhecheln), olfaktorisch riechen (falls es sie, z. B. durch Pheromone, gibt) und taktil spüren (z. B. das Spielbeißen, Pfotenberührung). Innerhalb wie außerhalb des Spiels kommunizieren Hunde natürlicherweise auf vielen Sinneskanälen gleichzeitig, d.h., sie zeigen das Spielgesicht während sie den Spielpartner mit den Pfoten berühren und gleichzeitig Spielhecheln hören lassen. Nach Zimen (1982) umfasst das Spiel von Pudeln nur noch 35 % der Spielverhaltensweisen der Wölfe. Besonders deutlich ist die Reduzierung bei den Spielbewegungen, in Beißspielen und im Solitärspiel.

STEREOTYPIE VON SPIELSIGNALEN

Bekoff (1995) vermutet, dass die Unvorhersehbarkeit und Variabilität der Spielsequenzen insgesamt als Spielsignale wirken. Spielsignale unterscheiden sich von anderen sozialen Signalen und müssen nach Bekoff (1995) hochgradig stereotyp sein. Ein solch hochgradig stereotypes Signal ist bei Hunden die Spielverbeugung. Andere Spielsignale mit Aufforderungscharakter entstammen dem Fluchtverhalten (z. B. das Aufforderungslaufen, Buckelrennen), dem agonistischen Verhalten (z. B. das spielerische Anspringen, Beißschütteln) oder dem Jagdverhalten (z. B. das Spiellauern, Anschleichen, Überfallen). Die Häufigkeit der Spielsignale, die Hundewelpen einsetzen, korreliert nicht mit deren Erfolg. Anders als junge Kojoten, setzen Hunde- und Wolfswelpen nicht die erfolgreichsten Spieleinladungssignale am häufigsten ein (Bekoff, 1974, 1974a, 1976; Günther, 2009; Heine, 2000).

Die Art, Intensität und Häufigkeit, mit der bestimmte Spielsignale gezeigt werden, variieren sehr stark und sind von der Rasse, dem Zeitpunkt innerhalb der Spielbegegnung, von der Konstellation der Spielpartner, von der Lernerfahrung und den Vorliebeneines Hundes abhängig. Trotzdem gibt es einige Spielsignale, die stereotyper und universeller sind wie die Spielverbeugung, das Pföteln und das durch den offenen Mund gekennzeichnete Spielgesicht. Die Spielverbeugung, das Spielgesicht und das Hundelachen (Spielhecheln) sind die am besten untersuchten und eindeutigsten Spielsignale bei Hunden und werden deshalb ausführlich behandelt. Wir beschreiben einige weitere Beispiele für typische Spielsignale und Spielbewegungen; die komplette Darstellung würde den Rahmen sprengen. Ausführliche Beschreibungen finden Sie bei Althaus (1982), Zimen (1982) und Feddersen-Petersen (2004, 2008).

Mit Anspringen wird bei Hunden häufig ein Spiel eingeleitet.

SPIELVERBEUGUNG

Das bei Kaniden bekannteste Spielsignal ist die Spielverbeugung oder Vorderkörpertiefstellung, die sowohl als Einladung zum Spiel, als auch zur Versicherung der Spielstimmung und zur Fortsetzung nach einer Spielpause eingesetzt wird. Spielverbeugungen als visuelle Spielsignale werden von Hunden vor allen Dingen dann eingesetzt, wenn der adressierte Hund sie sehen kann (Horowitz, 2009; Cordoni et al., 2016). Spielverbeugungen werden sowohl in Spielen mit als auch ohne Körperkontakt und sowohl im innerartlichen als auch im zwischenartlichen Spiel eingesetzt (Horowitz & Hecht, 2016; Maglieri et al., 2020; Rooney, 1999). Feddersen-Petersen (2013) beschreibt die Spielverbeugung in „Hundepsychologie“ so: *„Der Hund senkt den Vorderkörper, die im Ellenbogengelenk stark gewinkelten Vorderbeine werden seitlich gespreizt gehalten, der Schwanz wedelt, der Kopf des Tieres wird eventuell schief gehalten oder auch ruckartig hin und her bewegt“*. Klinghammer beschreibt sie in seinem Ethogramm des Wolfsverhaltens: *„Die Tiefe der Verbeugung variiert von einer kurzen Abwärtsneigung von höchstens einem Zoll bis zum vollen Ausdruck: die Hinterhand in Standposition, während die Vorderbeine, vom Ellbogen bis zur Pfote, den Boden berühren“* (Goodman et al., 1990). Die Spielverbeugung ist eine Körperstellung mit hoher Flexibilität, die dem Hund die Möglichkeit gibt, seine Muskeln im Spiel zu dehnen und schnell in jede Richtung loszurennen. Außerdem kann er diese Stellung längere Zeit entspannt aufrechterhalten. Gleichzeitig ist es eine wenig bedrohliche Position, denn der Kopf des Ausführenden ist dabei unterhalb des Kopfes des anderen Hundes. Die Spielverbeugung als Spieleinladung wird gezeigt, nachdem der Hund einige Sekunden auf allen Vieren gestanden hat oder als Teil einer Annäherung. Um die 3./4. Woche zeigen die meisten Welpen erstmals die Vorderkörpertiefstellung. Wenige Tage vor dem ersten Auftreten dieses Spieleinladungssignals beobachtete Althaus (1982) als Vorstufe, dass Welpen, die in Richtung Wurfgeschwister gehen, plötzlich auf den Bauch fallen, den Kopf schwenken und dabei den Halt verlieren. Sie strecken die Beine nach vorn, hüpfen mit tiefem Oberkörper unbeholfen rückwärts, verbunden mit heftigem Schwanzwedeln. Ab der 4. Lebenswoche zeigen sie dann vermehrt die Vorderkörpertiefstellung als Spieleinladung zu Kampf- und Verfolgungsspielen.

METAKOMMUNIKATIONSSIGNAL

Die Spielverbeugung ist ein angeborenes Spielsignal. Sie wird auch von blind geborenen Hunden und von Hunden, die ohne sozialen Kontakt zu anderen Hunden aufwachsen, in der gleichen Form gezeigt (Bekoff, 1995). Sie ist stereotyp, d. h., Lernen spielt keine große Rolle und ihre Form

Joe zeigt spielerisches Imponieren, ...

ändert sich im Laufe der Entwicklung kaum, nur die Dauer ist etwas variabler. Die Dauer dieses Signals als Spieleinladung maß Bekoff bei Kojoten mit 0,31, bei Wölfen mit 0,38 und beim Beagle mit 0,33 Sekunden. Innerhalb einer Spielbegegnung ist sie etwas kürzer. Die stereotype Natur der Spielverbeugung macht sie zu einem eindeutigen Signal, das Missverständnisse ausschließt.

Bekoff (1995) war der erste, der die Spielverbeugung systematisch untersuchte. Er fand heraus, dass Kaniden die Spielverbeugung nicht zufällig einsetzen, sondern in 74 % der Fälle sofort vor oder nach einer Aktion, die missverstanden werden kann und den Fortgang des Spiels gefährdet. Ein Beispiel dafür ist das Beißschütteln, das bei aggressiven Auseinandersetzungen, in Jagdsequenzen und im Spiel vorkommt. Bekoffs Studie zeigte, dass Spielverbeugungen sowohl bei Haushunden als auch bei Wölfen und Kojoten sehr häufig vor oder nach Beißschütteln vorkommen. Die Spielverbeugung hat nach Bekoff demzufolge in der Spielkommunikation die Bedeutung eines „Satzzeichens". Der Hund setzt so die Aktion vor oder nach seiner Spielverbeugung gewissermaßen in Anführungszeichen (Bekoff, 1995) und gibt damit dem Verhalten eine andere Bedeutung als es außerhalb des Spiels hat. Die Spielverbeugung ist damit ein Metakommunikationssignal, die „das ist Spiel" kommuniziert (Špinka et al., 2016). Neuere Studien, die die Spielverbeugung im Spiel von Welpen und erwachsenen Kaniden (Wölfe, Haushunde, Kojoten) untersuchten, konnten Bekoffs Ergebnisse bezüglich des Zusammenhangs von Beißschütteln und Spielverbeugung allerdings nicht reproduzieren. Nach Bekoff (1995) dauern Spielbegegnungen, die mit einer Spielverbeugung als Spieleinladungssignal starten, länger, das Verhalten darin ist variabler und weniger stereotyp und es findet mehr Austausch zwischen den Spielpartnern statt.

... Bailey die Spielverbeugung, das bekannteste (aber nicht häufigste) Spieleinladungssignal.

Nach ausführlicher, gegenseitiger olfaktorischer Inspektion lädt Collie-Mischlingshündin Bailey …

NEUERE STUDIEN ZUR SPIEL-VERBEUGUNG

Spielverbeugungen werden öfter von Hunden gezeigt, die auch häufig Selbsthandicap zeigen (Bauer & Smuts, 2007; Ward et al., 2008); das gilt sowohl für Welpen als auch für erwachsene Hunde. Bekoff (1995) interpretierte die Spielverbeugung vor allem als Ankündigung von fehlinterpretierbarem Verhalten oder Entschuldigung für Fehlverhalten im Spiel, wofür aktuellere Studien keine Belege liefern konnten. Dahingegen haben Pellis & Pellis (1996) die Hypothese aufgestellt, dass die Spielverbeugung kein Spielsignal, sondern eine strategische Position ist, aus der heraus der Hund besonders gut einen Angriff auf den Spielpartner starten und auch besonders schnell vor ihm flüchten kann. Der erste Teil der Hypothese musste nach mehreren Untersuchungen (Byosiere et al., 2016; Byosiere et al., 2016a; Byosiere et al., 2018) verworfen werden, weil nach der Spielverbeugung eher der Partner als der Ausführende offensives Verhalten zeigte. Der zweite Teil könnte für Wölfe und Hunde zutreffen, da der Ausführende nach einer Spielverbeugung tatsächlich häufiger gespieltes Fluchtverhalten zeigte. Eine weitere Untersuchung in einem Hundepark in Palermo zeigte, dass Spielverbeugungen zu 93,7 % eingesetzt wurden, wenn der Empfänger bereits mit dem Ausführenden interagierte, sodass die Notwendigkeit zusätzlicher akustischer Spielsignale entfiel. Spielverbeugungen wurden sowohl in Verfolgungsspielen ohne Körperkontakt als auch in Kontaktspielen eingesetzt und verlängerten die Spieldauer (Cordoni et al., 2016). Vergleichende Studien mit erwachsenen Hunden und Hunde-, Wolfs- und Dingowelpen ermittelten, dass Hunde (erwachsene und Welpen) Spielverbeugungen vorrangig einsetzen, um den Mitspieler nach einer Pause zum Weiterspielen zu animieren, Wolfswelpen gelang dies nicht. Junge Hunde benutzen Spielverbeugungen ähnlich wie erwachsene Hunde. **Spielverbeugungen kommen am häufigsten nach einer Pause vor und ihnen folgt eine aktive Spielphase, in denen der Spielpartner häufig**

... den selbstbewussten Deckrüden Joe mit einer Spielverbeugung zum wilden Spiel ein.

offensiver agiert, während der Ausführende häufiger spielerisches Flucht-/Selbsthandicapverhalten zeigt. Beißschütteln (wie von Bekoff untersucht) konnte in den Untersuchungen vor/nach der Spielverbeugung überhaupt nicht beobachtet werden. Beißen unmittelbar vor/nach der Spielverbeugung kam bei Wolfswelpen nur in 10,14 % bzw. bei Hundewelpen in 13,6 % der Fälle vor (Boysiere et al., 2016). Bei erwachsenen Hunden waren nur 5,97 % der Verhaltensweisen vor/nach einer Spielverbeugung Spielbisse (Byosiere et al., 2016). Wolfswelpen setzen ähnlich viele Spielverbeugungen ein wie Hundewelpen, sind aber erfolglos darin, das Weiterspielen des Partners auszulösen.

Verlängerung des Spiels

Eine weitere Hypothese lautete, dass Spielverbeugungen die Verhaltenssynchronisierung fördern und das Spiel verlängern, diese Hypothese wurde für erwachsene Hunde bestätigt. **Spielverbeugungen kommen häufiger in Spielen mit viel Körperkontakt vor, erhöhen die Verhaltenssynchronisation und die Spieldauer bei erwachsenen Hunden, nicht jedoch bei Welpen** (Byosiere et al., 2016, 2016a; Cordoni et al., 2016; Byosiere et al., 2018). Auch diese Autorinnen maßen Unterschiede bei der Dauer der Spielverbeugung. So dauert sie bei Dingowelpen 1,9 Sekunden, bei Wolfswelpen 1,04 Sekunden, bei Hundewelpen 1,20 Sekunden und bei erwachsenen Hunden 2,25 Sekunden. Zudem unterscheidet sich die Häufigkeit der Spielverbeugungen im Spiel von Kaniden: Dingowelpen 9,89 %, Wolfswelpen 6,81 %, Hundewelpen 10,91 %. Hunde zeigen nicht nur mehr Spielverbeugungen, sie kombinieren, im Gegensatz zu Dingos und Wölfen, Spielverbeugungen auch häufig mit Spielbellen, und ihre Spielverbeugungen dauern deutlich länger. Grund dafür könnte sein, dass Hunde auch mit fremden Hunden, unterschiedlichen Rassen und Menschen spielen und deshalb Spielabsichten deutlicher kommunizieren müssen (Byosiere et al., 2018). Eine Studie mit tschechoslowakischen Wolfshunden (Maglieri et al. 2022) bestätigte die Funktion der Spielverbeugung, die Spielmotivation des Partners wiederherzustellen.

☞ HYPOTHESEN ZUR SPIELVERBEUGUNG

HYPOTHESE	WOLFS-WELPEN	HUNDE-WELPEN	DINGO-WELPEN	ERWACHSENE HUNDE
Visuelles Spielsignal	Ja	Ja	Ja	Ja
Ankündigung/Entschuldigung von fehlinterpretierbarem Verhalten (Bekoff, 1995)	Nein	Nein	Nein	Nein
Strategische Position für Attacke (Pellis, 1996)	Nein	Nein	Nein	Nein
Strategische Position für Flucht (Pellis & Pellis, 1996)	Vielleicht	Vielleicht	Nein	Vielleicht
Neustart Spiel nach Pause	Nein	Ja	Vielleicht	Ja
Verhaltenssynchronisierung	Nein	Nein	Nein	Ja

Eine beeindruckende Beobachtung bezüglich der Wirkung von Spielverbeugungen bei erwachsenen Wölfen machten Stahler et al. (2002) bei Freilandstudien an Wölfen. Sie beobachteten einen Wolf, der mit Ausdauer, schrittweiser Annäherung und einer Vielzahl von Spielverbeugungen das Vertrauen eines vaterlosen Wolfsrudels gewinnen konnte, schließlich als neues Mitglied akzeptiert wurde und die Stelle des Vaters übernahm (McIntyre, 2019; Stahler et al., 2002). **Diese Beobachtung spricht für Bekoffs Einschätzung der Spielverbeugung als ehrliches Spielsignal, die das Vertrauen des Spielpartners aufbauen oder aufrechterhalten soll.**

PLAY BOW UND PREY BOW

Neben dem bekanntesten Spieleinladungssignal von Hunden und Wölfen, der Spielverbeugung (Play bow), gibt es weitere Vorderkörpertiefstellungen, die im englischsprachigen Raum als „prey bow" (Aloff, 2007; Handelman, 2008/2010), im deutschsprachigen Raum je nach Autor als „Vorne Niedergehen" (Feddersen, 2008; Zimen, 1982) oder Taxierstellung (Weidt, 2006) bezeichnet werden. Diese Vorderkörpertiefstellung benutzen Wölfe gegenüber großen Beutetieren (Goodman et al., 1990) oder Hunde gegenüber kleinen Beutetieren (Fox, 1969), um diese in Bewegung zu bringen. Wölfe erkennen am Bewegungsmuster, welches Beutetier müde, krank, alt oder sonst wie geschwächt und deshalb leichte Beute ist. **Nach Beobachtungen aus der Praxis unterscheidet sich die aus dem Beutefang stammende Vorderkörpertiefstellung durch das fehlende Spielgesicht, die hohe Körperspannung, die geschlossene Schnauze, das Fixieren und Fokussieren des gesamten Körpers auf das Gegenüber.**

Anders als auf vielen Infoseiten im Hundebereich beschrieben, können die Schwanzhaltung (unterhalb der Rückenlinie im Spiel vs. nach oben gerichtet im Prey bow) oder die Stellung der Vorderbeine (gespreizt im Spiel vs. parallel im Prey bow) nicht als eindeutige Unterscheidungsmerkmale herangezogen werden (siehe dazu z. B. Althaus, 1982; Bekoff, 1977; Fox, 1969; Goodman et al., 1990). Es gibt noch keine systematische vergleichende Untersuchung zum „Play bow“ vs. „Prey bow“ oder weiteren in der Praxis beschriebenen Vorderkörpertiefstellungen, die Beschreibungen und Differenzierungen stammen aus der Praxis (Aloff, 2007; Handelman, 2008/2010). Goodman et al. (1990) beschreibt die Vorderkörpertiefstellung (bow) als *„eine Absenkung des Vorderkörpers, während der Hinterkörper stehen bleibt. Die Tiefe der Vorderkörpertiefstellung variiert von einer kurzen Abwärtsneigung von höchstens einem Zoll bis zum vollen Ausdruck: Hinterhand in Standposition, Vorderbeine, vom Ellbogen bis zur Pfote, berühren den Boden. Eine Vorderkörpertiefstellung geht normalerweise einem schnellen Start in eine andere Richtung als nach vorne voraus und ist daher in einer ganzen Reihe von Verhaltenskategorien zu finden. Obwohl sie am wahrscheinlichsten bei Verhaltensweisen auftritt, die schnelle Starts und Richtungswechsel umfassen. Sie tritt am häufigsten im sozialen, aggressiven Spiel und bei sexuellen Verhaltensweisen auf. Sie kann auch während der Jagd gegen große Beute gerichtet sein.“* Er gibt keine differenzierenden Merkmale an. Auch Cordoni (2009) unterscheidet die Spielverbeugung nicht beim Einsatz in Spiel oder Beutefang: *„Ein Tier verbeugt sich vor einem anderen. Sie wird normalerweise als Spieleinladung oder als Spielsignal verwendet. Sie spielt auch eine Rolle bei der Jagd als eine gute Allzweckposition, aus der das Tier leicht in jede Richtung starten kann, abhängig von den Bewegungen der Beute“.*

Hütehunde versuchen die Schafe mit der Vorderkörpertiefstellung in Bewegung zu bringen.

Hunde kombinieren die Spielverbeugung häufig mit Spielbellen oder anderen Spielsignalen.

Nach Feinstein und Coppinger (2016) tritt die Vorderkörpertiefstellung häufig im Zusammenhang mit der Beutefangverhaltenssequenz „Fixieren – Verfolgen“ auf, wenn die Beute (bzw. beim Border Collie die Schafe) sich nicht bewegt. Einige Autoren wie Fox & Cohen (1977), Coppinger (2016) oder Weidt (2007) sehen die Vorderkörpertiefstellung deshalb als Übersprungverhalten, das in Konfliktsituationen im Kontext von Spiel und Beutefang auftritt, wenn der Hund keine adäquate Reaktion auf sein Verhalten erhält, z. B. weil es gegen Objekte oder eine andere Art gerichtet ist. Oder als „Kompromiss-Haltung“, in der gegensätzliche Tendenzen zur Annäherung und Rückzug eingefroren sind und aus der sich in der Kombination mit dem Spielgesicht und Spielhecheln, Spielbellen das Spiel-/Metakommunikationsignal „das ist Spiel“ entwickelt hat (Fox & Cohen, 1977). Solange es keine wissenschaftlichen Untersuchungen zu den Vorderkörpertiefstellungen gibt, bleibt unklar, ob es sich bei „Play bow“ und „Prey bow“ tatsächlich um zwei getrennte Phänomene handelt oder ob es sich um zwei von vielen möglichen graduellen Variationen der Vorderkörpertiefstellung handelt.

Ritualisierung der Vorderkörpertiefstellung

Der „Prey bow" wurde in Beutefangspielen, wenn der Hund den Spielpartner in Bewegung bringen will, im Zusammenhang mit übertriebener Annäherung und Weglaufen und in Konfliktsituationen als Übersprungverhalten beobachtet. Es ist möglich, dass die Spielverbeugung sich durch Ritualisierung (siehe „Aus der Forschung“, S. 101) aus der Vorderkörpertiefstellung der Wölfe gegenüber Beutetieren und dem damit verbundenen Konflikt zwischen Annäherung (Beute in Bewegung bringen) und Rückzug (Verletzungsvermeidung) entwickelt hat. Ritualisierungsprozesse betreffen häufig die Übersprungbewegungen in Konfliktsituationen und beinhalten den Wechsel des Funktionskreises (hier: Beutefang – Spiel). In diesem Zusammenhang sind die bereits erwähnten Erkenntnisse der Studien von Byosiere (Byosiere et al., 2016, 2016a, 2018) interessant, die darauf hinweisen, dass die Spielverbeugung häufig nach Pausen, also einer Zeit der Immobilität auftritt und eingesetzt wird, um den Spielpartner wieder in Bewegung zu bringen, also ähnlich wie die Vorderkörpertiefstellung bei der Jagd.

LEBENSGESCHICHTLICHE VORTEILE DES SPIELENS

Es ist erstaunlich, wie wenig konkrete Daten über die lebensgeschichtlichen und damit evolutionsbiologisch begründbaren Vorteile von Spielverhalten veröffentlicht wurden: Marc Bekoff beschreibt bei Kojoten die soziale Ausgrenzung, das dadurch bedingte frühere Abwandern und beim Abwandern die erhöhte Sterblichkeit solcher, die unfair spielten und sich nicht an die Regeln von Fairness und Kommunikation gehalten hatten. Aber Nicht-Spielen ist etwas anderes als unfair spielen und wer gar nicht spielt, kann bekanntermaßen auch nicht unfair sein. Was wissen wir also über solche Individuen, die nicht unfair, sondern einfach mehr oder eben weniger spielen?

Untersuchungen an Braunbären

Am bekanntesten sind die Untersuchungen von Johanna und Robert Fagen (2004, 2009) an amerikanischen Braunbären beschäftigten. Ihnen war es dank vieler gleichzeitig erhobener ökologischer, verhaltensbiologischer und auf die Mutter bezogener Daten möglich, komplexe Zusammenhänge auseinanderzurechnen. Selbst unter Berücksichtigung von z. B. körperlicher Kondition, Nahrungsverfügbarkeit sowohl im ersten Lebensjahr als auch während der Trächtigkeit und diverser mütterlicher Eigenschaften (Persönlichkeit, Geschicklichkeit bei der Nahrungssuche, Verhalten zu anderen Bären) war der Zeitaufwand des Spielens jeweils mit Spielgesichtern und Körperhaltungen definierbar) eindeutig mit der Überlebensrate der Jungtiere korreliert. Zehn Beobachtungsjahre, 14 Familien gingen in die Studie ein. Jungtiere, die in ihrem ersten Sommer mehr gespielt hatten, überlebten mit höherer Wahrscheinlichkeit bis zum Ende des zweiten Sommers (Fagen & Fagen 2004). In der Folgestudie von 2009 konnte das Forscherehepaar zeigen, dass die Überlebensrate bis zur völligen Unabhängigkeit und eigenen Geschlechtsreife ebenfalls positiv mit dem Spielaufwand korrelierte.

Untersuchungen an Bodenhörnchen

Eine vergleichbare Studie, mit einer anderen nordamerikanischen Säugetierart, führte Scott Nunes mit dem nordamerikanischen Spelding Bodenhörnchen durch (Nunes, 2014). Wer als weibliche Jugendliche mehr soziales Spielverhalten zeigte, hatte später während der eigenen Trächtigkeit eine verstärkt aggressive Territorialverteidigung und war zudem wachsamer. Wer als Jugendliche mehr Sozialspielzeit zeigte, hatte mit höherer Wahrscheinlichkeit den ersten eigenen Wurf als Jährling erfolgreich entwöhnt. Es soll nicht verschwiegen werden, dass auch noch andere Faktoren, z. B. die noch lebende anwesende Mutter, zum Fortpflanzungserfolg der Jährlingsweibchen beitrugen. Trotzdem gehört das Jungtierspiel hier zu den wichtigen Einflussfaktoren. Nunes et al. (2004) verglichen die Entwicklungsprofile etwas genauer. Die körperliche Geschicklichkeit verbesserte sich erheblich, während sie mit Spielverhalten beschäftigt waren. Wer mehr spielte, hatte stärkere Verbesserungen seiner körperlichen Geschicklichkeit. Am Ende der spielintensiven Entwicklungsphase war vor allem bei denjenigen Männchen die Geschicklichkeit am größten, die anschließend abwanderten. Spielverhalten hat also in beiden Geschlechtern offensichtlich deutlich erkennbare, auch evolutiv begründbare Erfolge.

Links Spielverbeugung, rechts übertriebene Annäherung.

Hunde, die sich kennen und verstehen, können rauer spielen.

Wechsel vom Kampf- zum Verfolgungsspiel kommt häufig vor.

BOW HEAD

Neben der Verbeugung des ganzen Körpers gibt es ein weiteres Spielsignal, das lediglich aus einer Beugung des Kopfes besteht. Ein Kopfnicken bzw. eine schnelle Abwärtsbewegung des Kopfes mit offener Schnauze, bei der der Kopf unterhalb der Schulterlinie bewegt wird und an dieser Position bleibt oder wieder aufwärts bewegt wird (Horowitz, 2009). Dieses Spielsignal gehört wie „Play slap" (paralleles Aufsetzen der Vorderbeine) und „leap on" (Anspringen auf den Hinterbeinen, Vorderpfoten um den Hals des anderen Hundes legen), die Horowitz als abgekürzte, stilisierte Teilkomponenten anderer Spielsignale identifizierte, die nicht alle Hunde zeigen.

SPIELGESICHT

Das Spielgesicht (open mouth display) zeigen viele Tierarten. Nach Feddersen-Petersen (2008) hat es sich aus dem Zähnezeigen bzw. aus *„Intentionsbewegungen zum Zubeißen"* entwickelt. Das Spielgesicht signalisiert dem Spielpartner die eindeutige Spielabsicht und beugt damit Missverständnissen vor. **Das Spielgesicht beider Spielpartner ist das sicherste Indiz dafür, dass es sich bei der beobachteten Interaktion tatsächlich um Spiel handelt.** Typisch für das Spielgesicht des Hundes sind der entspannte Gesichtsausdruck und der lächelnde, offene Mund, die Lippen sind horizontal (aber nicht vertikal) zurückgezogen, der Kiefer steht leicht offen, Mundwinkelbewegungen fehlen. Die Ohrstellung ist variabel, aufgerichtet, nach hinten gekippt oder einfach flach nach hinten gelegt (Feddersen-Petersen, 2004). Das Spielgesicht wird in unterschiedlicher Intensität gezeigt. Bei niedriger Intensität, z. B. bei Spieleinladungen, in Spielpausen und bei Jagd-/Verfolgungsspielen, sind nur die oberen Teile der vorderen unteren Zähne sichtbar (Smuts, 2014). Bei höherer Intensität und weiter geöffnetem Mund sind die meisten unteren Zähne und bei höchster Intensität sowohl obere als auch untere Zähne sichtbar (Palagi et al., 2016a). Das volle Spielgesicht (full play face) wird bei risikoreicheren Spielformen, beim Platzieren oder Abwehren von Spielbissen beobachtet (Palagi et al., 2015; Smuts, 2014); in einer anderen Studie (Cordoni et al., 2016) gab es diesen Zusammenhang allerdings nicht, denn in 82 % der Fälle folgte nach dem Spielgesicht kein Spielbiss. Das Spielgesicht gilt als nicht manipulierbarer emotionaler Ausdruck (Palagi et al., 2016a), ähnlich dem echten Lächeln beim Menschen. Während die Spielverbeugung sowohl in Spielen mit als auch ohne Körperkontakt gezeigt wird (z. B. Jagdspiele), wird das Spielgesicht häufig in Spielsequenzen mit viel Körperkontakt gezeigt. Das Spielgesicht wird im Spiel vom Spielpartner gespiegelt, synchronisiert so Emotionen und Verhalten der Spieler, verlängert das Spiel (Cordonie et al., 2016; Palagi et al., 2015) und ist ein echtes Metasignal, aber unabhängig vom Spielbeißen (Maglieri et al., 2022 b).

SPIELBLICK

Zimen (1982) und Feddersen-Petersen (1991, 2008) beschreiben einen besonderen Spielblick (play glance), bei dem der Spielpartner nicht angeschaut wird, sondern der in die Ferne gerichtet ist und mit Augenaufreißen und Augenrollen verbunden sein kann. In diesem Zusammenhang interessant ist, dass der Blick in die Ferne, „gazing into distance“, auch als referentielles Signal dient, das Wölfe offenbar generell, Hunde jedoch nur dann verwenden, wenn sie nicht zu viel auf Innenfokus trainiert wurden (z. B. mit „click for blick“).

Golden-Rüde Biko rechts, mit Spielgesicht und Spielverbeugung, lädt Golden-Hündin Tame zum Spiel ein.

AKUSTISCHE SPIELKOMMUNIKATION

Zu den akustischen Spielsignalen gehören Spielbellen, Spielknurren und Spielhecheln (Hundelachen). Spielknurren und Spielbellen unterscheiden sich von den entsprechenden Formen im Ernstkontext und Spielhecheln vom Hecheln aus Atemlosigkeit oder Hitze. Welpen lernen im Sozialspiel auch die akustische Kommunikation, z. B. dass Drohlaute niedrige Frequenzen und Beschwichtigungslaute höhere Frequenzen haben. Studien von Zimen und Feddersen-Petersen (2000) mit Wölfen und Pudeln zeigten, dass Pudel häufiger akustische Spielsignale wie Spielbellen und Spielknurren einsetzen als Wölfe. Eine mögliche Erklärung dafür ist die Selektion des Hundes auf Bellen wegen seiner Wächterfunktion (Miklósi, 2009).

SPIELHECHELN

Schon Tembrock (1957), Fox (1975) und Aldis (1975) war im Spiel von Füchsen und Hunden ein Hecheln aufgefallen, das sich vom normalen Hecheln wegen Hitze oder Atemlosigkeit unterschied. Beim Spielhecheln handelt es sich um ein deutlich betontes keuchendes Ausatmen (Horowitz, 2009). Es ist sowohl im Sozialspiel als auch im Solitärspiel von Hunden zu hören: Der Hund lacht.
Mit einem Spektrogramm betrachtet, kann man Spielhecheln von Hecheln aus Atemlosigkeit oder zur Temperaturregulation unterscheiden. Nach Simonet (2005) setzen Hunde das Spielhecheln auch als Spielein-

---

VOM HECHELN ZUM SPIELLACHEN

Das im Laufe der Evolution durch Ritualisierung aus intensivem Ausatmen entstandene Lachen bzw. „Play pant" beim Hund, Schimpansen, Ratten oder Menschen, kann die Häufigkeit, Dauer und Intensität von körperlichen Spielen erhöhen. Aufgrund von Vergleichen akustischer Analysen des Lachens von sechs verschiedenen Primatenarten (inklusive des Menschen) rekonstruierten Ross, Owren & Zimmermann (2009) einen Stammbaum, der darauf hinweist, dass bereits der letzte gemeinsame Vorfahre aller existierenden Affenarten, der vor 25 Millionen Jahren lebte, eine Spielvokalisation erzeugte, die von einem lang andauernden, lauten, ausatmenden Atemfluss gekennzeichnet war. Das schwere Ausatmen (Play pant), das mit exzessivem Spiel verbunden ist, liefert ehrliche Informationen über den körperlichen Zustand des Spielers und offenbart damit seine Verletzlichkeit/Angreifbarkeit. Das Weiterspielen weist auf die Bereitschaft hin, sich angreifbar zu machen, dem Spielpartner zu vertrauen und Energie in das Spiel zu investieren (Bryant, 2020; Winkler & Bryant, 2021). Nicht nur beim Menschen ist Lachen u.a. Spielkommunikation eng verbunden mit dem Ausdruck von Zuneigung und der Bereitschaft, zu kooperieren.

Der junge Border Collie Isaac flirtet mit der erfahrenen Golden-Hündin Bonnie, die ihm seine Grenzen aufzeigt.

ladungssignal und bei freundlichen Begrüßungen von Artgenossen ein. Das Hundelachen ist ein so starkes Signal, dass schon das aufgezeichnete Abspielen für eine Stressreduktion bei Tierheimhunden sorgt, weil es signalisiert, dass ein Ort sicher ist (Simonet, 2005). Der Lärmpegel im Tierheim reduzierte sich während des Abspielens und die Tierheimhunde reagierten mit einem Spielgesicht, einer Spielverbeugung oder initiierten ein Verfolgungsspiel und zeigten insgesamt mehr soziale Aktionen.

Das Spielhecheln (play pant) ist ein akustisches Spielsignal, das aus einem rhythmisch-keuchenden hörbaren Ausatmen besteht, in unterschiedlichen Formen bei vielen Säugetierarten von der Ratte bis zu Primaten existiert und als evolutionärer Vorgänger des menschlichen Lachens gilt (Bryant & Aktipis, 2014; Bryant, 2020; Simonet, 2005). Nach Panksepp (1998), der Lachen bei gekitzelten Ratten registrierte, gehört das „Lachzentrum" zu den ältesten Teilen des menschlichen Gehirns und ist bei vielen Tieren existent. Deshalb hält er Lachen für eine evolutionär sehr ursprüngliche emotionale Reaktion, hervorgerufen durch die Ausschüttung von Dopamin. Dafür spricht auch die artübergreifende Wirkung von Lachen und Spielhecheln, die sowohl bei Menschen als auch bei Hunden, inner- und zwischenartlich ansteckend und spielunterstützend ist, wie Patricia Simonet (2005) herausgefunden hat.

SPIELBELLEN

Belllaute sind kurze, plosive Signale, die als Teil einer Sequenz oder einzeln erzeugt werden können und deren Grundfrequenz zwischen den Individuen, Rassen und dem Kontext beträchtlich variieren kann. Wölfe bellen ausschließlich im aggressiven Kontext, etwa zur eigenen Verteidigung oder zur Verteidigung des Territoriums oder der eigenen Rudelmitglieder und beschränkt sich auf Warnung, Verteidigung und Protest. Hunde setzen Bellaute unspezifischer ein, d. h., sie bellen in ganz verschiedenen Kontexten, u.a. auch im Spiel und anderen positiv gestimmten Situationen (Taylor et al., 2014). Spielbellen lässt sich durch sonagrafische Analyse eindeutig vom Bellen in nicht spielerischem Zusammenhang unterscheiden. Es ist heller, höher und klingt schriller. Sowohl Menschen als auch Hunde können unterschiedlich motiviertes Hundebellen unterscheiden und korrekt zuordnen (Maros et al., 2008; Pongrácz et al., 2005). Feddersen-Petersen (2008) beschreibt Spielbellen als tonalen oder atonalen Einzellaut oder als Laut, der in Sequenzen geäußert wird und aus einem oder mehreren Lauttypen bestehen kann. Spielbellen kann sowohl rhythmisch, d.h. in regelmäßigen Intervallen, als auch arrhythmisch, d. h. in unregelmäßigen Sequenzen geäußert werden. Meyer beschreibt Spielbellen als Laute mit *„tonaler glockenförmiger oder tannenbaumartiger Struktur"* (Meyer, 2004). Harmonisches, gleichmäßiges, melodisches Bellen wirkt Distanz verringernd („Komm her"), atonales, disharmonisches, unmelodisches, ungleichmäßiges Bellen dagegen Distanz vergrößernd („Geh weg"). Tonales Bellen wird nur im Spiel registriert und zwar im Rahmen von Objektspielen, als Spieleinladung junger Hunde an Altersgenossen, bei Spielangriffen und als Spielaufforderung gegenüber erwachsenen Hunden, dann begleitet von Spielsignalen wie der

Junghund Dudu links mit Spielverbeugung, Pföteln und Spielgesicht. Mila zeigt Spieldrohen.

Vorderkörpertiefstellung oder dem Pföteln. Tonales, also harmonisches, Spielbellen ist charakteristisch für entspanntes Sozialspiel, atonales Spielbellen eher für rauere Kampfspiele, Mischformen können auf ein Umkippen des Kampfspiels deuten. Mischungen von tonalen/atonalen Belllauten werden im Rahmen von Bellspielen geäußert und sind dabei nicht an einen erkennbaren Empfänger gerichtet. Spielbellen wird auch gegenüber dem Menschen eingesetzt. Bekoff (1974) beobachtete, dass Beagle Bellen als Spieleinladung in 56 % der Versuche erfolgreich gegenüber potenziellen Spielpartnern einsetzten. Hunde setzen Spielbellen, kombiniert mit der Vorderkörpertiefstellung, auch gegenüber Spielzeug und anderen leblosen Objekten ein. Spielbellen wird im Welpenspiel zunächst aufgrund der Aufregung vokalisiert, im Laufe ihrer Entwicklung lernen die Hunde durch ontogenetische Ritualisierung es als Spielsignal einzusetzen (Miklosi, 2016).

UNTERSCHIEDE ZWISCHEN HUNDERASSEN

Feddersen-Petersen (2004) weist auf Unterschiede zwischen Hunderassen hin: So mischte sich beim Pudel häufig das geräuschhafte Bellen mit dem harmonischen Weihnachtsbaumbellen, während es beim Deutschen Schäferhund und Alaskan Malamut kombiniert mit einer Spielverbeugung, spielerischer Annäherung oder Weglaufen oder Pföteln kombiniert, rein harmonisch und häufig mit einem spezifischen Vibrato-Knurren verbunden war. Spieleinladungsbellen, bestehend aus kurzen modulierten Bellauten, wurde häufig mit Knurren gemischt und trat ab dem 16. Lebenstag auf. Lemmer (1971) hörte Bellen beim Deutsch Kurzhaar auch häufig im Solitärspiel, verbunden mit übertriebenem Laufen, Hopsen usw. und im Spiel mit Artgenossen bei Kampf- und Laufspielen, verbunden mit Pfotenschlagen, Beckenwackeln, Wedeln, offener Schnauze und Spielhecheln.

Im Eifer des Spiels ist Dudu hier etwas zu heftig für die ältere und kleinere Mila.

☞ **AUS DER FORSCHUNG**

MOTIVATIONS-STRUKTUR-REGEL

Im Jahr 1974 hat Eugene Morton einen allgemeinen Zusammenhang formuliert, zwischen der lautlichen Struktur eines Signals bei Vögeln oder Säugetieren und den zugrundeliegenden inneren Handlungsbereitschaften. Einige dieser Zusammenhänge sind auch im hundlichen Kommunikationsbereich bereits deutlich untersucht, beispielsweise von einem Autorenteam um Kathryn Lord aus der Gruppe von Ray Coppinger (2009). **Die Motivations-Struktur-Regel besagt u.a., dass hohe Töne eher dem Heranholen, der positiven Kontaktaufnahme, oder anderen, soziopositiven Zusammenhängen zuzuordnen sind, tiefe Töne dagegen eher dem Distanzieren, der Vertreibung, oder anderen, oftmals negativ unterlegten Tatbeständen.**
Jedoch kann durchaus auch ein tiefer Ton, der eine wegtreibende Wirkung hat, im positiven Zusammenhang stehen: Das von Lord et al. (2013) beschriebene Beispiel lautet folgendermaßen: Ein Babysitter (Wolf, Kojote oder andere Kanidenart), der beim Bewachen der Welpen vor der Wurfhöhle das Herannahen einer Gefahr bemerkt, schickt zunächst die Welpen mit einem tiefen Ton in den Bau. Anschließend begibt sich der Babysitter auf eine Anhöhe und kläfft dort ausgesprochen hysterisch herum, bis die Gefahr sich wieder entfernt hat. Danach wiederum wird mit einem hohen Kontaktlaut die Welpenschar wieder aus der Höhle geholt.
Ein zweiter Inhalt der Motivations-Struktur-Regel bezieht sich auf die **Tonalität** bzw. auf die atonalen, verrauschten oder anderweitig hässlich klingenden Tonanteile. Je reiner die Motivation, je geringer also der innere Handlungskonflikt ist, desto reiner und tonaler die geäußerten Laute. Je verrauschter, hässlicher, schriller aufgezeichnet die produzierten Töne, desto größer und heftiger ist der motivationale Konflikt. Auch das ist in den bereits geschilderten Beispielen zu erkennen. Während des „hysterischen Gekläffs" ist der Babysitter in einem deutlichen Motivationskonflikt, nämlich Verteidigung des Nachwuchses, der ihm anvertraut wurde, vs. Flucht. Ist dann das gefährliche Raubtier im Rückzug oder verschwunden, ist die eindeutige Motivation im Umgang mit den Welpen wieder hergestellt und die reine, tonale „Schönheit" des Lockrufs kommt wieder durch.
Im hundlichen Zusammenhang sind diese Regeln bereits häufiger sowohl auf Knurren als auch vor allem auf Bellen angewendet worden. Sie können uns aber, da der Mensch ebenfalls dieser Motivations-Struktur-Regel unterliegt, sogar intuitiv helfen. Hören wir einen Hund rein, tonal und „schön" bellen, dann wissen wir, dass er sich innerlich im Reinen befindet. Klingt das Bellen eines Hundes dagegen für uns intuitiv hässlich, schrill oder gequetscht, dann zeigt uns das, dass der Hund sich mit seiner eigenen Motivation nicht im Reinen befindet. Und das kann beim Beurteilen des territorialen Verteidigens eines Hundes auf dem Grundstück (Briefträger) und bei der Frage, ob das, was da gerade abläuft, noch Spielverhalten ist oder nicht, durchaus helfen.
Jedoch darf es auch hier keine falschen Interpretationen geben. Wenn ein Hund mit voller Begeisterung einen anderen mit Hetzlaut über die Wiese scheucht, kann das für ihn durchaus eine reine Motivation darstellen und für den anderen ist das trotzdem kein Spiel. Der Kontext ist also genauso wichtig, wie die Qualität der tonalen Signalisierung.

Spieldrohen und Zähnezeigen kombiniert Border Terrier-Hündin Mila mit einem deutlichen Spielsignal.

SPIELKNURREN

Knurrlaute sind raue, niederfrequente Vokalisationen (80 bis 300 Hz), die im Nahbereich eingesetzt und als Gegenpart zum Winseln betrachtet werden. Erwachsene Wölfe setzen Knurrlaute vorwiegend im aggressiven Kontext, etwa zur Ressourcenverteidigung, ein. Junge Wölfe setzen sie auch in Spielkämpfen ein, wobei dominante Tiere mehr knurren, subdominante mehr winseln. Im Gegensatz dazu benutzen Hunde Knurrlaute unspezifischer, sowohl in aggressiven als auch in positiven Interaktionen wie im Spiel mit Menschen, Artgenossen, anderen Tieren oder auch im solitären Objektspiel (Taylor et al., 2014). Spielknurren ist ein Spielsignal, das aus dem agonistischen Kontext stammt, aber von diesem unterscheidbar ist.

Spielknurren ist ein tonales Vibrato-Knurren, wird mit geöffneter Schnauze geäußert und ist heller (Günther, 2009; Meyer, 2004) und kürzer (Taylor et al. 2009) als das drohende Knurren im Ernstkontext. Auch im Spiel mit dem Menschen wird ein höheres Spielknurren eingesetzt (Smuts, 2014). Tonales Spielknurren z. B. im Zerrspiel unterscheidet sich von atonalem Knurren, das als Distanz vergrößerndes Signal z. B. gegenüber einem bedrohlichen Fremden oder zur Ressourcenverteidigung eingesetzt wird. Hunde erkennen diesen Unterschied, auch wenn sie nur das Knurren hören, aber keinen dazugehörigen Hund sehen können. Farago et al. (2010a) haben Experimente („The bone is mine") durchgeführt, in denen hinter einem Knochen über einen Lautsprecher Hundeknurren aus drei Situationen (Zerrspiel, Fremder, Ressourcenverteidigung) eingespielt wurde. Nur das im Kontext Ressourcenverteidigung aufgezeichnete Knurren führte dazu, dass die Hunde sich dem Knochen nicht näherten. Vom Spielknurren, aus einem Mensch-Hund-Zerrspiel, ließen sich die Hunde nicht abschrecken. Farago et al. schlussfolgerten, dass Knurren den emotionalen Zustand des Hundes (defensive Aggression versus Spiellaune) transportiert.

der Haut an der Kopfrückseite produziert. Wilson übertrug den Geruch vom Kopf der vielspielenden Frühjahrsmäuse auf den der wenig spielenden Herbstmäuse und konnte so das Spiel der letzteren enorm steigern (Wilson, 1973).
Hunde können die mit Krankheiten z. B. Diabetes, Epilepsie oder Krebs verbundenen oder die mit bestimmten Emotionen (z. B. Furcht oder Freude) verknüpften Geruchsveränderungen riechen und lassen sich von der erschnüffelten Stimmung anstecken (Semin et al., 2019). Sie reagieren auf den Geruch eines freudig gestimmten Menschen mit soziopositivem Verhalten wie Annäherung und Interaktion, wohingegen der Geruch eines ängstlich gestimmten Menschen ihr Bindungssystem aktiviert und sie die Nähe des Halters suchen (D'Aniello et al., 2018). Es ist noch unklar, ob die Reaktion der Hunde automatisch erfolgt oder gelernt ist. Auf jeden Fall weisen die Ergebnisse auf die Möglichkeit hin, dass nicht nur die visuellen und akustischen Spielsignale des Menschen, sondern auch Geruchsveränderungen sowohl das zwischen- als auch das innerartliche Spiel des Hundes beeinflussen könnten.

PFOTENBEWEGUNGEN

Pfotenbewegungen werden benutzt, um auf kurze Distanz Spielbereitschaft zu signalisieren. Sie sind die ersten, gehören zu den häufigsten Spieleinladungssignalen bei Welpen und werden bereits um die zweite Woche beobachtet. Althaus (1982) betrachtet Pfoten-

Hündin Tame beobachtet erwartungsvoll, …

bewegungen als *„gemäßigte Spieleinladung"*, da er sie häufig nach heftigen Spielphasen, bei warmem Wetter oder gegen Ende einer Spielrunde beobachtete. Pfotenbewegungen wie Pföteln, Winken, Pfotenschlagen werden von verschiedenen Autoren (Althaus, Bekoff, Feddersen-Petersen, Zimen usw.) nicht einheitlich definiert und teilweise zusammengefasst. Feddersen-Petersen (2001) definiert Pföteln als *„Gerichtetes und ungerichtetes Heben und Senken einer Vorderpfote*

Veränderungen des Körpergeruchs können nicht willentlich gesteuert werden und sind deshalb besonders ehrliche Signale und Ausdruck von Emotionen.

... wie Rüde Biko sich hüpfend und springend und mit Henkelschwanz annähert.

als Spielaufforderung und als Geste mit ‚Unterwürfigkeitscharakter'". Althaus (1982) nennt eine ähnliche Bewegung Winken und beschreibt sie so: *„Eine Vorderpfote wird angezogen, nach oben vorn gestreckt und, in einem Bogen geführt, wieder auf die Unterlage gestellt."* Geschieht dies in Richtung eines Spielpartners, hat die Bewegung die Bedeutung eines Spieleinladungssignals. Bekoff (1974) beobachtete bei Beagle-Welpen ein gesichtsorientiertes Pföteln, als *„Ausstrecken eines der Vorderbeine zum Gesicht des anderen Tieres"*, das er als „Face pawing" bezeichnete und ein schnelles Austrecken und Zurückziehen der Vorderpfote „Paw intention", was er als Spielsignale einstufte. Beim Auflegen der Vorderpfote wird dem potenziellen Spielpartner ohne Druck eine Vorderpfote gesichtsorientiert auf Kopf, Nacken, Vorderkörper, Rücken oder Schwanz aufgelegt. Die Bewegung kann allein oder in Kombination mit Beißen, Anspringen und anderen Bewegungen auftreten. In der Paarungszeit testet der Rüde im Sexualspiel durch das Auflegen der Vorderpfote im hinteren Rückenbereich, ob die Hündin paarungsbereit ist. Auch im Spiel, nachdem Rüde und Hündin ein wenig geflirtet haben, kann nach dem Auflegen der Vorderpfote ein spielerischer Aufreitversuch folgen. Pfotenbewegungen als Spielsignale werden auch gegenüber Menschen und Objekten gemacht. Gerade Pföteln zeigt aber auch noch einen anderen Zusammenhang: Ähnlich wie die Spielverbeugung kann es aus seiner Entstehung als Intentionsbewegung (im Rahmen eines inneren Konfliktes) durch Ritualisierung einerseits zu Spielaufforderung, andererseits als Beschwichtigungsverhalten (Blankenburg et al., 2015) zu sehen sein.

Der Welpe nähert sich hüpfend, springend, in spieltypisch übertriebener Annäherung der erwachsenen Hündin.

ÜBERTRIEBENE ANNÄHERUNG

Bei der übertriebenen Annäherung nähert sich der Hund seinem Spielpartner in springender, hopsender, hüpfender Form, wobei beide Vorderpfoten gleichzeitig aufgesetzt und der Kopf und/oder Vorderkörper hin- und hergeworfen werden. Nicht nur Kaniden, auch andere Tiere wie z. B. Primaten zeigen als Spieleinladung bei der Annäherung an den gewünschten Spielpartner eine spezielle, von der normalen Fortbewegung abweichende lockere, übertriebene Gangart, die Bekoff (1974) als „exaggerated approach" bezeichnet und so definiert: *„Das einladende Tier nähert sich seinem zukünftigen Spielpartner in einem ‚lockeren, hüpfenden' Gang mit einer höheren Geschwindigkeit, als während des normalen Gehens; dies wurde in der nichtmenschlichen Primatenliteratur auch als ‚Spiellaufen' und ‚Tänzeln' bezeichnet. Während der Annäherung werden Schultern und Kopf häufig in übertriebener Weise hin- und herbewegt."*

FREIWILLIGES HINWERFEN

Beim freiwilligen Hinwerfen wirft sich der Hund schräg über die Schulter vor den Spielpartner auf den Boden und bleibt in Seiten- oder Rückenlage liegen. Das Verhalten ist als freiwilliges Selbsthandicap zu betrachten (Norman, 2015; Palagi et al., 2016a) und deutlich von passiver Submission und auch von erzwungenem Liegenbleiben unter-

Freiwilliges Hinwerfen der erwachsenen Hündin.

scheidbar: Der Hund liegt nicht still, zeigt ein Spielgesicht, eventuell Spielbeißen und Abwehr mit den Pfoten, eine entspannte Schwanzhaltung mit Wedeln und der Spielpartner gibt ihn schnell wieder frei. Das Hinwerfen als Unterwerfungsgeste (passive Submission) oder Beschwichtigung gegenüber einem ranghöheren Tier ist dagegen mit angelegten Ohren, eingeklemmten Schwanz, gekrümmter Wirbelsäule, Stillliegen und Blickvermeidung verbunden (Norman et al., 2015; Schenkel, 1967; Smuts, 2014).

SPIELERISCHES ANSPRINGEN

Eine häufige Spieleinladungsbewegung ist der schnelle (wiederholte) Vorwärtssprung in Richtung Spielpartner, bei dem der Hund hin und wieder wegspringt. Wird der Sprung aus Entfernung und mit Schwung ausgeführt, verlassen dabei Vorder- und Hinterbeine den Boden. Der Spielpartner wird häufig schräg von vorn, manchmal auch von der Seite in Richtung Flanke oder Hüfte angesprungen. Der Sprung wird teilweise mit so viel Kraft ausgeführt, dass der angesprungene Spielpartner umgeworfen wird. Das Anspringen ist ein Signal mit hohem Aufforderungscharakter. Hunde zeigen Verhaltensentsprechungen im jagdlichen und im agonistischen Kontext.

SPIELERISCHER ÜBERFALL

Beim spielerischen Überfall werden Elemente aus dem Beutefangverhalten wie Tieflauern/Hochlauern, Beschleichen, Verfolgen, Beutesprung kombiniert. Dabei duckt sich der angreifende Hund oder Wolf und fixiert den potenziellen Spielpartner. Der Angreifer nähert sich in geduckter Haltung, langsam und schleichend dem Spielopfer, auf das er aus der Lauerstellung plötzlich im Galopp zuspringt (Althaus, 1982). Lemmer (1971) beschreibt das Beschleichen im Ernst-/und Spielkontext: *„Vorderlauf langsam angehoben, einen Moment verharrend und vorsichtig einen kleinen Schritt ausführend wieder aufgesetzt. Erneutes Verharren. Derselbe Vorgang mit dem anderen Vorderlauf. Hinterläufe analog nachgezogen, ohne in der Schwebephase zu verharren. […] Lauerstellung möglich, in stehender, geduckter, sitzender, liegender und kombinierter (Vorderkörper am Boden, Hinterhand aufgerichtet) Haltung.“* Es kann ein Spielbeißen, Umwerfen und ein sich daraus entwickelnder Spielkampf oder ein Jagdspiel folgen. Eine ähnliche Verhaltenssequenz gibt es im Jagdkontext, sie wird im englischsprachigen Raum als Stalking bezeichnet und z. B. vom Border Collie in hypertrophierter Form gezeigt.

Anrempeln durch den Welpen.

Übertriebene Reaktion der erwachsenen Hündin.

Das sehr gehemmte Spielbeißen von Bailey (rechts), führt zu stark übertriebenem Drohen von Toffy (links).

BEISSSCHÜTTELN

Nach Aldis (1975) besteht bei Kaniden im Ernstkontext das Schütteln aus energischen Bewegungen des Kopfes von einer zur anderen Seite, bei dem die Beute durch das Brechen des Rückgrats oder Verletzung des Hinterhirns getötet wird. Die Vorderbeine stemmen sich dabei in den Boden, die Lefzen sind angehoben, die Augenlider zu einem winzigen Spalt geschlossen, die Barthaare dicht an den Kopf gelegt (Lemmer, 1971). Bekoff (1974) sah Beißschütteln beim Wolf dreimal häufiger und beim Kojoten zweimal häufiger als beim Beagle. Nach Lemmers Beobachtungen wird das Totschütteln im Spiel bevorzugt an der lockeren Halshaut des Spielpartners, bei Welpen und Junghunden unvollkommen und niedrigfrequent ausgeführt. Im Spiel sind beim Beißschütteln die Augenlider offen, die Lefzen werden nicht angehoben und die Barthaare nicht an den Kopf angelegt. Das Beißschütteln wird gehemmt ausgeführt. Ludwig (1965) sah den „Sieger" von Kampfspielen, beim unten liegenden Boxer mit den Zähnen eine Falte aus der Halshaut ziehen und diese ziehen und schütteln. Welpen setzen Beißschütteln auch als Spielsignal ein (Günther, 2009; Heine, 2000). Eine Zunahme des Beißschüttelns im Spiel weist auf eine zunehmende Erregung des Hundes hin. Das Beißschütteln nimmt im Laufe der Welpenentwicklung an Häufigkeit ab (Althaus, 1982; Collins et al., 2012; Ward et al., 2008; Zimen, 1982) und ist bei erwachsenen Hunden selten zu sehen, das könnte aber rasseabhängig sein.

WOHIN BEISSEN HUNDE IM SPIEL?

Pellis & Pellis (2017) weisen darauf hin, dass bei vielen Tierarten Spielkämpfe aus dem Wetteifern um das Beißen in bevorzugte Körperstellen besteht: Jedes Tier versucht den Spielpartner in bestimmte Körperstellen zu beißen und gleichzeitig zu verhindern, selbst in diese Körperstellen gebissen zu werden.

die Vorderbeine (Ellenbogen bis Pfote), die Hinterbeine und den Schwanz (Althaus, 1982; Bloch, 2004; Fox, 1975; Günther, 2009; Ludwig, 1965). Althaus und Günther beschreiben beim Siberian Husky/Samojeden in der 8. bis 10. Lebenswoche eine Konzentration von zwei Drittel aller Bisse auf diese Stellen, wobei von älteren Welpen nach Althaus in Schnauze, Hals, Nacken am häufigsten gebissen wurde. Die Hals-Nacken-Region war auch mit Abstand die häufigste Zielregion von Spielbissen bei Wolfswelpen (Havkin & Fentress, 1984).

Die beschriebenen Körperstellen sind bei Wölfen und manchen Hunderassen farblich besonders hervorgehoben und stimmen im Spielkampf mit den Zielen der Bisse in Echtkämpfen überein, bei Lemmers (1971) Deutsch Kurzhaar war das allerdings nicht der Fall. Aldis (1975), Bekoff (1976), Fox (1969) und Norman et al. (2015) sehen in Spielkämpfen bei Hunden und anderen Kaniden einen Wettbewerb darum, sich spielerisch vor allem in den Bereich Hals, Nacken, Kehle zu beißen und die Spielbisse des Spielpartners in diesem Bereich zu vermeiden.

Bei Jagdspielen beißen Hunde die Spielbeute

Bei den von Pellis & Pellis untersuchten Ratten ist das z. B. der Nackenbereich. Nach Pellis & Pellis stimmen die Ziele im Spielkampf bei vielen Tieren mit denen im Ernstkampf überein.

Spielbisse richten sich bei Hunden, wie bei allen Säugetieren, generell nie gegen die Augen des Spielpartners (Aldis 1975). Gebissen wird generell in den Hals-Nacken-Schulterbereich, die Kehle, die Lippen, in

Rollentausch und Über-den-Rücken-Beißen.

Symbolischer Tötungsbiss Richtung Hals von Labrador Nala.

bevorzugt in die Stellen, in die ihre wilden Verwandten die Beutetiere beißen: Schnauze, Kehle, Brust, Flanke, Bauch und Extremitäten (Bloch, 2004; Feddersen-Petersen, 2008). Althaus vermutet, dass sich *„eventuell bedingt durch die unterschiedliche Behaarung, speziell das Fehlen von dichten ‚Mähnen' o. Ä. bei verschiedenen Hunderassen unterschiedliche Verteilung der Bissstellen auf dem Körper des Spielpartners nachweisen ließen"* (Althaus, 1982).

Der untere Welpe zeigt den Spielblick ins Leere.

ENTWICKLUNG DER BEISSHEMMUNG

Als Beißhemmung bezeichnet man ein Beißen, bei dem der Hund den Druck der Kiefer stark hemmt und deshalb den Spielpartner nicht verletzt. Die Beißhemmung lernen Welpen im Spiel. Beißen sie ihre Wurfgeschwister zu fest, beißen diese entweder zurück – das ist ein deutlicher Schmerzhinweis – oder sie brechen das Spiel ab – auch das ist ein unangenehmer Effekt, denn man würde ja gern weiterspielen. Althaus (1982) vermutet, dass in den Spielkämpfen nicht nur die Beißhemmung, sondern auch das zielgerichtete Beißen in weniger empfindliche Körperstellen wie die Halsregion und das Vermeiden empfindlicher Körperstellen wie z. B. Ohren, Pfoten und Bauch gelernt wird. Althaus vermutet weiter, dass es nach dem Zahnwechsel zwischen dem 4. und 9. Monat innerhalb der Beißspiele zu einer weiteren Verfeinerung und Differenzierung des Zubeißens kommt. Nach Dunbar (2007) ist der Zahnwechsel zu den bleibenden Zähnen der späteste Zeitpunkt, zu dem die Beißhemmung gelernt sein muss, weil danach die Verletzungsgefahr steigt. Erstaunlicherweise gibt es bis heute keine wissenschaftliche Untersuchung dieser Fähigkeit, die sowohl für das Zusammenleben von Mensch und Hund als auch von Hund und Hund so wichtig ist.

Spielbeißen in Schwanz/Gliedmaßen ist welpentypisch.

BEISSHEMMUNG GEGENÜBER DEM MENSCHEN

Auch wenn Welpen bereits gelernt haben, ihre Wurfgeschwister nur gehemmt zu beißen, müssen sie die Beißhemmung gegenüber dem Menschen unabhängig davon aufbauen. Menschliche Haut ist empfindlicher als Hundefell, sie müssen deshalb lernen, ihre Zähne sehr viel behutsamer einzusetzen. Wir als menschliche Spielpartner helfen ihnen dabei, wenn wir bei zu starkem Zubeißen das Spiel unterbrechen oder den Welpen z. B. kurz wegschieben, herunterdrücken oder ein anderes Abbruchsignal benutzen. So lernt der Welpe im Spiel zudem noch „so ganz nebenbei" unsere Abbruchsignale kennen und befolgen.

Kopfauflegen kann im Werbungsspiel die Vorstufe zum Aufreiten sein, es wird bereits bei Welpen gezeigt.

AUFREITEN

Beim Aufreiten legt der Hund Kopf oder Oberkörper auf den Rücken des Spielpartners und umklammert dessen Körper mit den Vorderpfoten. Er führt dann eventuell Beckenstöße aus, wobei die Gesichtsmimik des Sexualgesichts (die Mundwinkel sind weit nach hinten oben gezogen) im Spielkontext fehlt. Das Aufreiten kann von hinten, von vorn oder auch von der Körperseite aus erfolgen. Das Aufreiten von vorn geht nach Venzl (1990) beim Beagle häufig in Umklammern und Hochkampf über. Aufreiten von hinten kann mit Beckenstößen und Nackenbeißen verbunden sein (Tembrock, 1957). Aufreiten inklusive Beckenstößen zeigen beide Geschlechter. Bei männlichen Welpen ist es allerdings mit zunehmendem Alter häufiger zu beobachten (Bekoff, 1974; Pal 2010; Ward et al., 2008). Aufreiten hat bei Welpen zunächst weder eine sexuelle noch eine soziale Bedeutung. Bei älteren Welpen und Junghunden kann das Aufreiten im Lauf eines Spiels mit viel Körperkontakt und der dabei zunehmenden Erregung eine sexuelle Komponente erhalten. Die veränderte Bedeutung kann an einer zunehmenden Orientierung des Aufreitens von hinten aus und an den veränderten Reaktionen der Spielpartner erkannt werden: Die Welpen reagieren mit Ausweichen, Weggehen bzw. mit Drohen und Imponieren. Nach Althaus (1982) führt das Aufreiten bei Huskywelpen ab der 7. Woche häufig zu Streitigkeiten. Für männliche Welpen scheint Spiel wichtig zum Einüben des spielerischen Aufreitens.

MOTIVATION FÜR AUFREITEN

Aufreitverhalten kann sehr unterschiedlich motiviert sein und muss immer kontextabhängig eingeschätzt werden. Für Donaldson (2009) ist Aufreiten im Spiel sexuell motiviertes Verhalten. Lemmer (1971) betrachtet es als Begrüßungszeremoniell und Zeichen der Zuneigung. Andere deuten es als begrenzendes Dominanzverhalten, als Bindung oder Stress anzeigendes Verhalten oder Übersprunghandlung und Ganslößer verwendet bei Welpen/Junghunden dafür den anschaulichen Ausdruck der „Doktorspiele auf vier Pfoten". Aufreiten korreliert mit Freundschaft/Bindung und kam nach Beobachtungen von Trisko et al. (2016) im Spiel von gleichgeschlechtlichen erwachsenen kastrierten Hunden nicht signifikant häufiger vor als bei Rüde-Hündin-Paaren. Unsere eigenen Daten (z. B. Kaufmann et al., 2017) zeigen bisweilen, ebenso wie viele Erfahrungsberichte unserer Individualberatung, Gegenteiliges: Da Aufreiten auch als Bewegungsstereotypie zur Stressbewältigung dienen kann, tritt es in diesem Zusammenhang nach einer Kastration eventuell sogar vermehrt auf.

Eine bemerkenswerte Überlegung, aus Beobachtungen anderer Säugetiere (vgl. Ganslößer et al., 2020) sei noch erwähnt: Nicht nur, aber sehr oft ist sexuelles Spiel im Zeitraum der beginnenden Pubertät ein wichtiger Bestandteil des Erwerbs sexueller Prägung. Anekdotisch passt dazu folgende Schilderung: Als ich (UG) diesen möglichen Zusammenhang in einem Seminar ansprach, meldete sich ein Teilnehmer mit seiner Erfahrung: Seit sein pubertierender Rüde in eine Junghundgruppe ging, in der Aufreiten nicht sofort und pauschal verboten wurde, hatte er keine Menschen mehr berammelt, was er vorher regelmäßig tat. Sexuelle Prägung dient ja dazu, den zukünftig geeigneten Sexualpartner als Muster zu verankern.

SPIELERISCHE FORTBEWEGUNG

Die nicht zielgerichtete Fortbewegung im Spiel unterscheidet sich von der zielgerichteten Fortbewegung im Ernstkontext durch weiche, kurvige Bewegungen, ständige Schwerpunktverlagerung, übertriebenes Anheben und Aufsetzen der Gliedmaßen und wird begleitet von Schwenken von Kopf und/oder Oberkörper. Beim **Buckelrennen** läuft der Hund, der beim Verfolgungsspiel die Beute spielt, mit zurückgelegten Ohren, übertriebenem Unterwürfigkeitsgrinsen (lang zurückgezogene Mundwinkel) oder Spielgesicht, Rundrücken und niedriger Schwanzhaltung oder Henkelschwanz. Beim oft kreisförmigen Folgelauf (Tembrock, 1957; Zimen, 1982) während des spielerischen Verfolgens im Galopp hat der Verfolgte die Ohren seitlich angelegt, während beim Verfolger Mimik und Ohren nach vorne gerichtet sind. Beim **Hoppelgalopp** werden die Vorderbeine steif aufgesetzt und die Hinterbeine stoßen den Körper schräg nach vorn und oben, das Laufen enthält überflüssige Sprünge und Spielbewegungen. Als **Zickzack-Galopp** wird im Verfolgungsspiel das Rennen mit plötzlicher Richtungsänderung des Beutetier spielenden Hundes bezeichnet, wobei die Richtungsänderungen mit der Nähe des Verfolgers zunehmen (Feddersen-Petersen, 2008; Zimen, 1982).

Hier schließt sich übrigens wieder der Kreis zur Trainingsfunktion von Bewegungsspielen: **Gerade zur Gesunderhaltung der Gelenke sind rapide Bewegungs- und Richtungswechsel in alle Raumrichtungen wichtig, um den Gelenkknorpel zu ernähren** (siehe S. 69 ff.). Schnelle Wechsel kommen sonst im Ernstkontext, z. B. bei der Jagd, vor und sind deshalb mit erheblichen Risiken verbunden, können relativ risikofrei im Spiel trainiert werden.

STRESSSIGNALE

Burghardts fünftes Kriterium beschreibt als Voraussetzung für Spiel das entspannte stressarme Feld. Das Auftreten von stressanzeigendem Verhalten bei einem oder mehreren Spielpartnern kann deshalb auf ein Kippen des Spiels hindeuten. Reagiert ein Spielpartner nicht mehr spielerisch, ist er zu grob, ignoriert er den Protest oder die Abbruchsignale des Mitspielers, zeigt er ihm gegenüber gar Anzeichen von echtem Jagdverhalten, kommt es bei diesem zu einer Stressreaktion. Aber auch ein angemessen spielender Hund, kann bei seinem Spielpartner Überforderung und Stress auslösen. Wenn ein Hund aufgrund seiner persönlichen Lebensgeschichte wenig Gelegenheit zu Spiel allgemein oder zum Spiel mit fremden Rassen oder Hunden mit ganz anderem Spielstil hatte, hat er vielleicht anfangs Schwierigkeiten, die Körpersprache und das Verhalten des Spielpartners einzuordnen (Bekoff, 2008). Stresssignale können auch Hinweise darauf sein, dass die Umgebung keinen geeigneten Ort für Hundespiel darstellt (z. B. Lärm, visuelle Ablenkung, ablenkende oder Furcht auslösende Gerüche), der Hund sich allgemein unwohl fühlt (z. B. nicht erkannte körperliche Beeinträchtigung), die Spielpartner nicht zueinander passen oder das Spiel kippt. Insbesondere im Spiel von Hundegruppen können die Stresssignale eines Hundes (des Opfers) auch auf den Beginn einer Mobbingsequenz oder den noch gefährlicheren Wechsel zur echten Jagd (predatory shift) hinweisen. Droh- und Stressvokalisation und passives Submissionsverhalten treten im agonistischen Kontext sehr viel häufiger auf als in Spielkämpfen (Bekoff, 1974a, 1975, 1984; Vincent & Bekoff, 1978) und sind damit ein guter Indikator für ein mögliches Eskalieren eines Spielkampfes.

Der junge Border Collie Isaac reagiert auf das Drohen der Hündin Bailey mit Demuts-/Stressignalen.

Der pubertierende Isaac sucht weiblichen Anschluss…

… und versucht Bailey zu imponieren.

Junghunde testen gerne einmal Grenzen aus.

WAS IST STRESS?

Stress ist die nichtspezifische Reaktion eines Organismus auf eine Gefahr oder einen schädlichen Reiz. Donald Broom (siehe Gansloßer, 2020; Gansloßer et al., 2020) definiert Stress als eine Reaktion auf Überforderung des Anpassungssystems, die zu negativen Folgen für Gesundheit und/ oder Fortpflanzungserfolg führt. Zu einer Stressreaktion gehören eine Beschleunigung von Herzschlag, Atmung und Muskeltonus, erweiterte Pupillen, Ausschüttung von Adrenalin und Cortisol. Diese Stressreaktion bereitet den Körper auf sehr unterschiedliches Verhalten wie Kampf oder Flucht vor, ist deshalb sehr unspezifisch und beinhaltet Verhaltensweisen, die allgemein bei Erregung, Furcht, Angst, Konflikt und Beschwichtigung zu sehen sind (Hecht & Horowitz, 2015), wie Zungenschlagen, Pfotenheben, Schnauzenlecken, Gähnen, Hecheln, Augenaufreißen, Vermeiden von Blickkontakt, wiederholtes Kratzen oder Niesen, Zittern, Schütteln, Absenken des Körpers (Beerda et al., 1997, 1998) und Stress-Vokalisation (stereotyp klingendes Bellen, Jaulen, Winseln). Stressanzeigende Signale sind also keine Alleinstellungsmerkmale, in Stresssituationen zeigen Hunde häufig Übersprungverhalten, wozu Gähnen, Niesen oder Kratzen gehören (Bloch, 2004).
Wegen der unspezifischen Reaktion bzw. dem Überlappen der Verhaltenskategorien, in denen das Verhalten auftritt, ist es wichtig, den Kontext des Verhaltens zu berücksichtigen: Nicht jedes Schnauzenlecken, Augenaufreißen, Gähnen, Niesen, Kratzen, Pfotenheben oder Schütteln usw. ist Anzeichen von Stress und Grund für ein Eingreifen oder einen Spielabbruch. Pfotenbewegungen sind im Spiel häufig zu sehen, denn sie gehören zu den Spielsignalen, bei Welpen sind es sogar die häufigsten. Augenaufreißen und Augenrollen sind spieltypisch, sie gehören zu manchen Spielen wie

Deshalb geraten sie in Schwierigkeiten und sind häufig Empfänger von Abbruchsignalen.

auch Spielknurren einfach dazu. Schütteln bewertete schon Althaus (1982) eher als Verhalten, das eine Aktion und die damit verbundene Stimmung abschließt, bevor der Hund zur nächsten Aktion übergeht. Mit der Stressreaktion auf eine Gefahr verbunden, ist auch ein schwindender Einfluss des Großhirns, d.h., der Gehirnbereiche, die für die Selbstregulierung (Verhaltenssteuerung, Selbstkontrolle, Hemmung) und für die Verhaltensflexibilität zuständig sind, nehmen zugunsten eines zunehmenden Einflusses des Stammhirns ab. Ein Individuum, das gestresst ist, konzentriert sich auf die Aufrechterhaltung oder Wiederherstellung der eigenen Sicherheit/körperlichen Unversehrtheit, die für das Sozialspiel typische Konzentration und die schnelle angemessene Reaktion auf den Spielpartner nehmen ab und die Gefahr von Missverständnissen nimmt zu. Auch Mimikspiegelung und Verhaltenssynchronisation nehmen mit zunehmendem Stress ab (Palagi et al., 2016). Das Verhalten der Spieler wird selbstbezogener, ein solches Spiel erleben wir als Zuschauer intuitiv als disharmonischer.

ANZEICHEN EINER ESKALATION

- Wut, Angst, Frust kommt „ins Spiel" – das Gehirn schaltet vom Play-System in das entsprechende emotionale System um.
- Ein Partner reagiert nicht auf Abbruchsignale, Stress, Angst weil er sie nicht erkennt (mangelnde Lernerfahrung) oder ignoriert sie (falsche Lernerfahrung).
- Körperspannung steigt – Bewegungen werden zielgerichteter.
- Frontalere Annäherung
- Längere Hochkampfphasen
- Schnauzen geschlossen statt offen
- Geräuschpegel ändert sich: disharmonisches Bellen, Knurren
- Stress-Signale nehmen zu (z. B. Lecken über die Schnauze, Schütteln, Kratzen, Niesen, stereotypes Bellen, zunehmendes Aufreiten)
- Echtes Drohen (früher, häufiger), nicht gespieltes submissives Verhalten, Meideverhalten, Angriff/Abwehr gleichzeitig

SPIELENTWICKLUNG

— *Vom Welpen zum Senior*

SPIELENTWICKLUNG VON WELPEN

Die Spielentwicklung gleicht einem umgekehrten U-Verlauf: Sie beginnt bei jungen Tieren, sobald es deren körperliche und sensorische Entwicklung zulässt, steigt dann in der juvenilen Phase an und nimmt nach der Pubertät wieder ab (Burghardt, 2005; Fagen, 1981). Welpen, die sich beim Spaziergang treffen, spielen z. B. doppelt so oft miteinander, wie erwachsene Hunde und elfmal so oft wie Senioren (Řezáč et al., 2011). Bei Pudeln in Gruppenhaltung wurde die maximale Spielaktivität zwischen der 6. Woche und dem 6. Monat und ein starker Rückgang nach dem 8. Monat registriert (Feddersen-Petersen, 1991). Bei indischen Straßenhunden beobachtete Pal (2008, 2010) Spiel ab der 3. Woche, einen Anstieg bis zur 8. Woche, dann einen plötzlichen starken Abfall und kontinuierlichen Rückgang.

Die Spielentwicklung bei Welpen ist stark von der Entwicklung ihrer lokomotorischen Fähigkeiten abhängig, diese hängen wiederum von der Reifung des zentralen Nervensystems und von der Entwicklung des Bewegungsapparates und der Muskeln ab. Deshalb beeinflusst das Auftreten allgemeiner Verhaltensweisen, besonders die bereits beherrschten Fortbewegungsarten, was gespielt wird. In der sensiblen Phase der Säugetierentwicklung, bei Hunden von der 8. bis zur 16. Woche, findet eine besonders starke Verknüpfung der Netzbahnen im Gehirn und gleichzeitig der Spiel-Höhepunkt (Byers & Walker, 1995; Byers, 1998) statt.

☞ EINTEILUNG DER LEBENSPHASEN

LEBENSPHASEN	DURCHSCHNITT (mit Abweichungen zwischen kleinen/großen Rassen)
Welpe	0 bis 16 Wochen
Junghund (Juveniler)	4 bis 6 Monate
Start Pubertät	6. bis 18. Monat
Adoleszenz (Heranwachsender)	bis ca. 3 Jahre
Reifer Erwachsener (kognitiv und sozial)	3 bis 4 Jahre
Senior	ab 7 bis 10 Jahre

BEISSSPIELE

Die ersten Spiele beginnen, wenn die Welpen zufällig aufeinandertreffen, dauern nur wenige Sekunden und die Bewegungen sind zeitlupenhaft, weil die koordinierte Feinmotorik noch fehlt (Althaus, 1982; Venzl, 1990). Als erste Spielform tritt das Sozialspiel in Form von Beißspielen auf, in denen die Welpen einander zunächst belecken, dann bekauen und später beißen. Sie versuchen einander gegenseitig mit weit geöffneter Schnauze zu beißen, woraus sich ein Maulrangeln entwickelt. Dabei erfassen die Welpen einander mit den Kiefern, verhaken diese ineinander und bewegen die Köpfe hin und her. Dieses spielerische Maulaufreißen geht anfangs häufig in Gähnen über. Charakteristisch für diese frühen Spiele ist, dass sie plötzlich beginnen, sehr kurz sind, sehr langsam und wenig zielgerichtet ausgeführt werden und Abwehrbewegungen noch fehlen (Althaus, 1982). Typisch für das Spiel sehr junger Welpen sind außerdem Pfotenbewegungen wie Winken, Pfotenheben und Vorderpfoteauflegen.

KAMPFSPIELE

Die Beißspiele werden in der weiteren Entwicklung zu Spielkämpfen ausgebaut, in denen der ganze Körper eingesetzt wird. Den Wurfgeschwistern wird die Pfote auf den

Beißspiele, mit Kieferrangeln und Beißen in jede erreichbare Körperstelle, gehören zu den frühesten Spielen.

Rücken gelegt, sie werden geschubst und erste Aufreitversuche finden statt. Dabei gerät ein Welpe anfangs häufig aus dem Gleichgewicht und fällt um. Kampfspiele werden bei Frühentwicklern bereits ab dem 13. Tag, bei den meisten Rassen in der 3. Woche, bei Spätentwicklern sogar erst Ende der 7. Woche beobachtet. In den Kampfspielen ist ab der 8. Woche vermehrt Beißen in den Hals und die Schultern, Schütteln, Umklammern und Anspringen zu beobachten. Bekoff (1974) beobachtete das Aufreiten mit Beckenstößen bei Beagle-Welpen ab dem 27. Tag. Rollenwechsel im Kampfspiel sieht Feddersen-Petersen (2001) beim Golden und Labrador Retriever erstmals in der 5. Woche, Trumler (2000) beobachtete sie erst im 3. Lebensmonat. Beißschütteln mit Körperteilen oder Fell vom Wurfgeschwister, Drüberstehen „Pinning" kommt in den Spielkämpfen junger Welpen häufiger vor als bei älteren Welpen/Hunden (Smuts, 2014; Ward et al., 2008).

Aus den Beißspielen werden Kampfspiele.

Solitäre tauchen vor sozialen Objektspielen auf.

BEWEGUNGSSPIELE

Solitäre Bewegungsspiele werden erstmals um die 3. Lebenswoche beobachtet. Dazu gehören Hüpfen mit dem Hinterteil, Wälzen, Schwanzjagen, Springen, Maulaufreißen und Beißen in die eigenen Gliedmaßen, Um-sich-Drehen, Hochspringen, plötzliches Rennen (Rennfieber), Kopf zurückwerfen und Auf-den-Rücken-Werfen.

SOLITÄRE OBJEKTSPIELE

Nach Beobachtungen von Burghardt et al. (2016) treten solitäre Objektspiele bei Pudeln, Welsh Terriern und Magyar Viszla in der 3. Woche auf, mit einem Höhepunkt in der 4./5. Woche. Danach die sozialen Objektspiele (Keep away, Verfolgungsspiele, Zerrspiele) ab der 5./6. Woche. Als erstes zeigten die Welpen eher Verhaltensweisen taktiler/oraler Exploration, wie Ins-Maul-Nehmen, Bekauen, Belecken, mit Nase und Pfote berühren. Mit zunehmendem Alter nimmt die Anzahl der spielerischen Verhaltensweisen und die Spieldauer zu. Nach Pal (2010) beginnt das Objektspiel bei indischen Straßenhunden nicht vor der 5. Woche. In der 3. Woche starteten die soziale Exploration (Belecken, orale Untersuchung und Beschnüffeln von Kopf, Körper, Gliedmaßen und Genitalien) und die Sozialspiele. Häufige Verhaltensweisen im sozialen Objektspiel sind Losrennen mit Objekt, Verfolgen des objekttragenden Welpen, Ziehen/Zerren, Schütteln und Bekauen/Beknabbern. Eingeleitet wird das soziale Objektspiel häufig durch Locken mit dem Objekt.

VERFOLGUNGSSPIELE

Je nach Rasse und Entwicklung sind bereits in der 3. Woche erste noch tapsige, unbeholfene Verfolgungen über kurze Strecken zu beobachten. Echtes Verfolgungsspiel taucht als letzte Spielform bei den meisten Rassen erst zwischen Ende der 5. und Anfang der 7. Woche auf (Althaus, 1982; Feddersen-Petersen, 2001; Günther, 2009; Heine, 2000). In ausgeprägter Form ist diese Spielart erst zu Beginn des 3. Lebensmonats zu beobachten. Verfolgungsspiele setzen einen sicheren Gebrauch der Gliedmaßen beim Laufen und Galoppieren voraus. Das Auftreten dieser Spielform ist zudem abhängig von Jahreszeit, Wetter und Platzangebot, da für Verfolgungsspiele ein größerer Platz erforderlich ist.

Gruppenspiele tauchen erst spät ...

FESTUNGSSPIELE

Das spielerische Verteidigen eines erhöhten Platzes, „King of the Castle" oder Festungsspiel genannt, taucht ungefähr um die gleiche Zeit wie die Verfolgungsspiele auf, da auch dieses Spiel eine gute Körperbeherrschung voraussetzt (Günter, 2009; Heine, 2000). Diese Spielform wird manchmal als Training für das Verteidigen des Territoriums betrachtet. Bloch sieht dagegen im Verhalten der attackierenden Welpen Ähnlichkeiten zum Jagdverhalten von Wölfen großen Beutetieren gegenüber (Bloch & Bloch, 2002).

GRUPPENSPIELE

Zwischen der 3. und 4. Woche beginnen die Welpen einander zu folgen. In der 5. Woche rennen sie z. B. als Gruppe zur Tür, was Scott und Fuller (1965) als erstes Gruppenverhalten werteten. Lemmer (1971) beobachtete bei Welpen zunächst nur paarweises Spiel, ab dem 26. Tag Spiele zu dritt oder viert, ab der 5. Woche zunehmend Gruppenspiele und auch Gruppenattacken auf einzelne Welpen. Von der 4. bis zur 5. Woche beobachtete Fox (1975) häufig, dass die Welpen Gegenstände herumtrugen, an denen andere Welpen Interesse bekundeten, woraus sich Zerrspiele entwickelten. Dieses Verhalten interpretierte er als Beginn des allomimetischen Verhaltens (Stimmungsübertragung). Scott und Fuller beobachteten mit Beginn der 7. Woche erste koordinierte Gruppenangriffe auf einzelne Welpen. Diese Angriffe waren bei einigen Rassen nur vorübergehend und spielerisch, bei anderen Rassen, z. B. bei Foxterrier-Welpen, jedoch so dauer- und ernsthaft, dass der Verlierer aus der Gruppe genommen werden musste. Trumler (2000, 1985) beschreibt in der Welpenentwicklung eine Phase zwischen der 8. und 12. Woche mit einem deutlichen Rückgang des „egoistischen" Verhaltens und eine Entwicklung hin zum gruppenorientierten Verhalten. Er beobachtete ab der 12. Woche, dass die Welpen verstärkt als Meute

... in der Welpenentwicklung, nach den dyadischen oder tryadischen Spielen bei Welpen, auf.

Jagd auf den Vaterrüden bzw. andere erwachsene Rudelmitglieder machten. Er vermutete, dass sie dabei die für die gemeinsame Jagd erforderliche Koordination üben. In diesen Spielen wird das Jagdverhalten in Teilsequenzen und immer neuen Variationen gezeigt.

SPIELPARTNER-PRÄFERENZ

In der frühesten Lebensphase gibt es noch keine differenzierten sozialen Beziehungen zwischen den Welpen. In den zunächst unbeholfen wirkenden und dann immer differenzierter ausgeführten Spielen verändert sich die Rolle der Mutter und der Wurfgeschwister immer mehr vom Spielobjekt, – sichtbar z. B. beim welpentypischen Ziehen, Beißen und Schütteln von Schwanz, Ohr, Fell – zum echten Spielpartner (Althaus, 1982). Zwischen den Welpen gibt es zunächst mehrere bevorzugte Spielpartner, also Welpen, die besonders häufig zum Spiel aufgefordert werden. Ab der 23. Woche konzentrieren sich die Welpen im Spiel dann auf eine Gruppe bevorzugter Mitspieler. Als Junghunde haben sie schließlich einen stark bevorzugten Spielpartner (Ward et al., 2008). Dies bedeutet, dass Hunde früh in ihrer Entwicklung differenzierte Beziehungen im Spiel ausbilden und diese Präferenz in der weiteren Entwicklung stabil bleibt. Sie beruht allerdings nicht auf Gegenseitigkeit. Bauer et al. vermuten, dass Welpen die Spielpartner bevorzugen, die sie dominieren können (Ward et al., 2008), während Bekoff vermutet, dass Welpen sich die Spielpartner aussuchen, die ihrer Entwicklung am förderlichsten sind oder denen sie am meisten vertrauen (Špinka et al., 2001). Trisko et al. (2016) fanden Freundschaften, also Hunde, mit denen auch bevorzugt gespielt, insgesamt freundlich interagiert und gekuschelt wurde, auch zwischen erwachsenen Hunden und am häufigsten zwischen Rüden und Hündinnen.

WELPENSPIEL

Sozialspiele von Welpen mit den Wurfgeschwistern dauern meist nur 10 bis 30 Sekunden (Günther, 2009). Fähigkeiten wie selektive Aufmerksamkeit, Selbstkontrolle und Emotionsregulation sind bei Welpen noch nicht ausgereift (Wallis et al., 2014). Das Konzentrationsvermögen und die Aufmerksamkeitsspanne von Welpen sind kürzer und sie ermüden schneller. Übermüdete, aufgedrehte Welpen überschreiten eher Grenzen und verstoßen gegen vereinbarte Regeln, ähnlich wie übermüdete Kinder. Hier muss der Mensch eingreifen und eine Zwangspause durchsetzen, bevor der Erregungslevel des Welpen zu hoch ist und er sich nicht mehr kontrollieren kann. Idealerweise lernt ein junger Hund im Spiel so, seinen Erregungslevel selbst zu regulieren, ohne dass der Mensch eingreifen muss.

WELPENGRUPPEN

Nach der Übernahme vom Züchter bieten gute Welpengruppen dem Welpen Gelegenheit, viele verschiedene Rassen und Hundetemperamente kennenzulernen. Er kann so in verschiedenartigen Situationen mit unterschiedlich reagierenden Hunden kommunizieren. Bei vertrauten Spielpartnern kann das Spiel auch heftiger werden. So kann der Welpe das ganze Spektrum angemessener Aktions- und Reaktionsmöglichkeiten lernen. Wann ist welches Verhalten passend, wann ist ein Zurücknehmen oder eine „Entschuldigung“ z. B. in Form einer Spielverbeugung angebracht? Damit dies gelingt, sollte die Gruppe aus ca. 6 Welpen unterschiedlicher Rassen (8 bis 16 Wochen alt) bestehen. Ein erfahrener Trainer und idealerweise ein souveräner erwachsener Hund sollten das Spiel begleiten. Hundewelpen verlassen zwangsweise zwischen der 8. und 12. Woche die Wurfgeschwister. Besonders Hunde, die dann als Einzelhunde im Haushalt leben, sollten über die Welpengruppe hinaus regelmäßige Hundekontakte haben, damit sie feste Freundschaften bilden können. Freunde sollte sich der Hund selbst aussuchen.

Welpengruppen ersetzen die Wurfgeschwister, sie sind wichtig für die Sozialisierung des Welpen.

PUBERTÄT UND ADOLESZENZ

Hunde kommen im Vergleich zu Wölfen sehr viel früher in die Pubertät und erreichen damit auch früher die sexuelle Reife. Ihre kognitive Entwicklung und die Entwicklung des erwachsenen Verhaltens gehen jedoch über die Zeit der Pubertät hinaus, je nach Rasse bis zum Alter von drei bis vier Jahren. Die Wissenschaft unterscheidet zwischen Pubertät und Adoleszenz bzw. sexueller und sozialer/mentaler Reife. **Adoleszenz bezeichnet den kompletten Zeitraum des „Heranwachsens" von Kind/Jungtier zum physisch, kognitiv und sozial reifen Erwachsensein*, während Pubertät, als Teil der Adoleszenz, nur den ersten Zeitabschnitt bezeichnet, der zur Geschlechtsreife führt** (Spear, 2000). Nicht nur die Pubertät, sondern auch die Zeit davor und danach bis zur mentalen/sozialen Reife, wird als sensible Phase betrachtet, in der negative Erfahrungen, Auswirkungen für das ganze Leben haben können. In der Pubertät muss das Jungtier sich entscheiden: Weggehen oder Bleiben – Sicherheit oder Autonomie? Jungwölfe, die sich für die Sicherheit entscheiden, bleiben und helfen bei der Aufzucht des nächsten Wurfes, was ihnen später bei der Aufzucht des eigenen Nachwuchses hilft. Wölfe, die sich für die Autonomie entscheiden, wandern ab und suchen einen Sexualpartner und ein eigenes Territorium. Die fehlende Erfahrung zusammen mit der pubertär erhöhten Risikobereitschaft tragen auch bei Straßenhunden zur hohen Sterblichkeitsrate in dieser Altersgruppe bei (Boitani et al., 2017).

* Einige Autoren benutzen den Begriff allerdings nur für die Zeit nach der Pubertät bis zum Erwachsensein und andere ab dem Zeitpunkt, an dem das Jungtier von den Eltern nicht mehr mit Nahrung versorgt wird, bis zum Erwachsensein, das wäre bei Straßenhunden bereits ab dem 3./4. Monat. Für Miklosi (2011) umfasst die Adoleszenz wegen der Neotenie bei Haushunden die Zeit bis zum Seniorenalter.

Bei Wölfen und anderen Wildhunden ist die Adoleszenz die Zeit, in der neue Rollen eingeübt werden.

Der pubertierende Border Collie Isaac flirtet mit der älteren Hündin Bonnie …

Auch die von Cafazzo et al. (2010) beobachteten Straßenhunde, die allein unterwegs waren, waren zu 85,71% Heranwachsende im Alter von ein bis zwei Jahren. Auch wenn die ganze Hundegruppe unterwegs war, hielt sich diese Altersgruppe abseits, was Cafazzo et al. als Hinweis auf eine Tendenz zur Abwanderung interpretiert. Bei den von Tiwari et al. (2019) beobachteten indischen Straßenhunden wanderten die juvenilen Hunde wegen der hohen Populationsdichte und deshalb schlechten Ernährungslage sogar bereits im Alter von 4 bis 6 Monaten in benachbarte Gebiete ab. Auch wenn Haushunde nicht abwandern (können), verändert sich in der Pubertät ihr Verhalten und Verhältnis zum Halter und zu Artgenossen. Junghunde werden statusbewusster, das andere Geschlecht wird interessanter und das Verhalten Geschlechtsgenossen gegenüber konkurrenzbetonter (Bauer & Smuts, 2007; Bauer et al., 2009; Ward et al., 2008).

Da Pubertät/Adoleszenz bei wilden Kaniden mit der Abwanderung oder der Übernahme einer neuen Rolle in der Familie enden, geht es in dieser Phase vor allen Dingen darum, sich an ein neues Umfeld oder die neue Rolle in der sozialen Gruppe anzupassen. Sachser et al. (2013) betrachten diese Zeit deshalb als letzte Korrekturmöglichkeit für noch nicht angepasstes Verhalten.

Pubertät: „Wechsel des Betriebssystems bei laufendem Betrieb!" Störungen bis zum „Absturz" beim Denken, Fühlen und Handeln sind zu erwarten.

... und wird vom erfahrenen Deckrüden Joe zurechtgewiesen.

UMBAUTEN IM GEHIRN

In der Pubertät kommt es zunächst zu einer starken Vermehrung, dann zu einem Ausdünnen von Synapsen im frontalen Kortex, einer verstärkten Vernetzung und insgesamt zu einer Reorganisation des Gehirns (Blakemore & Choudhury, 2006; Sisk & Foster, 2004). In der Pubertät wird zudem mehr von der weißen Substanz gebildet, die die signalübertragenden Nervenfasern umhüllt (Myelinisierung). Sie sind danach besser isoliert und die Übertragungsgeschwindigkeit vervielfacht. Während die sensorischen und motorischen Hirnregionen bereits in der Welpen- und Junghundzeit vollständig myelinisiert werden, geschieht das beim frontalen Kortex in der und über die Pubertät hinaus (Blakemore & Choudhury, 2006). **Wegen der umfassenden Veränderungen sind in der Pubertät kognitive Verhaltenskontrolle, Arbeitsgeschwindigkeit des Gehirns und Lernfähigkeit eingeschränkt** (Blakemore & Choudhury, 2006). Weil die Pubertät den Übergang zur Autonomie vorbereitet, werden vorwiegend die Zellkontakte gelöscht, die in der Welpen-/Junghundzeit eine Rolle spielten, für den erwachsenen Hund aber nicht mehr wichtig sind. Wölfe oder Hunde verlieren z. B. ihre Vertrautheit mit dem Menschen, wenn sie während der Pubertät keinen regelmäßigen Kontakt zum Menschen mehr haben (Dietz et al., 2018; Serpell & Duffy, 2017). Alles, was der Hund bisher gelernt hat, sollte deshalb in der Pubertät erneut geübt werden, damit es auch weiterhin im Repertoire des heranwachsenden und erwachsenen Hundes erhalten bleibt (Dietz et al., 2018). Das gilt natürlich auch für das Einhalten der sozialen Regeln im Spiel.

EMPATHIE, STRESS UND SUCHT

In der Pubertät ist auch die Empathiefähigkeit eingeschränkt (Blakemore & Choudhury, 2006; Choudhury et al., 2006), der Hund ist stressanfälliger (Brydges, 2016; Dietz et al., 2018) und das kann zu übertriebenen Reaktionen auf tatsächliche oder vermeintliche Bedrohungen führen (Brydges, 2016; Foyer et al., 2014). Die emotionale

Fehleinschätzung aufgrund fehlender Empathie, zusammen mit der erhöhten Stressreaktion, können zu übertrieben ängstlichen oder aggressiven Reaktionen auf das Verhalten des Spielpartners führen. In der Pubertät kommt es zudem zu einer Überaktivität des mesolimbischen Dopaminsystems (Hoops & Flores, 2017), was zu einer Anfälligkeit für die Entwicklung von Suchtverhalten führt, was bei allen Spielformen beachtet werden muss, die Jagd- und Hetzsequenzen beinhalten (siehe S. 26). Die beschriebenen weitreichenden Veränderungen im Gehirn sind auch für die Stimmungsumschwünge, erhöhte Reizbarkeit und Launenhaftigkeit, die erhöhte Risikobereitschaft und die stärkere Reaktion auf Belohnungen verantwortlich. Die im Zusammenhang mit den pubertären Schwankungen der Sexualhormone stehenden Serotoninschwankungen, können ebenfalls zu erhöhter Aggression und zu einer häufigeren Eskalation von Raufspielen zu Kämpfen führen (Suomi, 2003).
Mehr als ein Drittel der Halter von pubertierenden Hunden gaben in einer Befragung an, dass ihr Hund Verhalten zeigt, das für sie problematisch sei (Lord et al., 2020).

Auch im Mensch-Hund-Spiel kommt es besonders bei Junghunden zu Grenzüberschreitungen.

Bei Haushunden sind es die im Alter zwischen 6 Monaten und 3 Jahren, also vom Beginn der Pubertät bis zum Ende der Adoleszenz, die wegen Verhaltensproblemen am häufigsten ins Tierheim kommen (Carter & Martin, 2020; Salman et al., 1998). Junghunde entwickeln gegenüber dem Halter eine Bindung, ähnlich der, die ein Kind gegenüber den Eltern entwickelt (Gábor et al., 2021; Payne et al., 2015). Zum Erwachsenwerden gehört auch eine Loslösung aus der Abhängigkeit von den Eltern, was mit Veränderungen der Bindung und den bekannten Konflikten verbunden ist. Dieses von menschlichen Jugendlichen bekannte Konfliktverhalten wurde bei Hunden gegenüber dem Halter ebenfalls gefunden. Die getesteten Hunde befolgten Signale ihres Halters (nicht aber die eines Fremden) mit 8 Monaten schlechter als mit 5 Monaten oder später mit 12 Monaten (Asher et al., 2020). Für Hündinnen mit einer unsicheren Bindung galt dies noch ausgeprägter. Eine Halter-Befragung ergab außerdem ein Ansteigen von trennungsbedingten Problemen im Alter von 8 Monaten. Hunde zwischen einem und zwei Jahren zeigen im SST aber auch ein stärkeres Schutz-/Sicherheitsbedürfnis als reife erwachsene Hunde. Mit ihrem Verhalten demonstrieren diese pubertierenden Hunde genau den eingangs beschriebenen Konflikt zwischen Autonomie- und Sicherheitsbedürfnissen.

Heranwachsende Hunde brauchen, ähnlich wie Welpen, einen Halter, der ihnen in Situationen und Phasen der Unsicherheit, Schutz und Unterstützung bietet und gleichzeitig sein alterstypisches Bestreben nach Autonomie anerkennt, überflüssige Einschränkungen unterlässt und die nötige Geduld für das alterstypische Schwanken zwischen Größenwahn und Ängstlichkeit aufbringt. Das gilt insbesondere auch für die Begleitung des Spiels mit Artgenossen und für das Austesten des Halters im gemeinsamen Spiel.

SPIEL UNTER JUGENDLICHEN HUNDEN

Bei Ratten führt das Einsetzen der Pubertät, mit dem starken Ansteigen der Sexualhormone, zu einem starken Abfall der Spielaktivität (Varlinskaya et al., 2013). Feddersen-Petersen beobachtete in ihrer Pudelgruppe ebenfalls das aus der Praxis bekannte Ansteigen der agonistischen Interaktionen im Zusammenhang mit Spiel ungefähr ab dem 6. Monat (Feddersen-Petersen, 1991), was erst gegen Ende des ersten Lebensjahres wieder abnahm. Bei Wölfen passierte das erst nach dem 22./23. Monat. Die Pubertät bei Hunden gehört zu den am wenigsten erforschten Lebensabschnitten, das betrifft auch das Spielverhalten in diesem Zeitabschnitt (Serpell et al., 2017). Zu den Wissenschaftlerinnen, die Spiel auch in diesem Lebensabschnitt untersuchten, gehören Ward, Bauer & Smuts. In einer Studie (2008) untersuchten sie die Entwicklung von Sozialspiel und Beziehungen bei Welpen/Junghunden von vier Würfen (Australian Shepherd-Mix, Dobermann-Pinscher, Labrador, Malamute) im Alter zwischen 3 und 40 Wochen. Leider wurde ein Teil der Welpen bereits mit 21 Wochen frühkastriert. Es ist davon auszugehen, dass dies ihr Verhalten in der Pubertät, die bei intakten Hunden unter dem Einfluss der Sexualhormone steht, natürlich beeinflusst hat. Die Jungrüden initiierten in der Pubertät mehr Spiel mit anderen Rüden, was als eine Art Kräftemessen (auch im Zusammenhang mit Dominanzbestrebungen) interpretiert wurde. Dafür spricht auch eine positive Korrelation zwischen Spielinitiativen und offensivem Verhalten, die in der dritten Zeitspanne signifikant war. Die Dauer der Spielbegegnungen nahm in der Pubertät insgesamt ab. Spiele zwischen Rüden waren noch kürzer als Hündin-Rüden-Spiele, was im Zusammenhang mit Kräftemessen als Deeskalationsstrategie interpretiert werden kann

RESOURCE HOLDING POTENTIAL UND FITNESS

Der Begriff RHP ist in der Verhaltensökologie so weit verbreitet, dass man um ihn fast nicht mehr herumkommt. Umso mehr, weil es eigentlich keine gute und umfassende deutsche Übersetzung dafür gibt. Zum RHP gehört eben ganz viel, was insgesamt die Attraktivität, die Verteidigungsbereitschaft, die Revierqualität, aber z. B. auch kognitive Fähigkeiten, Herrschaftswissen und andere Informationen des betreffenden Individuums beinhaltet. Das RHP entscheidet, wer bei einer Auseinandersetzung mit höherer Wahrscheinlichkeit gewinnen wird, das RHP macht aber auch die Attraktivität sowohl in der Partnerwahl als auch in der nicht sexuellen Beziehungsbildung aus. Resource Holding Power wäre dann auch das, was man sich zumindest ausschnittsweise im Fitnessstudio holen kann, wenn man hinterher entweder besser aussieht oder durch eine kräftigere Bemuskelung möglicherweise auch durchsetzungsstärker ist. Fitness aber im evolutionsgenetischen und verhaltensökologischen Zusammenhang ist etwas anderes.

Fitness im evolutionsbiologischen Sinn

Unter Fitness versteht man in der Evolutionsbiologie den Anteil des eigenen Erbguts am Erbgut der nächsten Generation. Der Fitteste ist also nicht derjenige, der mit den kräftigsten Muskeln herumstrotzt, sondern derjenige, der sich am erfolgreichsten fortpflanzt. Deshalb ist auch die Darwinsche Aussage vom „Survival of the fittest", dem Überleben des Fittesten, erstens nicht auf Individuen, sondern eigentlich auf Merkmale gemünzt und zum Zweiten auch ein Begriff, der sich erst über die Generationenabfolge hinweg darstellen lässt. Dasjenige Merkmal, das seinem Merkmalsträger die größten Fortpflanzungschancen und die überlebensfähigsten und damit auch wieder fortpflanzungsfähigsten Nachkommen verschafft, ist das fitteste Merkmal, und im Laufe der Selektionsprozesse wird sich dieses Merkmal dann von einer Generation zur anderen immer stärker im Erbgut der nachfolgenden Generationen wiederfinden. Dadurch ist das Überleben dieses erblichen Merkmals über viele Generationen nicht nur gesichert, sondern auch der Anteil an den zukünftigen Generationen verstärkt sich. Merkmale, die ihrem Merkmalsträger Nachteile verschaffen, werden aber im Laufe der Zeit von Generation zu Generation immer weniger verbreitet und sterben schließlich aus.

Handicap-Prinzip

In evolutionsbiologischen Betrachtungen wird dann bisweilen die sexuelle Selektion als ein Sonderfall der natürlichen Selektion angesehen. Einerseits deshalb, weil sich dort auch Merkmale durchsetzen können, die dem Merkmalsträger selbst eher Nachteile verschaffen würden, andererseits, weil die Vorlieben der Paarungspartner nicht unbedingt denen entsprechen, die auch die ökologische Umgebung erfordern würde. Ein besonders deutliches Geschehen betrifft dabei das sogenannte Handicap-Prinzip, das der israelische Verhaltensökologe Amotz Zahavi als erster umschrieben hat: Nach dieser Überlegung ist ein Merkmal, das dem Merkmalsträger eigentlich einen Überlebensnachteil bereiten würde, in der sexuellen Selektion besonders gefragt, wenn man daran die besonders starke Widerstandskraft des Merkmalsträgers erkennen kann.

Das Prachtgefieder eines Paradiesvogels oder eines anderen, besonders heftig gefärbten Vogels wird geradezu eine Einladung für die Fressfeinde darstellen, sich diesen zum Abendessen abzupflücken. Lebt aber ein balzender Paradiesvogel trotzdem noch, dann zeigt er damit seinen potenziellen Paarungspartnerinnen, welch toller Hecht er ist.

Das besonders große, kräftige und symmetrisch aufgebaute Geweih eines kapitalen Rothirschs ist ein deutlicher Handicap-Faktor, weil es nicht nur bei der Bildung sehr viel Mineralien und andere Wachstumssubstanzen benötigt, sondern auch nur mit einer besonders kräftigen und starken Nacken- und Schultermuskulatur aufrecht getragen werden kann. Wer also mit einem kräftigen Geweih herumläuft, muss ein ganz besonders kräftiger Kerl mit einem hohen RHP sein. Und hier schließt sich der Kreis zu unserem Spielverhalten: Gerade besonders ausgeklügelte, abwechslungsreiche, aktionsreiche und körperlich anstrengende Spielverhaltensmuster könnten z. B. in der Balz, oder auch in der Beziehungsbildung allgemein, ein Ausdruck des RHPs des betreffenden Individuums sein. Anstatt also beispielsweise in einer Beziehungsbildung, wie dies vielfach bei Affen, Kängurus, Pferden und anderen Säugetieren gezeigt wird, durch eine ernsthafte Aggressionsphase hindurchzugehen, die ja auch Verletzungsrisiken birgt, zeigt man durch besonders abwechslungsreiches, differenziertes und aktionsgeladenes Spielen das RHP an und preist sich damit als zukünftiger Beziehungs- oder Paarungspartner an.

Wer so bunt und auffällig balzt, muss sehr geschickt in Feindvermeidung sein.

Bei Hundeartigen, weil langzeitmonogam, wirkt die sexuelle Selektion auf beide Geschlechter merkmalsangleichend.

AUS DER FORSCHUNG

SEXUELLE SELEKTION UND SEXUALITÄT

Der Begriff der sexuellen Selektion wurde bereits von Charles Darwin eingeführt, als er erkannte, dass bisweilen bei manchen Tierarten das männliche und das weibliche Geschlecht sich nicht nur im Aussehen, sondern auch im Verhalten deutlich voneinander unterschieden. Darwin hat sogar festgestellt, dass bei vielen Tierarten das männliche und weibliche Geschlecht fast so aussähen, als ob sie zwei verschiedenen Arten angehörten.

Der Hintergrund dieser oftmals als sexuelle Selektion speziell untersuchten Erscheinungen liegt schon in der Zellbiologie: Eine weibliche Eizelle ist definitionsgemäß größer, beinhaltet mehr Nährstoffe und ist daher in ihrer Herstellung schwieriger und auch wertvoller als die kleinen, schnell beweglichen männlichen Samenzellen. Bereits aus diesem Ungleichgewicht der beiden Geschlechtszellen ergibt sich ein Interessenkonflikt zwischen den beiden Geschlechtern:

Männliche Tiere können in der Regel sehr viele, billig produzierte Samenzellen ins Rennen schicken und sind daher viel weniger wählerisch in der Bevorzugung potenzieller Paarungspartnerinnen. Weibliche Tiere dagegen, die eben schon in der Produktion der Eizellen sehr viel mehr Nährstoffe, Hormone, Energie und andere Aufwendungen benötigen, sollten sich viel mehr darum kümmern, diese an den bestmöglichen Paarungspartner zu vermitteln. Bei denjenigen Tierarten, bei denen sich das weibliche Geschlecht dann auch noch speziell um die Aufzucht der Jungen kümmert, wird die Ungleichverteilung des Aufwands in der Fortpflanzung noch stärker. Eine Konsequenz daraus ist ein unterschiedliches Werbeverhalten und aus dem unterschiedlichen Werbeverhalten entstehen oftmals vollkommen unterschiedliche gestaltliche, Färbungs- oder andere Muster der beiden Geschlechter.

Gleichheit bei Hundeartigen

Hier sind die Hundeartigen, bei denen die gemeinsame Aufzucht der Jungtiere zum gemeinsamen Merkmal der zoologischen Familie *Canidae* gehört, etwas anders. Gerade im Aussehen sind Rüden und Hündinnen verschiedener Arten durchaus gleich bis ähnlich, eine leichte Gewichtsdifferenz, ein leichter Unterschied in der Robustizität des Skeletts und des Schädels sowie in der Bemuskelung ist wesentlich weniger, als wir das von vielen anderen Tierarten kennen. Auch im Bereich der Partnerwahl sind dementsprechend etwas andere Strategien zu erwarten. Männliche und weibliche Hundeartige, die sich gemeinsam um den Nachwuchs kümmern, investieren durchaus auch beide in den Nachwuchs, wenngleich durch Säugen und Trächtigkeit immer noch die weibliche Seite einen höheren Aufwand zu tragen hat. Trotzdem ist die Bevorzugung von erfahreneren, älteren oder bereits mehrfach geboren habenden weiblichen Tieren nicht nur bei Wildkaniden, sondern auch durchaus bei Straßenhundpopulationen immer wieder beschrieben worden (siehe Kitchenham et al., 2020). Sexuelle Selektion und Partnerwahl sind, wie gerade diese Beobachtungen an freilebenden Dorf-, Straßen- oder verwilderten Hunden zeigen, auch in der Vergangenheit unseres Haushundes noch sehr lange üblich gewesen. Die Untersuchungen beispielsweise am Erbgut der Haushunderassen von Parker et al. (2017) zeigen einen genetischen Flaschenhals in der Rassegeschichte unserer Haushunde vor ca. 150 Jahren. Dies geht zeitlich mit dem Beginn der Rassehundezucht einher, die dann auch irgendwann geschlossene Zuchtbücher, also in sich geschlossene Zuchtpopulationen bedeutet. Vorher konnten die mitteleuropäischen Haushunde sich auf dem Dorfplatz weitgehend selbstbestimmt vergnügen, wenn sie nicht gerade für ihren Job speziell vom Menschen in Anspruch genommen wurden. Paarung und Partnerwahl aber waren für sie immer noch eine selbstbestimmte Aktivität, meist wurden die geeignetsten unter den Welpen bzw. Junghunden dann erst später aufgrund ihrer individuellen Eigenschaften vom Menschen ausgewählt. Das nennt man postkopulatorische Selektion und dieser Prozess hat auf die Verteilung des Erbguts und auf die Selektionsprozesse wesentlich weniger Einfluss als die später im Bereich der Rassezucht betriebene gezielte Anpaarung von besonders wünschenswerten Individuen. Die Auswirkungen dieser künstlichen Selektion sind leider auf vielen Hundeausstellungen zu bestaunen, hier sind oftmals Selektionsprozesse im Gange, die mit einer biologisch sinnvollen Zuchtauswahl nichts mehr zu tun haben. Aber das wäre ein anderes Thema, Näheres dazu siehe beispielsweise Sommerfeld-Stur, 2016.

Rüde Joe flirtet mit der unsicher wirkenden Collie-Mischlingshündin Bailey.

QUALITÄT VON WERBUNGSSPIEL

Im Werbungsspiel signalisieren weibliche Tiere ihre Jugend und Fruchtbarkeit und männliche Tiere, dass sie nicht aggressiv reagieren und damit ungefährlich für den zukünftigen Nachwuchs sind. Ein verspielter Rüde wird weniger aggressiv mit den späteren Welpen umgehen und ein Rüde, der sich gegen die für das Werbungsspiel typischen spielerischen Angriffe der Hündin kompetent und gelassen zur Wehr setzt, kann auch Hündin und Welpen bei zukünftigen Gefahren vermutlich gut verteidigen.

Diese reagiert ambivalent auf seine Annäherungsversuche.

Zudem zeigt er eventuell, dass er später den Jungtieren spielerisch etwas beibringen kann und dazu auch motiviert ist. Bei Wölfen, die monogam leben und gegenseitige Abhängigkeiten eingehen, ist ein intensives Flirten und Werben zu beobachten (Packard, 2003; Zimen, 1982). Eine Straßenhündin, die ihre Welpen allein großzieht, muss die Qualität des Rüden im Werbungsspiel dagegen nicht so intensiv testen, weil er als Jäger/Versorger/Beschützer und Vater keine so entscheidende Rolle spielt. Jedoch zeigen Erfahrungsberichte vieler Hundezüchter/innen, dass Spielverhalten durchaus auch im Vorfeld der Paarung bei Rassehunden stattfindet, wenn man ihnen dazu Zeit und Gelegenheit gibt.

Der Zusammenhang zwischen Fortpflanzungs- und Spielverhalten von Hunden ist in mehrfacher Hinsicht interessant:

1. Bruchstücke des Fortpflanzungsverhaltens sind auch Bestandteil des allgemeinen Sozialspiels von Hunden.
2. Spielerisch sexuell motiviertes Umwerben ist Bestandteil des Fortpflanzungsverhaltens aller Kaniden.
3. Spielerisches Flirten wird von einigen Hunden regelmäßig auch außerhalb der Paarungszeit gezeigt.

AUS DER FORSCHUNG

SPIELTHEORIE

Eine völlig andere Verwendung des Begriffs „Spiel" findet sich in der verhaltensökologischen und evolutionsbiologisch orientierten Verhaltensforschung unter dem Begriff der „Spieltheorie". Hier handelt es sich um ein aus der Wirtschaftsmathematik stammendes Erklärungsmodell, das die Teilnehmer einer sozialen Interaktion wie Spieler bei einem Kartenspiel oder einem anderen Strategiespiel betrachtet. Jeder Mitspieler muss die eigenen Entscheidungen von den gerade vorangegangenen Handlungen des Gegners abhängig machen und sollte möglichst auch vorausschauend dessen mögliche nächste Züge bereits berücksichtigen. So können unterschiedliche Vorgehensweisen gefunden werden und am Ende sollte einer von beiden gewinnen.

Die evolutionäre Spieltheorie wurde zunächst in die Betrachtung von kämpferischen und anderen aggressiven Auseinandersetzungen unter Tieren eingebracht, kurze Zeit später dann auch in die Betrachtung des Balzverhaltens. Letztlich kommt es ja auch beim Balzverhalten darauf an, möglichst die eigenen Interessen durchzusetzen und gegebenenfalls auch den/die potenzielle(n) Paarungspartner/in etwas aus der Reserve zu locken und ihm vielleicht sogar mal eine Fehlinformation unterzujubeln.

Im Zusammenhang mit dem Spielverhalten ist die Spieltheorie durchaus, auch wenn es begrifflich schwierig wird, nicht ganz unbedeutend. So sind beispielsweise Individuen, die offensichtlich betrügen, lügen oder unfair spielen auch unter der Betrachtung der evolutionären Spieltheorie durchaus im Nachteil. Wer einmal lügt, dem glaubt man nicht und wer ständig unfair spielt, indem er beispielsweise ein Spielsignal benutzt, um dann hinterrücks dem anderen eine ernsthafte Verletzung beizubringen, der wird sehr schnell aus dem späteren gemeinsamen Sozialsystem ausgeschlossen. Das hat Marc Bekoff bei seinen verschiedenen Kanidenarten deutlich gezeigt.

Abschreckungsprinzip

Die Betrachtung der individuellen Selektion dagegen ist auch in diesem Zusammenhang ein wichtiger Schutzmechanismus gegen allzu romantisch-idealistische Betrachtungen. Nicht, weil man den anderen nicht beschädigen möchte, hält man sich zurück, sondern weil man fürchtet oder fürchten muss, dass der andere es einem mit gleicher Münze zurückzahlt. Was du nicht willst, das man dir tut... ist also gerade in der Betrachtung der evolutionsbiologischen Aspekte von kämpferischen Auseinandersetzungen, Balzverhalten und auch sozialem Spielen eine gute Maxime. Und im Ernstkampf wird dann auch eine Verhaltensstrategie eingesetzt, die die Älteren von uns noch aus der Politik des kalten Krieges kennen, nämlich das Abschreckungsprinzip. Wenn man befürchten muss, bei einem falschen oder unnötig eskalierten Verhalten vom anderen zu Brei geschlagen zu werden, wird man sich auch dann selbst zurückhalten, wenn man eine Stinkwut hat. Oder man sollte es zumindest.

Und dass man das kann, ist wiederum eine Folge der Exekutivfunktionen, und damit werden die evolutionsbiologischen Betrachtungen wieder auf die neurobiologische Ebene zum Verständnis und zur Umsetzung übertragen.

FORTPFLANZUNGSVERHALTEN

Trotz der Vielfältigkeit ihrer Morphologie und Ökologie zeigt das Fortpflanzungsverhalten von Kaniden viele Übereinstimmungen (Eisfeld, 1966; Kleiman, 1967, 1968; Lord et al., 2013). Wölfe, die Cousins des Haushundes (Bräuer & Kaminski, 2020), sind von allen Kaniden die engsten lebenden Verwandten des Haushundes und Hunde zeigen noch immer einen großen Teil ihres Verhaltensrepertoires, inklusive des Fortpflanzungsverhaltens. Nach Zimen (1982) zeigen Hunde (Pudel) im Vergleich zu Wölfen, beide in Gefangenschaft lebend beobachtet, frühreifes und übersteigertes Sexualverhalten, Unterschiede bei Intensität und Dauer der Ranzzeit und der Selektion des Sexualpartners. Aber *„rein von der Form der gezeigten Verhaltensweisen lassen sich dagegen beim Pudel keine Veränderungen erkennen"* (Zimen, 1988).

PROMISKUITIV ODER MONOGAM

Wölfe pflanzen sich in der Regel erst mit zwei Jahren fort, oft auch nur die ranghöchsten Tiere (die Eltern). Jedoch sind gemischte Vaterschaften genetisch sehr häufig auch in Freilanddaten nachweisbar und unter guten Bedingungen können auch zwei oder sogar drei Fähen erfolgreich Nachwuchs aufziehen (Sillero-Zubiri, 2006, auch für andere Kanidenarten). Besonders oft scheint dies in den größeren Gruppen des Asiatischen Rothundes vorzukommen (W. Ludwig, 2006; Maisch, 2006). Wolfsfähen kommen nur einmal im Jahr und in Abhängigkeit von der Jahreszeit in den Östrus, männliche Wölfe sind nur in dieser Phase zeugungsfähig. Hunde sind i. d. R. promiskuitiv, d. h., Hündin und Rüde paaren sich mit mehr als einem Sexualpartner, wenn sie die Gelegenheit dazu haben. Sie kommen früher in die Pubertät und sind damit früher geschlechtsreif. Hündinnen kommen ganzjährig durchschnittlich alle 7 bis 8 Monate (mit großen Variationen) in die Hitze, auch wenn es Tendenzen für die Zeit von Februar bis Mai gibt (Spotte, 2012). Die Welpen kommen ganzjährig zur Welt (Lord et al., 2013). Ausnahmen sind Basenjis und Dingos mit nur einem Östrus im Jahr. Haushund-Rüden sind das ganze Jahr zeugungsfähig und -willig. Jedoch zeigen Hormonkonzentrationen und Hodengröße durchaus monatliche Schwankungen: Im zweiten Quartal des Jahres liegen die Werte deutlich niedriger als im Rest (Haase, 2000). Dies ist bemerkenswerterweise die Zeit, in der bei Wölfen und anderen Wildkaniden der Nordhalbkugel der Prolaktinspiegel ansteigt (Asa, 1997).

Kaniden leben i. d. R. monogam und bilden vielfach jahre- oder sogar lebenslange Bindungen (Grauwölfe, Äthiopische Wölfe,

Straßenhunde haben ein flexibles Sozialsystem …

Schakale, Kojoten, Dingos, auch kleine Arten wie Löffelhund, Kapfuchs etc. / Sillero-Zubiri, 2006; Macdonald, 2006, 2019). Beide Elterntiere versorgen die Welpen, unterstützt vom Nachwuchs der letzten Jahre. Diese Versorgung des Nachwuchses durch andere Individuen als die Eltern, wird als **alloparentales Verhalten** bezeichnet.

SOZIALSYSTEM VON STRASSENHUNDEN

Straßenhunde haben ein sehr viel flexibleres Sozialsystem, das sowohl Einzelgänger, monogame Paare, Familien als auch Gruppen nicht verwandter Hunde einschließt und stark vom Nahrungsangebot beeinflusst wird (Bonanni, 2020). Straßenhunde bilden auch Dominanzhierarchien aus, unterdrücken die Fortpflanzung statusniedriger Hunde jedoch weniger stark und pflanzen sich deshalb statusunabhängiger fort als Wölfe (Bonanni & Cafazzo, 2014; Bonanni et al., 2017; Bonnani, 2020; Lord et al., 2013; Spotte, 2012). Beide Geschlechter zeigen jedoch Tendenzen zur Bevorzugung erfahrener, statushoher Individuen. In der Regel versorgt nur die Hündin die Welpen. Es gibt allerdings Ausnahmen: Paarbindung, Welpenversorgung durch den Vater, alloparentales Verhalten wie das Stillen, Belecken, Säubern von oder Futterhervorwürgen für fremde Welpen wird sowohl von einigen Straßenhunden in Italien oder Indien als auch von Haushunden gezeigt (Choudhury, 2020; Feddersen-Petersen, 1994; Pal, 2005; Pal et al., 2021; Paul & Bhadra, 2016, 2018; Pongrácz, 2019). Studien der Gruppe um A. Bhadra (siehe Kitchenham, 2020; Gansloßer & Kitchenham, 2019) an indischen Straßenhunden zeigen aber beispielsweise auch

... und zeigen in der Regel kein alloparentales Verhalten wie Wölfe es tun.

Säugen durch Großmütter, selbst wenn diese keine Welpen hatten. Auch Haushunde sind in der Lage, neben formalen Dominanzbeziehungen, sehr differenzierte Beziehungen auszubilden, wie Freundschaften, egalitäre Beziehungen, agonistische Beziehungen oder Beziehungen, die auf gegenseitiger Ignoranz beruhen (Trisko, 2011; Trisko & Smuts, 2015). Es ist davon auszugehen, dass all diese mit der Fortpflanzung direkt oder indirekt verbundenen Faktoren auch die Art, Intensität und Häufigkeit des spielerischen Umwerbens beeinflussen, auch wenn dieser Einfluss bei Hunden noch nicht systematisch untersucht bzw. verglichen wurde.

SEXUALZYKLUS DER HÜNDIN

Der Sexualzyklus von Hündinnen (siehe Asa, 1997) variiert stark und dauert zwischen vier und 12 Monaten. Er besteht aus fünf Phasen, von denen hier insbesondere Proöstrus (Vorbrunstzeit) und Östrus (Standhitze) interessieren, weil in dieser Zeit das Spielverhalten zwischen Hündin und Rüde zunimmt und Besonderheiten zeigt (Christie & Bell, 1972).

PROÖSTRUS UND ÖSTRUS

Im **Proöstrus** wachsen die Follikel der Eizellen im Eierstock heran, der Östrogenspiegel steigt an, die Vulva vergrößert sich und die Hündin sondert einen blutigen Scheidenausfluss ab (Saleh & Shamkhi, 2018). Das Interesse der Hündin am Rüden wächst und umgekehrt. In dieser Phase toleriert die Hündin eventuell die Untersuchung der Genitalregion, wehrt aber das Aufreiten aggressiv durch Knurren, Schnappen oder sogar Beißen ab oder weicht ihm durch Setzen, Hinlegen oder Weggehen aus. Der **Östrus** (Standhitze) ist die fruchtbare Zeit, in der der Eisprung stattfindet und die Hündin unter dem Einfluss von Östrogen und Progesteron Paarungsversuche des Rüden toleriert (Beach & Merai, 1968; Concannon et al., 1977). Ende des Proöstrus und Anfang des Östrus hat das Spiel zwischen Hündin und Rüde seinen Höhepunkt, sinkt dann wieder ab und das Verhalten wird weniger verspielt und zielgerichteter (Asa, 1997; Christie & Bell, 1972).
Wenn eine Hündin im Östrus zur Kopulation bereit ist, positioniert sie sich in Imponierhaltung vor dem Rüden ihrer Wahl und biegt den Schwanz zur Seite (Präsentieren). Teilweise bewegt sie sich dabei rückwärts, sodass ihre Vulva die Schnauze des Rüden berührt, was häufig zur Kopulation führt. Für die Kopulation steigt der Rüde von hinten auf die Hündin auf, umklammert mit den Vorderpfoten unmittelbar hinter dem Hüftgelenk die Flanken der Hündin und führt Beckenstöße aus, wobei er mit dem Penis in die Vagina der Hündin eindringt. Nach dem Eindringen in die Vagina kommt es, durch eine starke Vergrößerung des Schwellkörpers (*Bulbus glandis*), zum 15 bis 30-minütigen „Hängen". Nach dem kompletten Eindringen steigt der Rüde vom Rücken der Hündin. Er hebt dann ein Vorderbein über ihren Rücken und dreht sich um. In dieser Position warten Rüde und Hündin, voneinander abgewandt, das Ende des Hängens ab. Anschließend säubern sie ihren Genitalbereich und zeigen freundlich-spielerisches Umeinanderlaufen.

Kopulationssequenz im Ernstkontext

Hündin: Präsentieren/Stehen mit zur Seite gebogenem Schwanz;
Rüde: Beschnüffeln/Belecken – Aufreiten – Klammern – Heranziehen – Friktionsbewegungen – Eindringen – Ejakulieren – Absteigen – Hängen.
Alle Elemente, mit Ausnahme der Endhandlung (Eindringen/Ejakulieren/Absteigen/ Hängen) tauchen bruchstückhaft im Sozialspiel von Welpen, jungen und erwachsenen Hunden, auch außerhalb der Paarungszeit, auf und werden von beiden Geschlechtern gezeigt.

SPIELVERHALTEN VON WILDKANIDEN WÄHREND DES REPRODUKTIONSZYKLUS

Das Auftreten von Spielverhalten ist sowohl alters- als auch zyklusabhängig. Während Jungtiere unabhängig von dem Reproduktionszyklus soziales Spielverhalten zeigen, das je nach Kanidenart unterschiedlich sein kann (Biben, 1983), hängt das Auftreten von sozialem Spielverhalten bei adulten Wildkaniden vom Reproduktionszyklus ab. Zu dieser Thematik erfolgten Beobachtungen an Hudson Bay Wölfen (*Canis lupus hudsonicus*) aus dem Zoo Osnabrück und an den Arktischen Wölfen (*Canis lupus arctos*) aus dem Zoo Schönbrunn in Wien. Dabei standen die Verhaltensweisen des adulten Alpha-Paares im Vordergrund. Das restliche Rudel bestand bei dem Arktischen Wolf aus einem adulten Männchen und bei dem Hudson Bay Wolf aus einem adulten Weibchen sowie drei Männchen.

Das Weibchen eines adulten Wolfspaares (*Canis lupus arctos* und *Canis lupus hudsonicus*) zeigte während des Prä-Proöstrus und Proöstrus soziales Spielverhalten. Während der anderen Reproduktionsphasen, vor allem innerhalb der Progesteron/Prolaktin-Phase und dem Anöstrus, ist kein Spielverhalten seitens des Männchens oder Weibchens zu beobachten. Die anderen Rudelmitglieder der beiden Wolfsunterarten zeigten soziales Spiel im Prä-Proöstrus. Das soziale Spiel während der anderen Reproduktionsphasen war zu selten, um einen Median (statistischer Wert) größer als 0 zu bilden.

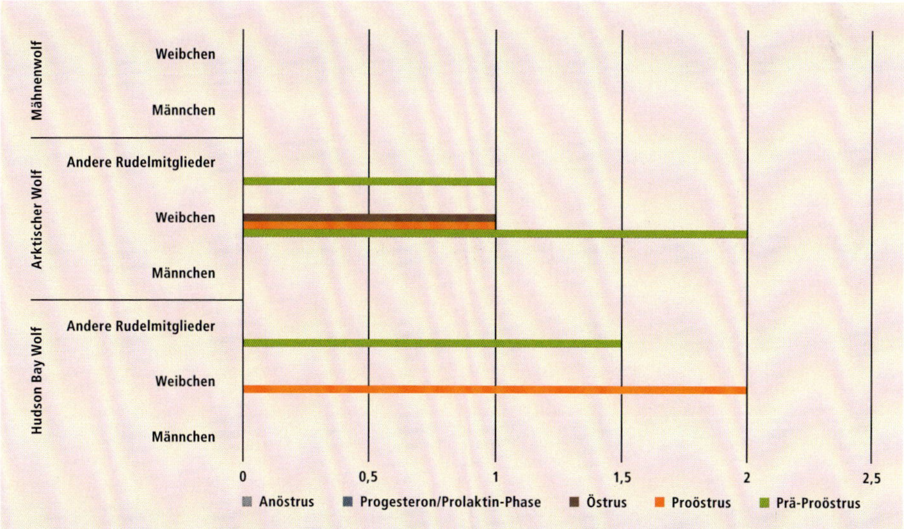

Spielverhalten von zwei Wolfsunterarten sowie dem Mähnenwolf während des Reproduktionszyklus. Dargestellt ist der Median der absoluten Häufigkeit des Spielverhaltens eines Wolfes pro Tag in einer Reproduktionsphase. Hudson Bay Wolf n (Individuen) = 6, Arktischer Wolf n (Individuen) = 3, Mähnenwolf n (Individuen) = 2

Flirtverhalten

In der Zeit vor dem eigentlichen Östrus weist das Weibchen laut Schenkel (1947) ein typisches Verhalten auf, welches das Tänzeln, das Streifen und Schmiegen am Körper des Männchens, das Scharren oder das Hinterteil in die Nähe seiner Nase bringen beinhaltet. Der Grund für dieses Flirtverhalten ist eine hormonelle Veränderung, die von einer erhöhten Konzentration an Gonadotropin gesteuert wird (Packard, 1989, zitiert in Packard, 2006). Die Häufigkeit dieses Werbeverhaltens ist jedoch stark Individuen-abhängig (Bernal & Packard, 1997, zitiert in Packard, 2006). Das Spielverhalten des Weibchens aus dem Prä-Proöstrus und Proöstrus gehört somit zu dem Werbeverhalten des Weibchens (Schenkel, 1947). Cordoni (2009) beobachtete bei einer Wolfskolonie im Zoo von Pistoia, dass das Spielverhalten bei Wölfen unabhängig vom Geschlecht abläuft, sowie dass häufiger soziales Spiel als solitäres Spiel gezeigt wurde. Die obigen Ergebnisse decken sich jedoch mit den Beobachtungen von anderen Autoren. Laut Zimen (1982) soll es im Herbst und Winter häufiger zu sozialen Interaktionen wie sozialem Spielverhalten zwischen Wölfen kommen als im Frühjahr. Cordoni (2009) beobachtete, dass während der Deckzeit spielerische Aktivitäten der Wölfe abnehmen. Das Spiel eines adulten Wolfes soll soziale Beziehungen aufrechterhalten und stärken sowie dazu dienen, sich mit potenziellen Fortpflanzungspartnern vertraut zu machen (Cordoni, 2009).

Abhängig von der Kanidenart

Des Weiteren ist das Spielverhalten von der Kanidenart abhängig. So wurde auch das Spielverhalten bei Mähnenwölfen (*Chrysocyon brachyurus*) und Waldhunden (*Speothos venaticus*) während des Reproduktionszyklus dokumentiert. Die Beobachtungen des Mähnenwolfs erfolgten an einem adulten Paar aus dem Zoo Osnabrück, während die Daten des Waldhundes von

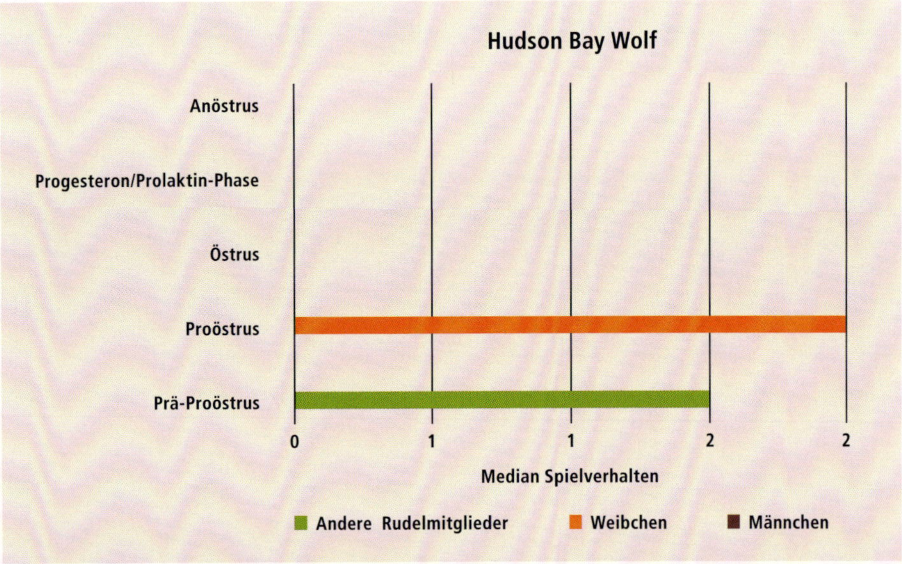

Spielverhalten des Hudson Bay Wolfes während des Reproduktionszyklus. Dargestellt ist der Median der absoluten Häufigkeit des Spielverhaltens eines Wolfes pro Tag in einer Reproduktionsphase. Hudson Bay Wolf n (Individuen) = 6, n (Datenmenge)= 188

drei adulten Individuen, einem Männchen und zwei Weibchen, aus dem Landauer Zoo stammen.

Bei adulten Waldhunden konnte während des Anöstrus kein Spielverhalten beobachtet werden. Laut Macdonald (1996) zeigen adulte Waldhunde soziales Spielverhalten überwiegend gegenüber Jungtieren. Im Verhalten der Jungtiere zeigt sich bereits, dass das Verhalten von Waldhunden während Interaktionen nicht so komplex und vielfältig ist wie beispielsweise bei sozialeren Kanidenarten (Biben, 1983). Während des Reproduktionszyklus konnten keine weiteren spielrelevanten Daten des Waldhundes erhoben werden. Der Waldhund hat entgegen der anderen vorgestellten Kanidenarten mehr als einen Östrus im Jahr (Beisiegel & Zuercher, 2005).

Adulte Mähnenwölfe zeigen während des gesamten Reproduktionszyklus (Anöstrus, Proöstrus, Östrus sowie Progesteron/Prolaktin-Phase) kein soziales Spielverhalten. Bei Mähnenwölfen muss jedoch bedacht werden, dass es sich bei dieser Tierart um Einzelgänger handelt. Das Männchen teilt sich sein Territorium mit einem Weibchen, mit dem es eine monogame Partnerschaft eingeht. Außerhalb der Paarungszeit treffen die Tiere jedoch eher selten aufeinander (Dietz, 1984; Emmons, 2012). Die Interaktionssequenzen der Jungtiere des Mähnenwolfs zeigen Spielverhalten, das durch heftiges Ringen und häufiges Wechseln zwischen den Verhaltenskategorien charakterisiert ist. Es ähnelt eher dem juvenilen Spielverhalten, das für Wolfsarten beschrieben wird (Biben, 1983).

Autorin: **Britta Schnappat** ist Bachelor und Master in Biologie und Zoologie. Sie hat 2017 neun Monate am Max-Planck-Institut für evolutionäre Anthropologie in der Abteilung für Vergleichende und Entwicklungspsychologie gearbeitet. Außerdem leitet sie seit 2017 das Paarbindungsprojekt in der Mammalia AG von PD Dr. Udo Gansloßer. Dieses Projekt steht auch im Zusammenhang mit Erhaltungszuchtmaßnahmen.

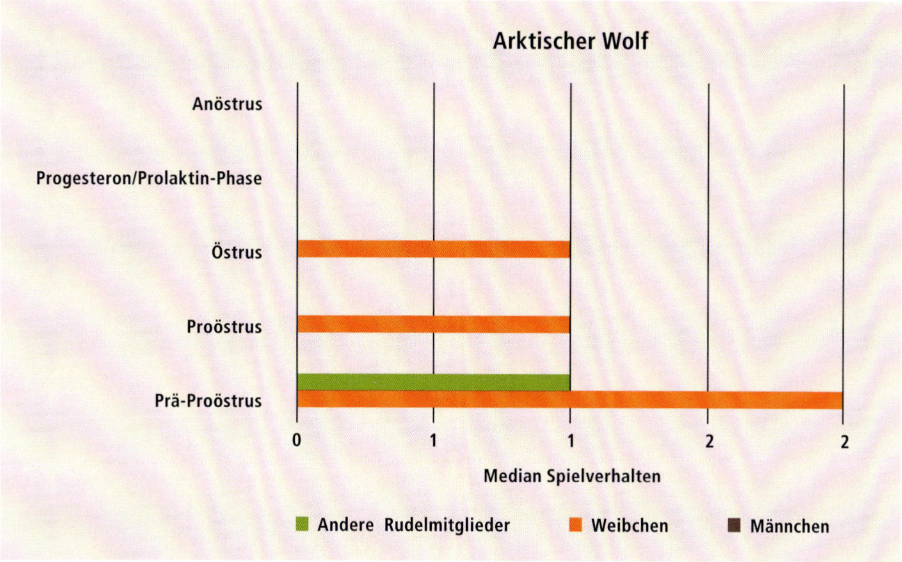

Spielverhalten des Arktisches Wolfes während des Reproduktionszyklus. Dargestellt ist der Median der absoluten Häufigkeit des Spielverhaltens eines Wolfes pro Tag in einer Reproduktionsphase. Arktischer Wolf n (Individuen)= 3, n (Datenmenge)= 139

Das Beriechen und Belecken des Gesichtes …

PSEUDO-SEXUELLES SPIEL BEI WELPEN

Zu den Verhaltenskategorien, die im Spiel simuliert werden, gehört auch das Sexualverhalten, lange bevor die ausführenden Welpen sexuelle Reife erlangt haben. Schon im Spiel von 3 bis 6 Wochen alten Haushundwelpen tauchen Bruchstücke des Sexualverhaltens auf, wie z. B. das Aufsteigen und Aufreiten auf den Spielpartner (Scott & Fuller, 1965). Dieses Verhalten wird von beiden Geschlechtern gezeigt, von männlichen Welpen allerdings häufiger (Bekoff, 1974). Hunde und andere Kaniden zeigen im Sozialspiel weitere Elemente frühreifen spielerischen Sexualverhaltens wie das Pfoten- und Kopfauflegen auf den hinteren Rücken, das Belecken der Genitalien des Spielpartners, genickorientiertes Beißen, Umklammern und Beckenstöße, diese insbesondere, wenn der Partner nach dem Aufsteigen passiv bleibt.

Pal (2010) beobachtete diese Spielform bei den Welpen indischer Straßenhunde und kategorisierte es als Spiel-Aufreiten (Mounting), wenn Beckenstöße fehlten und als pseudo-sexuelles Spiel (Belecken, Aufreiten von hinten, Umklammern und Beckenstöße). Das spielerische Aufreiten begann bei diesen Welpen Ende der 4. Lebenswoche, hatte den Höhepunkt in der 9. Lebenswoche und einen Anteil am Gesamtspiel von 15 %. Das pseudo-sexuelle Spiel bgann in der 6. Lebenswoche, hatte den Höhepunkt ebenfalls in der 9. Lebenswoche und einen Anteil von 5 % am Gesamtspiel. Diese „frühreifen", d.h. vor Erlangung der sexuellen Reife gezeigten, bruchstückhaften Verhaltenselemente können, aber müssen bei Junghunden keine sexuelle Bedeutung haben. Aufreiten als normaler Bestandteil von Spiel scheint für männliche Welpen und Junghunde jedoch eine notwendige Erfahrung zu sein. Welpen, die isoliert aufwachsen, denen also diese Erfahrung fehlt, zeigen später kein adäquates Sexualverhalten (Beaver, 2009). Im Gegensatz zu normal aufwachsenden Welpen startet ihr Aufreiten häufiger von der falschen Position aus, also von der Seite oder von vorne (Beach, 1967; Fox & Bekoff, 1975). Auch männliche Ratten, die häufig an Spielkämpfen beteiligt waren, sind besser in der Lage, sich bei der Paarung an die Bewegungen der weiblichen Ratten anzupassen (Pellis & Pellis, 2009). Bei den isoliert aufgewachsenen Rüden erschwerte zusätzlich die allgemeine soziale Deprivation die Interaktion mit den Hündinnen, denen gegenüber einige Furcht, andere Desinteresse zeigten.

... stammt aus dem parentalen Verhalten und ist Bestandteil des Werbungsspiels beider Geschlechter.

WERBUNGSSPIEL

Bei erwachsenen Kaniden nimmt soziales Spiel, als Bestandteil des Werbeverhaltens, mit dem gegenseitigen Interesse im Proöstrus zu, besonders wenn sich die Hündin der fruchtbaren Phase nähert und nimmt dann zugunsten direkterer Sexualverhaltensweisen ab, wie Präsentieren, Aufreiten, Kopulieren (Christie & Bell, 1972). Sowohl sexuell motiviertes Verhalten und besonders Spiel sind sehr variabel und damit auch das Werbungsspiel. Das spielerische Werbeverhalten umfasst, was Form, Dauer, Intensität und Hartnäckigkeit angeht, alle Varianten vom völligen Verzicht bis zu ausgedehnten Werbephasen. In welcher Form Werbungsspiel gezeigt wird, unterliegt nicht nur dem direkten Einfluss der Sexualhormone, sondern wird von vielen weiteren Faktoren wie z. B. Status, Vertrautheit, Alter/Erfahrung, Anwesenheit von Artgenossen/Konkurrenten, Anwesenheit von Menschen und natürlich davon beeinflusst, ob der Hund überhaupt eine Wahl hat und das sexuelle Interesse ein- oder wechselseitig ist. Werbungsspiel umfasst neben bindungsanzeigenden Verhaltensweisen wie Schnauzenzärtlichkeiten (Anstupsen und Belecken der Mundwinkel, zärtliches Erfassen der Schnauze mit dem Kiefer, Schnauze und Kopf in das geöffnete Maul des Partners stecken) und anderer liebevoller Körperkontakte wie Reiben, Stupsen, Fellbohren, Beschnüffeln, Belecken besonders von Gesicht, Ohren, Genitalien, Parallellaufen, viele Spielverbeugungen, mit denen zu Verfolgungs- und Raufspielen eingeladen wird (Christie & Bell, 1972; Feddersen-Petersen, 1994; Kustritz, 2005).
Raufspiele werden von der Hündin ausgehend besonders in Form von „Teasing" (Necken, spielerisches Triezen) initiiert und beinhalten Um-, An- und Über-den-Rücken-Springen, Sich-Hinwerfen, Queraufreiten, Hinterteilrempeln, Drängeln. Dieses Verhalten wird immer wieder von Spielbewegungen wie Tänzeln, Hüpfen und Springen unterbrochen (Feddersen-Petersen, 1994).

Bei vielen Tieren enthält das Werbeverhalten Elemente aus dem Brutpflegeverhalten (Füttern, Betteln) und der Unterordnung. Das trifft auch auf das Werbungsspiel von Kaniden zu. Einige Elemente sind vom infantilen Verhalten/Submission abgeleitet, wie das Hinwerfen vor dem Partner, das Anstoßen der Mundwinkel oder kindlich anmutende Vokalisation (z. B. Fiepen, Winseln). In der Vorranz winselt die Hündin während des spielerischen Aufforderns des Rüden, später ist es umgekehrt (Zimen, 1982). Werbeverhalten enthält auch Elemente, die von parentalen Verhaltensweisen abgeleitet sind, wie das Belecken der Ohren, des Gesichtes und der Anogenitalregion des Partners. Daneben enthält es spielerische Varianten dominanzanzeigenden Verhaltens, wie das Kopf- oder Pfotenauflegen oder das häufig gezeigte Posieren in einer entspannten positiv getönten Imponierhaltung vor dem Partner (Abrantes, 2004; Feddersen-Petersen, 1994; Ludwig, 1965; Schenkel, 1947).

VERHALTEN IM PROÖSTRUS

Der Proöstrus ist bei Kaniden durch eine Aktivitätssteigerung, inklusive vermehrtem Markieren beider Geschlechter, sinkender Aggression, steigender Toleranz (Dale et al., 2017) und Zunahme der Interaktionen zwischen den Geschlechtern gekennzeichnet. Es ist auch die Zeit, in der die Aggression aufgrund von Spannungen zwischen Sexualkonkurrenten zunimmt und Spiel in der Gruppe insgesamt abnimmt (Clipponeri & Verrnell, 2003; Cordoni, 2009), während bindungsanzeigendes Verhalten, Werbung, Spiel und die Verhaltenssynchronisation zwischen Leitrüde und -fähe zunimmt (Packard, 2003). Der Proöstrus dauert mit 16 bis 45 Tagen bei der Wölfin (Spotte, 2012) deutlich länger als bei der Hündin mit 3 bis 17, typischerweise um die 9 Tage (Saleh & Shamkhi, 2018). Bei Wölfen können die Feldforscher schon zwei Monate vor der fruchtbaren Phase Veränderungen im Verhalten erkennen. Rüde und Fähe, die ein Paar bilden (wollen), suchen die gegenseitige

Der Urin von Jamie, die hier mit erhobenem Bein markiert, ist für Rüden rund um die Hitze sehr interessant.

Nähe, folgen einander mit wenig Abstand, liegen und schlafen auch nahe beieinander (Packard, 2003). Die Paarbindung wird durch bereits beschriebene gegenseitige Schnauzenzärtlichkeiten, Parallellaufen, Folgen, Spiel mit viel Körperkontakt, übereinander oder parallelem Markieren und allgemeiner Verhaltenssynchronisation sichtbar (Derix, 1995, 1993; Okarma & Langwald, 2002; Packard, 2018; Schenkel, 1947). Insbesondere das neben- und übereinander Markieren scheint bei der Paarbildung eine wichtige Rolle zu spielen. Nach Feddersen-Petersen (1994) sieht man Rüden und Hündinnen, die von Züchtern nur zum Zwecke der Paarung zusammengeführt werden, und denen keine Zeit gegeben wird, paarbildende Verhaltensweisen auszuführen, getrennt markieren. Häufiges Gegen- und Synchronmarkieren ist bei vielen Hundeartigen offenbar auch eine Art Demonstration der Paarbindungsqualität (Gansloßer & Kitchenham, 2012; Jordan et al., 2014; Llaneza et al., 2014).

Initiative seitens der Hündin

Eine Hündin im Proöstrus wird aktiver, unruhiger und bewegungsfreudiger (Christie & Bell, 1972; Spotte, 2012). Sie sucht und folgt dem Rüden, zeigt zunehmendes Interesse an seinem Urin und vokalisiert, exploriert, uriniert und markiert häufiger (Beaver, 2009; Gosh et al., 1984/85). Einander zugewandte Hundepaare zeigen ähnliches Verhalten wie Wölfe mit viel Parallellaufen, Parallel- oder Übermarkieren und Kontaktliegen. Der Rüde sucht die Nähe der Hündin und zeigt viele Aktivitäten in ihrer Nähe. Er beschnuppert und beleckt Ohren, Nase, Nacken, Flanken und vor allem die Genitalregion der Hündin, wenn sie dies zulässt (Beaver, 2009; Feldman et al., 2004).
Bei den von Eisfeld (1966) beobachteten Kaniden (Wolf, Kojote, Goldschakal, Eisfuchs) und den von Clipponeri & Verrell (2003) beobachteten Wölfen waren es in der Vorranzzeit die Fähen, die den überwiegenden Teil der soziopositiven Interaktionen/ Spiel einleiteten. Während des Proöstrus ist

Joe in spielerischer Imponierhaltung: Wechselseitiges Imponieren gehört zum Werbungsspiel.

Gefällt einer Hündin ein Rüde, testet sie im rauen Spiel, ob er als potenzieller Vater infrage kommt.

die Hündin der aktivere Teil, die den Rüden mit Spielverbeugung, Hopsen/Hüpfen und Kreiseln zur Interaktion, Verfolgen und sonstigem Spiel auffordert.
Ihr Verhalten besteht aus einer Mischung aus Locken und spielerischer Abwehr. Sie lockt den Rüden z. B. mit spielerischen, schnellen Bewegungen, Kreiseln, Trampeln und Weglaufen (Beach et al., 1982; Evans & Cole, 1931; Kustritz, 2005).
Im Rennspiel stoppt sie dann plötzlich, hockt sich mit angespannten Gliedmaßen und fokussierten Gesichtsausdruck hin und bellt auffordernd Richtung Rüde. Ist sie erfolgreich und er folgt ihr, läuft sie weiter und das Spiel beginnt von vorn (Le Boeuf, 1967; Saleh & Shamkhi, 2018). Sie akzeptiert in dieser Phase eventuell Genitaluntersuchen, -belecken, aber Aufreitversuche oder Versuche, Pfoten oder Kopf auf ihren Rücken zu legen noch nicht. Zu Beginn des Proöstrus überwiegen die Kopf-zu-Kopf-Kontaktformen wie Schnauzenzärtlichkeiten, Beschnuppern, Mundwinkellecken, Kopfreiben, Schnauzenstoßen und zärtliches Umgreifen der Schnauze. Mit dem Ende des Proöstrus und dem beginnenden Östrus fokussiert sich das Interesse und Verhalten des Rüden immer mehr Richtung Genitalregion der Hündin und die Schnauzen-Genital-Kontakte (Beschnuppern, Belecken) nehmen zu (Lemmer, 1971; Schenkel, 1947).

VERHALTEN IM ÖSTRUS

Im Östrus (Standhitze) steigt das Interesse des Rüden an der Hündin und der Anteil von Werbe-/Sexualverhalten am Gesamtverhalten steigt stark an (Eisfeld, 1966). Rüden reagieren u.a. aufgrund der enthaltenen Duftstoffe sehr stark auf den Geruch bzw. Urin einer Hündin, die im Östrus ist (Woszczylo et al., 2020). Wenn sie können, folgen sie dieser Hündin und suchen ihre Nähe. Bei freilaufenden Straßenhunden bilden sich in dieser Zeit die sogenannten Östrus-Gruppen, die aus einer Hündin in der Hitze und im Durchschnitt zwei bis acht ihr folgenden Rüden bestehen (Daniels, 1983; Fox & Bekoff, 1975; Kirchhoff, 2014).

Die Spielaufforderungen gehen im Östrus vor allen Dingen vom Rüden aus (Eisfeld, 1966). Zumindest zu Beginn des Östrus unterbricht die Hündin das Beschnüffeln oder Aufreiten des Rüden zunächst und zeigt die bereits beschriebene Aufforderung zum Verfolgungsspiel inklusive spielerischer Abwehr. Nach der einleitenden Phase des Werbespiels ist sie jedoch zur Paarung mit dem ausgewählten Rüden bereit und zeigt dies durch Stillstehen und Präsentieren. Um das Interesse eines erwählten, aber desinteressierten Rüden zu erlangen, untersucht sie das Gesicht, die Leistengegend und den Penis des Rüden und beschnüffelt und beleckt seine Genitalregion (Beaver, 2009). Falls er noch immer nicht das gewünschte Verhalten zeigt, reagiert sie mit Drängeln, Hinterteil-Rempeln und Aufreiten mit Beckenstößen, um den Rüden zu animieren und in Stimmung zu bringen. Dieses Verhalten wird in spielerischer Form ausgeführt und von der Hündin nur gegenüber einem Rüden gezeigt, den sie als Paarungspartner akzeptiert (Beach et al., 1982; LeBoeuf, 1967; Pal et al., 1999; Schenkel, 1947) und häufiger, wenn der Partner ein unerfahrener Rüde ist (Fox & Bekoff, 1975).

Auch wenn Haushunde/Straßenhunde in der Regel nicht wie Wölfe monogam sind, akzeptiert eine Hündin, besonders eine erfahrene, nicht jeden Rüden (Cafazzo et al., 2014; Gosh et al., 1984/85; Le Boeuf, 1967; Pal et al., 1999; Pal, 2011). Diese sexuelle Selektion (siehe „Aus der Forschung“, S. 170 f.), d. h. Ablehnung/Akzeptanz bestimmter Rüden durch die Hündin, ist über Jahre konsistent (Beach & LeBoeuf, 1967; Beach, 1970; Gosh, 1984/85). Junge, unerfahrene Hündinnen zeigen mehr Spielverhalten vor der Paarung als erfahrene Hündinnen (Feldman & Nelson, 2004). Vielleicht, weil sie in diesem Alter generell noch verspielter sind, weil im ersten Östrus die Hormonkonzentrationen niedriger sind als in späteren Hitzen (Beaver, 2009;

Chakraborty et al., 1980) oder weil sie für Rüden noch nicht so interessant sind wie erfahrenere Hündinnen. Gosh (1984/85) beobachtete bei Straßenhündinnen im ersten Östrus weniger Aufreiten und anderes sexuell aufforderndes Verhalten. Diese Hündinnen fixierten lediglich den erwählten Rüden mit hoch erhobenem, an der Spitze gebogenem Schwanz als Zeichen der Paarungsbereitschaft.

Erfahrene Hündinnen bevorzugt

Rüden sind zwar promiskuitiv, bevorzugen jedoch erfahrenere Hündinnen, die mindestens in der zweiten Hitze sind. Das könnte unmittelbar geruchlich durch die höhere Hormonkonzentration verursacht und evolutionär dadurch bedingt sein, dass Welpen von erfahrenen Müttern eine höhere Überlebenschance haben (Beach, 1970; Cafazzo et al., 2014; Gosh, 1984/1985). Auch bei italienischen Straßenhunden bevorzugen Rüden erfahrene und ranghohe Hündinnen (Cafazzo et al., 2014). Derix & Van Hooff (1995) betrachten das spielerische Kopf- und Pfotenauflegen sowie Aufreiten als Ausdruck der Präferenz für einen Sexualpartner, nicht aber das sexuell motivierte Folgen oder Beriechen/Belecken der Genitalregion, weil die letzteren im Gegensatz zu den ersteren Verhaltensweisen selten von sexuellen Konkurrenten unterbrochen wurden und weitaus häufiger vorkamen. Bei den weiblichen Tieren betrachten sie „aktives Präsentieren“ (also das Präsentieren, das nicht als Reaktion auf männliches Werben erfolgt) als Zeichen für Partnerpräferenz. Rüden zeigen unterschiedliche Paarungsstrategien, vom freundlich-spielerischen Umwerben bis zum gewaltsamen Erzwingen der Paarung (Beach, 1970; Pal, 2011; Cafazzo et al., 2014; Gosh, 1984/85; Taj et al., 2015).

Vor, nach und besonders in der Hitze wird der Urin der Hündin vom Rüden übermarkiert.

☞ UNTERSCHIED SPIEL – PAARUNG

SPIELGESICHT	**SEXUALGESICHT**
— entspannte Gesichtsmuskulatur — leicht bis weit geöffnete Schnauze — Lippen horizontal (nicht vertikal) zurückgezogen, keine Mundwinkelbewegungen — Ohrstellung variabel, aufgerichtet, nach hinten gekippt, flach nach hinten gelegt — Spielblick: ungerichteter Blick in die Ferne — Spielhecheln/Lachen	— angestrengte, ernste Mimik — kaum bis halb geöffnete Schnauze — weit nach hinten und leicht nach oben gezogene Mundwinkel — einander angenäherte Ohrbasen, über fast faltenloser Stirn — ernster Blick, fast/ganz geschlossene Augen — leichtes bis mittleres Hecheln

Sie engagieren sich unterschiedlich was die Dauer, Intensität und Variabilität des spielerischen Umwerbens vor dem eigentlichen Paarungsakt angeht. Das hat wiederum Einfluss auf die Wahl der Hündin (Beach, 1970). Auch Straßenhündinnen bevorzugen vertraute Rüden (Daniels, 1983) und solche, die in freundlicher Weise um sie werben und lehnen solche ab, die versuchen, sie zur Paarung zu zwingen (Gosh, 1984/1985; Cafazzo et al., 2014; Pal, 2011). Bei den frühen Laboruntersuchungen von Beach (1970) mit einer kleinen Gruppe von Beagles unterschieden sich die Präferenzen von Hündinnen außerhalb des Östrus für bestimmte Rüden, mit denen sie viel spielen oder deren Nähe sie suchen, von denen, die sie im Östrus als Paarungspartner akzeptierten oder umwarben. Das erinnert an Daten beim Menschen (Anzenberger et al., 2002; Gansloßer et al., 2020): Die Bevorzugung, rein geruchlich vermittelt über den immungenetischen MHC-Komplex (= Major Histocompatibility Complex) bei Frauen wechselt zwischen normalem Zyklus und der Bedingung unter der Verhütungspille. Letztere, letztlich eine Scheinschwangerschaft, lässt geruchlich eher Männer bevorzugen, die genetisch ähnlicher sind, erstere eher unähnliche MHC-Typen.

WERBUNGSSPIEL AUSSERHALB DER PAARUNGSZEIT

Werbungsspiel bzw. sexuelles Spiel außerhalb der Paarungszeit gibt es auch bei anderen Tierarten, z. B. bei Primaten, Nagetieren und Bären. Sexuelles Spiel definieren Henry & Herrero (1974) als *„Spiel, das körperlichen Kontakt beinhaltet und vorwiegend aus sexuellähnlichen Verhaltensmustern besteht“*. Im Unterschied zum Sexualverhalten im Ernstkontext, werden nur Teile der Verhaltenssequenz in beliebiger Reihenfolge gezeigt und die Endhandlung (Ausschachten des Penis, Eindringen, Hängen) fehlt. Das Verhalten ist in Sozialspiel eingebettet und flexibler. Es wird von Spielsignalen wie dem Spielgesicht begleitet. Im Ernstkontext wird stattdessen das Sexualgesicht gezeigt (Lemmer, 1971).

Ob Werbungsspiel prinzipiell als Spiel betrachtet werden kann, ist umstritten, weil es ja letztendlich auf Paarung abzielt, also zielgerichtet ist (Weisfeld & Weisfeld, 2016). Diese Zielgerichtetheit nimmt im Östrus mit der Paarungsbereitschaft der Hündin zu und die Verspieltheit der Aktionen ab (Eisfeld, 1966; Zimen, 1982, 1988). Dafür, dass das Verhalten Spiel ist, spricht allerdings, dass Elemente des Sexualspiels bereits vor

AUS DER FORSCHUNG

Angeborenes und erworbenes Verhalten

In vielen älteren Verhaltenslehrbüchern, leider aber auch immer noch in den Schul-Lehrplänen und in vielen Anwenderbüchern zum Hund, findet sich eine scheinbare Gegenüberstellung von angeborenem und erworbenem Verhalten. In der wissenschaftlichen Verhaltensbiologie ist diese Betrachtung längst überwunden. Auch in der Entwicklungsbiologie allgemein spricht man von solchen Unterscheidungen nicht mehr.

Durchlaufen von Entwicklungsstadien

Die Wechselwirkungen von Umweltfaktoren und genetischem Programm (das hier nicht als Blaupause, sondern eher als Zeitplan für das Durchlaufen verschiedener Entwicklungsstadien verstanden werden sollte) hat z. B. der britische Embryologe James Waddington sehr schön beschrieben (siehe Ganslоßer et al., 2020): Die Individualentwicklung eines Lebewesens entspricht dem Vorgang, wenn wir auf dem Gipfel eines Berges eine Kugel fallen lassen und dann verfolgen, wie diese durch eines der dort ausgehenden Täler bis ins Flachland hineinrollt. Herunter kommen sie immer, das ist aber das Einzige, was wir mit hoher Wahrscheinlichkeit vorhersagen können. Welchen Weg durch das Tal die Kugel nimmt, ob sie den optimalen Weg durch die Talsohle findet oder ab und zu abgelenkt auch mal den einen oder den anderen Hang hinaufrollt, ist genauso wenig vorherzusagen, wie die Beeinträchtigung des Rollens durch plötzlich auftretende Hindernisse oder Beschleunigung durch einen Steilhang. In diesem Bild verkörpert das Rollen der Kugel die Individualentwicklung (Ontogenese) eines Lebewesens, die beiden Hänge links und rechts der Talsohle

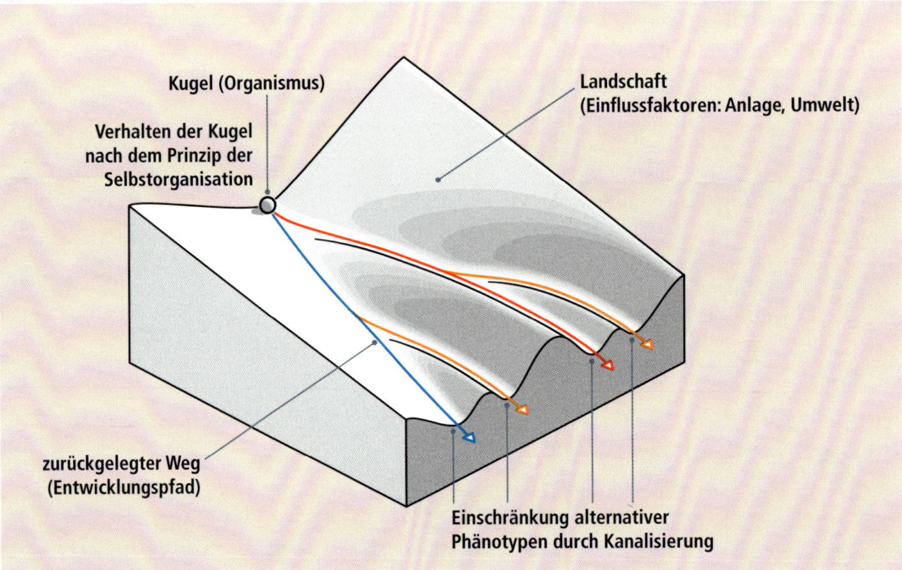

Die epigenetische Landschaft, symbolisiert durch den Weg einer Kugel.

Hierzu braucht man den angeborenen Bewegungsablauf, der durch Übung und Training einstudiert wird.

symbolisieren sozusagen die Einflüsse des genetischen Programms und der Umwelt. Noch ein eingängiges Beispiel kann diese Zusammenwirkungen erklären: Richard Dawkins vergleicht die Frage, wieviel Prozent am Verhalten eines Tieres die Umwelt und wieviel Prozent das genetische Programm vorhersagen ließen, mit der rein hypothetischen Frage, wieviel Prozent am Gelingen eines Kuchens denn das Rezept und wieviel Prozent die Qualität der Zutaten ausmacht. Ergänzend müsste man auch noch nach der Kompetenz desjenigen fragen, der den Teig rührt und knetet. Der Kuchen ist eben ein Gesamtkunstwerk, entweder gelungen oder nicht gelungen und dann spielen die Zutaten, das Rezept und die Vorkenntnisse desjenigen, der oder die den Teig rührt und knetet, gleichermaßen eine Rolle dabei.

Erblichkeit

Wenn in populations- und züchtungsgenetischen Untersuchungen bisweilen über den Faktor Erblichkeit (Heritabilität) eine Prozentangabe versucht wird, hat dies weniger mit einem Einfluss auf das Individuum zu tun. Der züchtungsgenetische Begriff der Erblichkeit sagt aus, wieviel Prozent der Eigenschaften eines Individuums wir vorhersagen können, wenn wir vergleichbare Eigenschaften seiner Vorfahren kennen. Selbst dann ist aber noch nicht gesagt, dass es sich dabei um rein im Erbgut verankerte Zusammenhänge handelt, gerade der Einfluss der mütterlichen Persönlichkeit oder auch der gemeinsamen familiären Frühumgebung kann hier über den reinen DNA-genetischen Anteil noch hinausgehen.

Mütterliche Fürsorge beeinflusst Verhalten, kognitive Leistungen, Stressreaktion und Verspieltheit des Nachwuchses.

EVOLUTIONÄRE PERSPEKTIVE

Aus evolutionärer Perspektive kann mütterliche Fürsorge auch definiert werden als *„die Menge an Ressourcen, die die Mutter investiert, um ihre derzeitigen Nachkommen auf Kosten ihres eigenen Überlebens und ihrer zukünftigen Fortpflanzung aufzuziehen"* (Paul et al., 2017). Straßenhündinnen, denen Ressourcen für die Versorgung des Nachwuchses nicht so unbegrenzt zur Verfügung stehen wie Haushunden, müssen eine Balance zwischen der Investition in die mütterliche Fürsorge für den aktuellen Wurf und ihrer eigenen Gesundheit/Unversehrtheit und zukünftiger Reproduktionsfähigkeit finden (Paul et al., 2017). Die unterschiedlichen Interessen von Mutter und Welpen und der daraus entstehende Mutter-Nachwuchs-Konflikt wird vor allem bei der Entwöhnung der Welpen sichtbar. Spiel verbraucht Energie und steht deshalb in Konkurrenz mit anderen mütterlichen Verhaltensweisen. Diese Wechselbeziehung beeinflusst wann und wie die Hündin mit ihren Welpen spielt.

EINFLUSS AUF DAS ÜBERLEBEN

Wie die Mutter sich um ihre Welpen kümmert, also die Qualität und Quantität ihrer Fürsorge, hat Einfluss auf das unmittelbare Überleben der Welpen, ihre Bindung zur Mutter und die Stress-Reaktionen des Nachwuchses. Ratten, deren Mütter ihnen intensive Fürsorge zukommen ließen, reagieren weniger stark auf herausfordernde Situationen und sind resilienter gegenüber Stress (Foyer et al., 2013; Previde et al., 2009). Welpen mit fürsorglicheren Müttern sind Menschen gegenüber geselliger (Foyer et al., 2016), zeigen mehr Explorationsverhalten, sind weniger ängstlich und widerstandsfähiger (resilienter) gegenüber Stress (Guardini et al., 2016, 2017; Tiira, 2019). **Mütterliche Fürsorge beeinflusst Wohlergehen, Verhalten, kognitive Leistungen, Verspieltheit und sogar Temperament und Persönlichkeit eines Welpen für das weitere Hundeleben** (Bray et al., 2017; Foyer et al., 2014, 2016; Lezama et al., 2019). Es ist außerdem bekannt, dass Welpen, die aus sogenannten Puppy Mills (Massenzuchten) stammen, in kleinen Käfigen unter erbärmlichen Umständen aufwachsen und viel zu früh von der Mutter getrennt werden, Verhaltensstörungen und massive Probleme gesundheitlicher, psychischer und sozialer Art haben, wenn sie die Welpenzeit überhaupt überleben (Dietz et al., 2018; McMillan, 2017).

☞ AUS DER FORSCHUNG

ELTERN-NACHWUCHS-KONFLIKT

Durch die Einführung der konsequent individualistischen Ebene in der Interpretation des Verhaltens, ist ein Bereich besonders ins Zentrum des Interesses gerückt, nämlich der sogenannte Eltern-Nachwuchs-Konflikt. Elterliche Investition ist definitionsgemäß etwas, was dem jetzigen Nachwuchs zugute kommt und dem zukünftigen fehlen wird. Daraus ergibt sich ein Konflikt über Ausmaß, Dauer und Form der elterlichen Pflege. Der jetzige Nachwuchs hat ein Interesse daran, so lange wie möglich bequem versorgt zu werden, die Eltern aber sollten versuchen, die Versorgung so früh wie möglich zu beenden und sich neuer Fortpflanzung zuzuwenden. Bob Trivers (vergleiche Gansloßer et al., 2020; Kappeler, 2012) hat diesen Konflikt zuerst postuliert. Beobachtungen an lautstark bis hysterisch und wütend nach Nahrung, Zitzenkontakt und Körperpflege brüllenden Jungtieren bei Affen scheinen ihn zu bestätigen. Auch andere Formen des Konflikts, beispielsweise Störungen einer erneuten Paarung der Mutter durch Heranwachsende, häufigeres Säugen seitens der Jungtiere gerade in der Paarungszeit oder mehr oder weniger erfolgreiche Versuche, sich dem Hinauswurf zu entziehen, sind immer wieder beschrieben worden.

Fein abgestimmtes System

Jedoch zeigen andere Studien, z. B. an Hauskatzen (siehe Gansloßer und Rodewald, 2016), dass es sich hier durchaus um ein fein abgestimmtes System handelt. Kätzinnen erschweren ihren Welpen zwar zunehmend das Säugen, entwöhnen aber kaum aggressiv. Mütter größerer Würfe und in schlechterer Versorgungslage entwöhnen lediglich früher und gerade nach der Entwöhnung erfolgt bei den Welpen eine Phase intensiven Objektspielens. Wird die Mutter medikamentös an der Milchproduktion gehindert, putzt sie dafür in dieser Zeit die Welpen mehr. Nach Ende dieser Phase der gehinderten Milchproduktion säugt sie länger und auch bis zu einem höheren Welpenalter und nimmt Positionen ein, die dem Welpen das Säugen erleichtern. Auch Patrick Bateson (1994) hat eine grundsätzliche Kritik an der konfliktorientierten Betrachtung der Eltern-Nachwuchs-Beziehung formuliert. Seiner Meinung nach entsteht der Konflikt nicht so sehr über das Ausmaß, sondern über den Zeitplan der mütterlichen Investition. Er betrachtet die Mutter-Kind-Beziehung als eine, bei der die gegenseitigen Bedürfnisse und Hilfestellungen durchaus aufeinander abgestimmt und aneinander angepasst sind. Er diskutiert auch stoffwechselphysiologische und anatomische Einschränkungen, die z. B. den Verdauungstrakt zwingen, sich langsam von Milch auf feste Nahrung umzustellen und es daher adaptiv machen, wenn die Jungtiere ihre Milchaufnahme schrittweise reduzieren. Beobachtungen an sogenannten Streunerhunden (vgl. Kitchenham, 2020) zeigen übrigens, dass Haushunde viel länger im „Hotel Mama" verbleiben dürfen als Wildkaniden.

Welpen ziehen die Wurfgeschwister als Spielpartner vor. Die Mütter bei Haus- und Straßenhunden initiieren nur gelegentlich ein Spiel.

ENTWICKLUNG DER WELPEN

Hundewelpen kommen blind, taub, mit eingeschränktem Geruchsinn und sehr begrenzten Fähigkeiten zur Welt, sich fortzubewegen (kriechendes Suchpendeln) und ihre Körpertemperatur selbstständig aufrechtzuerhalten. Ein Welpe ist also in den ersten Wochen seines Lebens vollständig auf seine Mutter angewiesen. In den ersten Tagen kümmert sich die Mutter fast ununterbrochen um die Welpen, verlässt sie nur zum Fressen und wenn sie sich lösen muss. In den ersten zwei Wochen besteht das mütterliche Verhalten aus Kontaktliegen, Grooming, Beschnuppern und Belecken der Welpen an Kopf und Anogenitalregion und natürlich Säugen, das am Anfang im Liegen, später im Sitzen oder Stehen erfolgt. Nach und nach lässt sie die Welpen kurze Zeit allein und dehnt diese Phasen sukzessive aus. Die Kontaktaufnahme in den ersten zwei Wochen geht fast ausschließlich von der Mutter aus (Rheingold, 1963). Ab der dritten Woche nimmt der von der Mutter ausgehende Kontakt ab und geht jetzt von den Welpen aus. Die allmähliche Abnahme von mütterlichen Verhaltensweisen wie Kontaktliegen, Grooming und Säugen und die Zunahme anderer Verhaltensweisen, die Schutz und Spiel betreffen, ist bei Haushunden aber auch bei indischen Straßenhunden zu beobachten (Paul & Bhadra, 2016, 2018; Paul et al., 2017). **Schon in der Übergangsphase werden die Wurfgeschwister für den Welpen wichtig, besonders für Spiel, die Aktivität, die – außer Exploration, Nahrungsaufnahme und Schlaf – sein Leben zunächst komplett ausfüllt.** Anders als bei Primaten ist nicht die Mutter, sondern sind die Wurfgeschwister die ersten Spielpartner eines Welpen. Auch das Spiel mit der Mutter geht überwiegend vom Welpen aus, d. h., auf die zahlreichen Spielaufforderungen gegenüber der Mutter geht diese nur gelegentlich ein und weicht ihnen häufig aus (Choudhury, 2020; Günther, 2009; Heine, 2000). Spiel kostet die Mutter zu viel Energie.

Das Spiel zwischen Mutter und Welpen oder …

MUTTER-WELPEN-SPIEL

Bei größeren Würfen, die mehr Zeit- und Energieaufwand für die säugende Mutter bedeuten, kümmert sich diese insgesamt weniger um einzelne Welpen (Paul et al., 2017; Santos et al., 2020) und spielt auch weniger mit ihnen. Die ersten Spielbewegungen, die die Mutter gegenüber den Welpen zeigt, sind

— weites Maulaufreißen und Umfassen der Welpen
— Spielbeißen/-knabbern
— Pfotenbewegungen (Pfote auflegen, Pföteln)

Das sind die Spielsignale/-bewegungen, die auch bei Welpen als erstes auftauchen. Während Hören und Sehen beim Welpen noch nicht ausgereift sind, ist der Tastsinn (neben dem Geschmackssinn) der erste entwickelte Sinn. Die Mutter passt ihr Spiel also an die Fähigkeiten und den Spielstil ihres Nachwuchses an. Althaus (1982) beobachtete im Mutter-Welpen-Spiel bei der Mutter außerdem häufig Beißen, erzwungenes Abrollen, Nacken-Kehlgriff und Verfolgen. Heine (2000) beobachtete bei den Müttern der Border Collie-Welpen Selbsthandicapverhalten (auf die Seite rollen) und ein zu 73 % gegen Schnauze/Hals gerichtetes Spielbeißen/-knabbern. Sie sah im Mutter-Welpen-Spiel auch Hüteverhalten (Umkreisen der Welpen), das auch Rheingold (1963) schon beim Sheltie beobachtet hatte. Die Welpen reagieren auf das Spiel der Mutter mit Beißen, Abwehr mit den Gliedmaßen, Pföteln und Maulaufreißen. Althaus (1982) und Venzl (1990) fiel auf, dass die Mutter unterschiedlich, sehr grob und sehr fein mit bestimmten Welpen spielte.
Im Gegensatz zu Scott & Fuller (1965), die eine gleichmäßige Verteilung des Spiels der Mütter mit den Welpen sahen, beobachtete Althaus, dass die Mutter sich auf ein, zwei Welpen konzentrierte. Dies waren besonders ängstliche, schwache Welpen auf der einen Seite und besonders aggressive, wagemutige auf der anderen Seite (siehe S. 198).

… zwischen erwachsenen Hunden und Welpen ist nur durch Selbsthandicap der Erwachsenen möglich.

AUS DER FORSCHUNG

PERSÖNLICHKEITEN BEIM HUND

Gerade die Beobachtung von Hundewelpen lässt erkennen, wie früh bereits Persönlichkeitsunterschiede auftreten, wie sehr sie aber auch noch beeinflussbar sind!
Die Betrachtung von hundlichen Persönlichkeiten (siehe Gansloßer, 2020 oder allgemein Gansloßer et al., 2020) findet meist auf mehreren Ebenen statt. Die oberste Ebene ist dabei die Ebene der beiden Grundpersönlichkeiten (siehe S. 66/67).

A- UND B-TYP

Der A-Typ, der aktive, vorwärts-naseweise Typ, löst Probleme bevorzugt dadurch, dass man sich mit ihnen selbst direkt auseinandersetzt und im Falle einer Belastung eher mit dem Kampf- und Fluchtsystem reagieren wird. Der B-Typ, der bedächtige Bedenkenträger, beobachtet erst einmal aus der Distanz und formt möglicherweise schon sein eigenes Lösungsprogramm, bevor er oder sie sich überhaupt mit dem neuen Reiz aktiv auseinandersetzt.
Untersuchungen an verschiedenen Kanidenarten zeigen, dass diese Grundpersönlichkeiten spätestens ab der 5. bis 6. Lebenswoche erkennbar sind. Und, wie wir im Haupttext darlegen, reagieren Mütter und Babysitter durchaus manchmal mit unterschiedlichen Erziehungs- und Betreuungsprogrammen auf diese beiden Typen. Das ist auch nötig, denn ein A-Typ, dem keine Grenzen gesetzt werden, neigt zum Größenwahn und wird dadurch auch später in seiner sozialen Umgebung sehr häufig Anstoß erregen. Untersuchungen von Marc Bekoff (1977) zeigen z. B., dass solche Typen oftmals recht früh die Geburtsgruppe verlassen und eher versuchen, ihre Selbstverwirklichung fern der Heimat zu finden.

ACHSE DER GESELLIGKEIT

Auf der nächsten Ebene, die auch etwas später beobachtbar scheint, treten dann die aus der Humanpsychologie bekannten fünf Persönlichkeitsachsen auf. Die wichtigste für unseren Zusammenhang ist dabei die Achse der Geselligkeit oder Freundlichkeit. Auch hier wissen wir durch Studien von Marc Bekoff und anderen Kanidenforschern, dass diese Achse der Geselligkeit mit Artgenossen spätestens im Laufe der 8. Lebenswoche beobachtbar scheint. Sie äußert sich dann in mehr oder weniger intensivem sozialen Spielen. Und wer besonders viel mit Wurfgeschwistern und Babysittern in diesem Alter spielt, wird auch später mit größter Wahrscheinlichkeit die Familiengruppe länger verstärken und als Babysitter oder sonstiges Helferlein zu Hause bleiben.
Unterhalb dieser Ebene der fünf Persönlichkeitsachsen finden wir dann noch weitere Eigenschaften, z. B. Optimist oder Pessimist, die Selbstbeherrschung und Impuls- oder Affektkontrolle oder genau wie beim Menschen Xeno- und Neophobie (aggressive oder furchtsame Ablehnung neuer und unbekannter Situationen). Gerade Affekt- und Impulskontrolle und möglicherweise Xeno- und Neophobie haben als bedeutsame Auswirkungen eines mehr oder weniger ausgeprägten Spielverhaltens auch Konsequenzen für die zukünftigen Verhaltensstrategien (siehe „Aus der Forschung", S. 66 f.). Letztlich sind aber viele dieser Persönlichkeitseigenschaften auch mit physiologischen Systemen verknüpft. Gerade die Fähigkeit zur Impulskontrolle oder auch zur emotionalen Stabilität hängt sowohl an neurobiologischen wie auch hormonellen Strukturen.

Mundwinkel-Stupsen entwickelt sich zur Gegen-den-Kopf-gerichtete-Kontaktaufnahme des Junghundes.

VERÄNDERUNGEN IM SPIEL

Um die vierte Woche ändert sich das Verhalten der Mutter (Lezama et al., 2019). Sie lässt die Welpen nun nicht mehr unbegrenzt trinken, sondern beginnt sich deren Trinkversuchen zu entziehen, indem sie weggeht, sich hinlegt oder die Welpen z. B. durch Knurren, über die Schnauze beißen, Zähneblecken oder sehr gehemmtes Beißen abwehrt. Interessanterweise berichtet Trumler (1985) von seinen Wildhunden, dass das Säugen der Welpen ab der vierten Lebenswoche nach draußen verlegt wurde und es zum gleichen Zeitpunkt – früher Vormittag und später Nachmittag – stattfand, wie die regelmäßigen Sozialspiele seiner Hunde. Er interpretierte das Verhalten so, dass die Hündin die Welpen auf diese Weise auf „feste" Spielzeiten vorbereitete, die bei Hunden regelmäßig nach dem Fressen stattfinden.

Um die vierte Woche beobachteten Rheingold (1963) und Althaus (1982) auch, wie sich die Orientierung der Welpen von der Milchleiste zum Kopf der Mutter (gelegentlich auch zum Schwanz) verschiebt. Diese Kontaktaufnahme ist spielerisch und besteht beispielsweise aus Stupsen, Lecken und Vorderpfote auflegen. Die gegen den Kopf gerichtete Kontaktaufnahme bleibt auch beim Junghund erhalten: Jüngere Hunde initiieren mehr Schnauze-Kopf-Kontakte als ältere Hunde (Howse, 2016; Howse et al., 2018), sowohl bei der Kontaktaufnahme als auch im Spiel. Dieses Verhalten wird z. B. bei der Begrüßung auch gegenüber dem Menschen gezeigt und ist vermutlich vom Mundwinkelstoßen/ Futterbetteln abgeleitet, das Welpen gegenüber erwachsenen Hunden zeigen. Mundwinkellecken/-stoßen ist auch Bestandteil von Werbungsspiel (siehe dazu S. 183 ff.). Das nur gegen die Mutter und andere erwachsene Hunde gerichtete Mundwinkellecken/-stoßen als Futterbetteln beobachtete Günther (2009) erstmals am 20. Tag, Heine (2000) am 22. Tag. Paul et al. (2017) beobachteten bei den indischen Straßenhunden während des kompletten Beobachtungszeitraums (3. – 17. Woche) Spiel zwischen der Mutter und den Welpen. Es nahm mit wachsendem Alter bis zur fünften Woche zunächst zu und war in der Zeit, in der das Welpen-Welpen-Spiel am höchsten ist, zwischen der 7. – 10. Woche relativ niedrig. Es hatte eine Spitze in der elften Woche, war dann bis zur 16. Woche seltener und nahm in der 17. Woche wieder zu, wenn die Welpen unabhängig sind, aber immer noch in der Nähe der Mutter bleiben.

Erwachsene Hunde nutzen Spiel zur Welpenerziehung. Regeln werden aufgestellt und durchgesetzt.

EINGREIFEN IN DAS SPIEL

Hunde lernen Vertrauen und Fairness, wichtige Lektionen für das Leben in einer Hundegruppe, das vom Spannungsfeld zwischen Kooperation und Wettbewerb geprägt ist. Die Grundlagen dafür legt die Mutter, sowohl durch ihr eigenes Spiel mit den Welpen als auch durch ihre Reaktion auf das Verhalten der Welpen im Spiel miteinander (Bekoff, 2014, 2014a).

Wie greifen Hündinnen in das Spiel der Welpen ein und wie reagieren sie auf deren unangemessenes Verhalten? Züchter beantworten diese Frage sehr unterschiedlich. Einige berichten vom völligen Desinteresse der Mutter, die nie in das Welpenspiel eingreift, andere von Müttern, die eingreifen, wenn ein Welpe einen Schmerzensschrei ausstößt und wieder andere von Müttern, die das Welpenspiel genau beobachten und sofort eingreifen, sobald ein Welpe auch nur knurrt. Auch wenn dies unseres Wissens noch nicht systematisch untersucht wurde, weisen die übereinstimmenden Beobachtungen von Wissenschaftlern und Praktikern darauf hin, dass Hundemütter, Babysitter und andere erwachsene Hunde tatsächlich in das Spiel der Welpen eingreifen und Verstöße gegen die ungeschriebenen Spielregeln durch Splitten, Abbruch, Einforderung oder Erzwingen von Demutsgesten wie „auf den Rücken werfen“, ahnden. Rheingold (1963) beobachtete nur bei drei Gelegenheiten, dass eine Hundemutter sich in das Spiel bzw. die Streitereien ihrer Welpen einmischte und sich zwischen zwei kämpfende Welpen stellte. Trumler (1985) beobachtete das gleiche Verhalten bei seinen wilden Hunden, die das Spiel der Welpen allerdings genau beobachteten, einen zu frechen Welpen umwarfen und in dieser Position einige Zeit festhielten. Das wird von Bekoffs Beobachtungen bestätigt. Auch er weist darauf hin, dass erwachsene Hunde in das Spiel von Welpen und Junghunden eingreifen, wenn diese zu grob spielen oder sogar mobben. Sie trennen die beteiligten Welpen, indem sie splitten, sich

„Hunde lernen im Spiel ‚richtiges‘ und ‚falsches‘ Verhalten zu unterscheiden.“
Marc Bekoff

also dazwischen stellen. Hartnäckige Welpen werden auch umgeworfen und müssen sich ergeben. Erwachsene Hunde passen dabei *„Intensität, Art und Weise der Maßregelung, genau der Situation, dem Vergehen und der Persönlichkeit des Halunken an. […] Wenn Welpen frech oder unfair werden, wird hier sehr, sehr eindeutig kommuniziert"* (Bekoff in Kitchenham, 2014). Venzl (1990) beobachtete bei Beagle-Welpen, dass die Mutter nur in der ersten Zeit in den sehr groben Spielen eingriff, wenn ein Welpe zu fest, in empfindliche Stellen von mehreren Welpen gebissen wurde oder gebissen, geschüttelt und gezerrt wurde und schrille Schmerzensschreie/Kreischen ausstieß, stupste und beleckte sie das Opfer. Das Auftauchen der Mutter unterbrach meist das Beißen des oder der Wurfgeschwister. War das nicht der Fall, schob die Mutter ihre Schnauze zwischen die Welpen und trennte sie so.

ERZIEHUNGSPROZESSE

Leider wird in vielen, hundepraktischen Aktivitäten der Erziehungsbegriff völlig falsch und damit auch wenig zielführend benutzt. Ein gut erzogener Hund ist nicht der Hund, der besonders schnell und perfekt Sitz, Platz oder andere Übungen absolviert. Ein wohlerzogener Mensch ist auch nicht jemand, der ganz besonders gut rhythmische Sportgymnastik oder Turniertanzen beherrscht. Erziehung ist ein Prozess auf Gegenseitigkeit, bei dem die gesellschaftlich wünschenswerten und gesellschaftlich angemessenen Verhaltenstendenzen des zu Erziehenden gestärkt, hervorgehoben und bestätigt werden, während man sich gleichzeitig bemüht, gesellschaftlich unerwünschte Tendenzen abzuschwächen oder vielleicht sogar zum Verschwinden zu bringen. Auch im Umgang mit dem Hund sind mittlerweile die im menschlichen Erziehungswesen bekannten Erziehungsstile immer wieder definiert worden:

- der sogenannte autoritäre Erziehungsstil, der mit wenig Verständnis, wenig Gefühl für die Nöte des zu Erziehenden und sehr vielen Regeln und Rigorositäten arbeitet.
- der laissez-faire Stil, auch nicht ganz zutreffend als antiautoritär bezeichnet, der letzten Endes dem zu Erziehenden selbst alle Entscheidungen zuschiebt und ihm oder ihr keinerlei Grenzen setzt.
- und der autoritative Stil, der einerseits mit so vielen Möglichkeiten zur freien Entfaltung wie möglich und so vielen Regeln wie nötig auskommt, der aber vor allem mit Empathie, Verständnis und Interesse an den Entwicklungen und Gemütslagen des zu Erziehenden arbeitet.

Nähere Hinweise zu den Erziehungsstilen finden sich z. B. bei Gansloßer und Hinte-Breindl (2019, 2023) oder Gansloßer und Kitchenham (2019). Gerade im Zusammenhang mit Spielverhalten sind beide, sowohl Erziehung als auch Training, von großer Bedeutung, müssen aber trotzdem konzeptionell unterschieden werden (vgl. Czirski, 2016). Und gerade im Erziehungszusammenhang muss sowohl bei Kindern als auch bei Hunden immer wieder betont werden, dass dort im Gegensatz zum reinen Training und zur reinen Ausbildung nicht nur mit reiner positiver Verstärkung gearbeitet werden kann. Gerade das zeigen Beobachtungen von Müttern und auch Babysittern im Umgang mit Welpen und Junghunden.

WEITERE SPIELPARTNER

Autoren und Züchter, die Gelegenheit hatten, das Verhalten des Vaters zu beobachten, beschreiben ein Desinteresse des Vaters (Lemmer, 1971; Pongrácz & Sztruhala, 2019, für italienische Straßenhunde Bloch, 2007) und führen dies darauf zurück, dass der Mensch Aufgaben wie Schutz und Versorgung übernommen und väterliche Hilfe damit überflüssig gemacht hat. Bei freilaufenden Straßenhunden sieht dies jedoch zumindest teilweise anders aus. Pal (2005, 2008) beobachtete bei den indischen Straßenhunden, dass die Väter Mutter und Wurf bewachten und beschützten und sie gegenüber anderen Hunden und Menschen verteidigten. Sie versorgten die Welpen teilweise mit (hervorgewürgtem) Futter und sie spielten mit den Welpen, wenn diese nach drei Wochen die Wurfhöhle verließen. Günther (2009) beobachtete Pflegeverhalten und spielerische Reaktionen anderer erwachsener Hunde im Haushalt gegenüber Samojeden-Welpen. Bloch (2007) berichtet ebenfalls von Haushündinnen, die alloparentales Verhalten zeigten, die Mutterhündin also bei der Aufzucht ihrer Jungen unterstützten. In einer Befragung von Züchtern stellten Pongrácz & Sztruhala (2019) fest, dass alloparentales Verhalten bei Haushunden verbreitet ist und intakte Hündinnen, Hündinnen jünger als ein Jahr und Hündinnen, die selbst noch keinen Wurf hatten, eher mit spielerischem Interesse auf die Welpen reagieren als ältere oder kastrierte Hündinnen. Das passt zu der Tatsache, dass bei Wölfen besonders junge Fähen die Aufgabe als Babysitter übernehmen. Auch bei indischen Straßenhunden zeigen junge, mit den Welpen verwandte Hündinnen das stärkste Interesse an den Welpen und unterstützen die Mutter bei der Bewachung der Welpen (Paul et al., 2014; Paul & Bhadra, 2016, 2018).

Ältere Hunde üben eine starke Anziehungskraft auf Welpen aus und werden von ihnen verfolgt.

BANDBREITE AN VERHALTEN

Das Verhalten erwachsener Kaniden gegenüber fremden Welpen unterscheidet sich nicht nach Geschlecht (Scott & Fuller 1965) und es umfasst eine große Bandbreite. Einen allgemeinen Welpenschutz gegenüber fremden Hunden gibt es nicht. Es gibt Hunde, die von Welpen eindeutig genervt sind und versuchen, sich Annäherungsversuchen zu entziehen, andere reagieren relativ gleichgültig.

Es gibt jedoch in Ausnahmefällen auch Hunde, die Welpen verletzen oder sogar töten (Lemmer, 1971; Zimen, 1982). Bei Wölfen und auch bei Hunden gibt es das Phänomen des Infantizids, also des Tötens fremder Welpen. Welpen und Junghunde werden in der Öffentlichkeit häufiger Opfer von Bedrohungen und Attacken durch erwachsene Hunde als Hunde anderer Altersstufen (Řezáč et al., 2011; Shyan et al., 2003). Es gibt jedoch auch erwachsene Hunde, die sich sehr neugierig, einige sogar begeistert und sofort spielbereit gegenüber Welpen verhalten und diese gern mit den hundlichen Spielregeln vertraut machen. Diese Hunde werden von Hundeschulen gern als Babysitter in Welpenspielgruppen eingesetzt.

WELPENENTWICKLUNG UND -VERHALTEN

Bemerkenswert ist eine zeitliche Übereinstimmung zwischen den beschriebenen Stadien der Welpenentwicklung und den Reaktionen anderer Hunde: Im Alter von ca. 7 Wochen verschiebt sich der Aufenthaltsort der Welpen meist zum sogenannten Rendezvous-Platz und spätestens dann finden auch viele Kontakte mit Familien-/Gruppenmitgliedern statt. Beginnen können diese aber schon vorher, wenn die Welpen mit ca. 3 bis 4 Wochen die Wurfhöhle verlassen.

Hier fixiert der Hund links den selbstbewussten Welpen rechts.

Mit ca. 14 Wochen beginnen die Welpen dann mit der Familiengruppe das Außenrevier zu nutzen und verlassen die „gute Stube“ des Rendezvous-Platzes. Und parallel finden wir eine unterschiedliche Toleranz der Familienmitglieder: Während auch in Züchterhaushalten mit mehreren Mutterhündinnen bis ca. zur 4. Lebenswoche der Welpen andere Mütter oder auch sonstige Mitglieder der Familie für die Welpen Lebensgefahr bedeuten können, ist die Bereitschaft, einen auch unbekannten Welpen im Kernrevier, z. B. der Wohnung des Züchters, zu akzeptieren ca. von dessen 5. bis 15. Woche groß, für einen Welpen außerhalb des Kernreviers eher geringer. Ab ca. der 14./15. Woche dagegen werden bekannte Welpen überall zumindest geduldet, unbekannte eher abgelehnt. Eine evolutionsbiologisch gestützte Erklärung dafür trifft übrigens auch auf kolonielebende Bodenhörnchen zu, wo Mütter sogar fremde Jungtiere gezielt in deren Bauten töten, später aber oberirdisch mit ihnen spielen: In der Zeit (bei Hunden) zwischen Verlassen der Wurfhöhle und Verlassen des Rendezvous-Platzes ist die Gefahr, versehentlich einen noch unbekannten Verwandten zu verletzen einfach zu groß.

Auch bei Straßenhunden gibt es alloparentales Verhalten.

STRASSENHUNDE

Bei Straßenhunden zieht die Mutter häufig die Welpen allein, ohne die Hilfe des Vaters, groß. Es gibt aber bei indischen Straßenhunden auch Beobachtungen, dass der Vater Aufgaben wie das Bewachen und Verteidigen der Welpen bei Abwesenheit der Mutter, das Versorgen der Welpen mit Nahrung (Hervorwürgen) und vor allen Dingen das Spiel mit ihnen übernimmt (Pal, 2005, 2008). Ähnlich wie bei Wölfen, gibt es auch bei Straßenhunden das Phänomen des alloparentalen Verhaltens: Die überlebenden Welpen des Vorwurfs helfen bei der Fürsorge für die Welpen des aktuellen Wurfs durch Bewachen, Futterteilen und Spiel (Choudhury, 2020; Paul & Bhadra, 2016). Paul & Bhadra (2016; Paul et al., 2017; Paul & Bhadra, 2018) beobachteten alloparentales Verhalten bei 19 Würfen der 15 Hundegruppen. Die mutmaßlichen Väter zeigten über die komplette Beobachtungsphase von der 3. bis zur 10. Woche aktive Fürsorge in Form von Beschützen und Spiel mit den Welpen. Außerdem übernahm eine Großmutter, die keinen Wurf zu versorgen hatte, die Fürsorge für die Enkel-Welpen. Auch andere mit den Welpen verwandte Hundemütter (Tante, ältere Schwester, Großmutter) zeigten alloparentales Verhalten in Form von Kontaktliegen, Fellpflege, Beschützen und Spiel mit den Welpen (Pal, 2021; Paul & Bhadra, 2016; Paul et al., 2017; Paul & Bhadra, 2018). Auch Bloch beobachtete bei den „Pizzahunden“ wie die jüngere Hündin Lilly nach dem Tod der Mutter die weitere Aufzucht des acht Wochen alten Welpen Bellino übernahm (Bloch, 2007).

SPIEL BEI HUNDESENIOREN

„Altern ist eine irreversible zeitabhängige Veränderung von Struktur und Funktion lebender Systeme […]. Generell ist das Altern eines Organismus durch die Abnahme seiner Adaptationsfähigkeit [Anpassungsfähigkeit] gegenüber Umwelteinflüssen geprägt. Physiologische Mechanismen, die der Aufrechterhaltung des inneren Milieus dienen, laufen nicht mehr mit genügend Schnelligkeit und Präzision ab, die Homöostase [biologisches Gleichgewicht] ist gestört" (Lexikon der Biologie, Spektrum.de). Diese Definition weist bereits darauf hin, welchen Einfluss das Alter eines Seniorhundes auf sein Spiel haben könnte, aber auch, welche Rolle es bei der Bewältigung der mit dem Alter verbundenen körperlichen, kognitiven und sozialen Prozesse haben könnte. Weil die natürlichen und krankhaften Alterungsprozesse von Hunden denen von Menschen sehr ähnlich sind und sie deshalb als Modell z. B. für Alzheimer oder Parkinson betrachtet werden, ist das Altern bei Hunden relativ gut untersucht.

Bei Säugetieren korreliert zunehmende Körpergröße mit der Lebenserwartung, bei Hunden ist dies umgekehrt (Watowich et al., 2020). Die Frage, wann ein Hund als alt eingestuft wird, kann deshalb nicht einheitlich beantwortet werden, da der Alterungsprozess rasseabhängig und von vielen weiteren Faktoren beeinflusst und damit höchst individuell ist (Chapagain et al., 2018).

Alte Hunde spielen weniger mit Menschen und anderen Hunden – mit großen individuellen Variationen.

Im Alter nimmt die körperliche/kognitive Leistungsfähigkeit und deshalb Exploration und Spiel ab.

Kleine Rassen haben eine durchschnittliche Lebenserwartung von 10 bis 14 Jahren, große Rassen nur von 5 bis 8 Jahren (Kraus et al., 2013). So haben Berner Sennenhunde mit 7 Jahren bereits ihre durchschnittliche statistische Lebenserwartung erreicht, während ein Chihuahua, der doppelt so alt wird, sich gerade in den besten Jahren befindet. Große Hunde wachsen schneller, sind später erwachsen, aber sie altern körperlich schneller als kleinere Rassen (Watowich et al., 2020). Lernen, Gedächtnis und kognitive Funktionen, die die Selbstkontrolle/-regulierung betreffen, nehmen bei alten Hunden ab. Beim Rückgang der kognitiven Fähigkeiten zeigen Hunde allerdings eine große Variabilität, die z. T. auf lebenslanges Training und damit anhaltende verbundene selektive Aufmerksamkeit zurückgeführt wird. Größere Hunde mit einer kürzeren Lebensdauer haben allerdings keinen komprimierten Verlauf des altersbedingten kognitiven Abbaus, d. h., aufgrund ihrer kurzen Lebensdauer sterben sie, bevor sie die altersbedingten Ausfälle im gleichen Ausmaß erleben, wie langlebige kleinere Hunde im hohen Alter es tun. Ausnahmen bilden hier sehr großer Hunde über 50 Kilogramm, die zu altern beginnen, bevor sie ausgewachsen sind (Kraus et al., 2013).

U-VERLAUF KOGNITIVER PROZESSE

Die Untersuchungen von Watowich, in die 4000 Hunde von 66 Rassen einbezogen waren, weisen darauf hin, dass viele kognitive Prozesse (z. B. Selbstkontrolle, selektive Aufmerksamkeit, Kurzzeitgedächtnis, der Einsatz von Blickkontakt, das Verstehen von Zeigegesten) bei Hunden einen umgekehrten U-Verlauf nehmen: **Sie nehmen bei jungen Hunden zu, erreichen im mittleren Lebensalter ihren Höhepunkt und nehmen im Alter wieder ab** (Watowich et al., 2020). Das Äquivalent zu dem mit dem Altern verbundenen kognitiven Abbau, der bei Menschen als Alzheimer-Erkrankung oder Altersdemenz bezeichnet wird, heißt bei Hunden Kognitives Dysfunktionssyndrom CDS (cognitive disfunction syndrome) und könnte mehr als 22 % der Hundesenioren (Rosado et al., 2012) betreffen. CDS ist bei Hunden, ähnlich wie bei demenzkranken Menschen, mit einer Abnahme spontaner Aktivitäten und sozialer Ansprechbarkeit sowie einer Zunahme zielloser Bewegung verbunden (Rosado et al., 2012, 2012a). Andererseits schätzen Salvin et al. (2011) nach einer Befragung von Haltern über die Entwicklung ihrer alten Hunde, dass 86,3 % der Hunde, wie sie es nennen, „erfolgreich", d. h. ohne krankhafte Veränderungen, altern. Hecht & Horowitz (2015) beschreiben die Veränderungen im Alltagsleben alter Hunde als verringerten Level von Spiel und Reaktionen auf Kommandos, Zunahme von Ängsten und Phobien, weniger Enthusiasmus für Fressen und Kauen und einen zunehmenden Wasserverbrauch. Der Grund dafür ist, dass Altern auch bei Hunden mit natürlichen körperlichen und sensorischen Veränderungen verbunden ist. Mit dem Alter nimmt auch bei Hunden das Seh-, Hör- und Riechvermögen und die körperliche Beweglichkeit ab. Nach aktuellen Schätzungen leiden ca. 80% der alten Hunde über acht Jahre an Arthritis, die mit Bewegungseinschränkung und Schmerzen verbunden ist (Tomlinson, 2019). In einer Halterbefragung, mit der die Veränderungen des natürlichen Alterungsprozesses ermittelt werden sollten, fanden Salvin et al. (2011) gravierende Veränderungen/Verschlechterungen im Verhalten alter Hunde in einem 6-Monats-Zeitraum, beim Aktivitätslevel, beim Befolgen von Kommandos, beim Spiel und bei Ängsten und Phobien.

RÜCKGANG VON SPIEL

Die mit dem Alter verbundenen Prozesse haben auch einen signifikanten Effekt auf die Häufigkeit des Hundespiels, ältere Hunde spielen sowohl weniger mit anderen Hunden als auch mit ihrem Halter (Adler, 2010; Rooney et al., 2000; Rosado et al., 2012). Tomlinson (2019) vermutet abnehmende Mobilität, schlechtere Gesundheit, eine Verringerung des allgemeinen Erregungslevels, sensorische Verschlechterungen, aber auch Vorbehalte/Sorge des Halters (Mongillo et al., 2013) als Grund für den Rückgang des Spiels. **Alte Hunde sind insgesamt weniger aktiv und neugierig und explorieren weniger als jüngere Hunde, aber wenn sie es tun, tun sie es gründlicher.**

Auch die mentalen Fähigkeiten von gesunden Hunden sind vom Altersprozess betroffen, dazu gehören die soziale Ansprechbarkeit, Neugier gegenüber neuen Objekten (z. B. Spielzeug), Aufmerksamkeit, Lernen und Gedächtnis (Chapagein et al., 2018), Unterscheidungsfähigkeiten und Verhaltensflexibilität (Wallis et al., 2016).

Ihr Langzeitgedächtnis und ihre Fähigkeit zur logischen Schlussfolgerung sind von den altersbedingten Veränderungen nicht betroffen (Wallis, 2017). Als vorbeugende und verbessernde Maßnahme gegen kognitive altersbedingte Verschlechterungen werden kognitive und soziale Umweltbereicherung empfohlen, z. B. durch regelmäßige altersangepasste Sozialspiele mit Hunde- und Menschenfreunden, Anbieten von Spielzeug für Objektspiele, spielerische Beschäftigung, z. B. mit sogenannten Intelligenzspielen und regelmäßiges, aber altersangepasstes Training und Hundeseniorensport.

BINDUNG ZUM MENSCHEN

Der Alterungsprozess beeinflusst auch die Bindung des Hundes zum Menschen, die wiederum in engem Zusammenhang mit dem gemeinsamen Spiel zu sehen ist. Bei alten Menschen beeinflusst die Bindungsqualität das Wohlbefinden, insbesondere wenn altersbedingte Krankheiten wie Demenz auftreten, die mit einer zunehmenden Unsicherheit und schnelleren Aktivierung des Bindungssystems verbunden sind (Mongillo et al., 2013). Ähnliches gilt für Hunde: Im Strange Situation Test, mit dem die Bindung von Hunden zum Halter getestet wird, zeigen ältere Hunde (> 7 Jahre) ohne körperliche Beschwerden, erhöhte Cortisolausschüttung als Reaktion auf die kurze Isolation vom Halter, aber ihr Stress wird weniger im Verhalten sichtbar als bei jüngeren Hunden. Sie suchen mehr körperliche Nähe zum Halter, sind weniger aktiv und zeigen weniger Interesse an einer fremden Person als jüngere Hunde (Mongillo et al., 2013), was zu der selektiveren Auswahl von Spielpartnern passt und auf ein stärkeres Sicherheitsbedürfnis hinweist. Im Test zeigten die Hunde allerdings nicht weniger Spiel als die jüngeren Hunde und nach einer kurzen Trennung, auch nicht weniger intensives Begrüßungsverhalten gegenüber dem Halter.

GRÜNDE FÜR WENIGER SPIELFREUDE

Ältere Hunde können aufgrund ihrer körperlichen, sensorischen und psychischen Einschränkungen empfindlicher gegenüber Veränderungen sein und schlechter mit Stress, insbesondere emotionalem sozialen Stress fertigwerden. Das kann, neben dem allgemein geringeren Aktivitätslevel und dem erhöhten Ruhebedürfnis, ein weiterer Grund sein, warum ältere Hunde weniger spielen. Auch krankheits- bzw. altersbedingte Schmerzen können die Veränderungen im Spielverhalten, das Meiden bestimmter Spiele, das generelle Meiden von Körperkontakt, eine allgemeine Verringerung der Spiellust oder eine Abnahme der Spielintensität, das Meiden bestimmter Spielpartner (die eher grob oder mit viel Körperkontakt

Gründe für die abnehmende Spielfreude …

spielen oder nur bestimmte Spiele spielen) oder aggressive Reaktionen im Spiel verursachen (Mills et al., 2020). Bemerkt der Halter solche Veränderungen des Spielverhaltens bei seinem alten Hund, ist ein Gesundheitscheck und eine Beratung durch den Tierarzt für das weitere Vorgehen hilfreich.

Die Hundespielwiese, mit einer Vielzahl fremder Artgenossen, ist für alte Hunde weniger geeignet als regelmäßige Treffen und gemeinsame Spaziergänge inklusive Spielgelegenheit mit schon vertrauten Hundefreunden. Da Spiel immer freiwillig ist, wird sich das Spiel miteinander vertrauter älterer Artgenossen automatisch an ihre veränderten Bedürfnisse anpassen. **Spieleinladungen von Hunden mit nicht mehr passendem Spielstil, wird der alte Hund meist ablehnen, vor aufdringlichen Hunden, überfordernden Welpen und Junghunden, die diese Ablehnung nicht akzeptieren, muss der Mensch ihn schützen.**

Den veränderten Bedürfnissen alter Hunde kommen ruhigere, kürzere Mensch-Hund-Spiele mit weniger Tempo und Intensität entgegen, die aber trotzdem viel Körperkontakt enthalten dürfen, wie z. B. das spielerische Maulrangeln mit der Menschenhand oder entspanntere Spielkämpfe, die der Hund im Sitzen oder Liegen spielen kann. Denn diese Spielform ist nicht nur die natürlichste Spielform von Hunden und macht ihnen am meisten Spaß, sie stärkt auch die Bindung, lässt den Hund selbstbewusst bleiben und beugt zudem Trennungsstress vor (Horowitz & Hecht, 2016; Rooney & Bradshaw, 2003).

... können sensorische, körperliche oder psychische Einschränkungen und ein höheres Ruhebedürfnis sein.

EINFLÜSSE

— *Geschlecht, Status, Beziehung und Rasse*

SPIEL UND GESCHLECHT

Nach Althaus (1982) beeinflussen neben Umweltfaktoren auch individuelle Faktoren wie Alter, Geschlecht, Rasse, sozialer Status und individuelles Temperament/Persönlichkeit das Spielverhalten von Hunden. Diese Faktoren beeinflussen Spiel sowohl qualitativ, d.h. Spielform und Aufbau der Sequenzen, als auch quantitativ, d.h. Dauer und Häufigkeit der Spielsequenzen.
Bei vielen Arten, einschließlich des Menschen, spielen männliche Tiere häufiger und intensiver als weibliche. Dies wird auf den vorgeburtlichen und sehr frühen nachgeburtlichen Einfluss von Sexualhormonen wie Testosteron zurückgeführt (Meaneya et al., 1985). Bei monogam lebenden Kaniden gibt es diese Geschlechtsunterschiede im Spiel nicht (so stark). Wolfsfähen spielen z.B. in ähnlicher Häufigkeit und Form wie Wolfsrüden und sie spielen auch ähnlich häufig in gleich- wie gemischtgeschlechtlichen Dyaden (Cordoni, 2009; siehe auch „Epigenetik“ und „Neurobiologie des Spielens“).

WELPEN UND JUNGHUNDE

Bekoff (1974) hatte im Spiel junger Wölfe, Kojoten und Hunde (Beagle) als einzigen Geschlechtsunterschied das häufigere Aufreiten von männlichen Tieren beobachtet. In gemischtgeschlechtlichen Dyaden von Hundewelpen wird das Spiel häufiger von männlichen Welpen initiiert (Lund & Vestergaard, 1998; Pal, 2010; Ward et al., 2008). Weibliche Welpen bevorzugen früher gleichgeschlechtliche Spielpartner,

Ein selbstbewusster Rüde in freundlicher Imponierhaltung, wie sie gegenüber einer Hündin gezeigt wird.

männliche tun das erst ab der 23. Woche. In geschlechtsgemischten Dyaden zeigten männliche Welpen häufiger offensives Verhalten, aber auch häufiger Selbsthandicapverhalten. In gleichgeschlechtlichen Spielbegegnungen zeigten weibliche und männliche Welpen offensives Verhalten und Selbsthandicapverhalten dagegen ähnlich häufig (Ward et al., 2008).

Bei den von Pal (2010) beobachteten indischen Straßenhundewelpen initiierten beide Geschlechter häufiger Spiel mit Spielpartnern des entgegengesetzten Geschlechts. Nur „Spiel" mit aggressiven Elementen (Anschleichen, Verfolgen, Überfallen, Angreifen mit angespannter Körperhaltung, Haare aufstellen, Fixieren, Zähne zeigen, Knurren, Beißen) initiierten sowohl Rüden als auch Hündinnen häufiger mit Spielpartnern des eigenen Geschlechts. Kottferová et al. (2020) untersuchten das Sozialspiel von zwei Würfen Deutscher Schäferhundwelpen, als diese 7 und 9 Wochen alt waren und fanden ebenfalls eine Bevorzugung von Welpen des entgegengesetzten Geschlechts als Spielpartner. Wanot (2019) fand sowohl bei männlichen als auch weiblichen Bearded Collie-Welpen in der 4. bis 5. Lebenswoche eine Bevor zugung männlicher Spielpartner.

ERWACHSENE HUNDE

Beim Zusammentreffen fremder erwachsener Hunde initiierten Hündinnen und kastrierte Hunde häufiger den ersten Kontakt. Die Hunde spielten aber insgesamt selten miteinander (Iotchev et al., 2019). Spielende kastrierte Hündinnen und Rüden in einem Hundepark zeigten gleichhäufig Selbsthandicap und offensives Verhalten. Hündinnen hatten aber eine höhere Anzahl von Spielpartnern und Rüden initiierten zögerlicher Spiel mit anderen Rüden. Aufreiten wurde sechszehnmal häufiger beobachtet, wenn zwei Rüden miteinander spielten, als wenn es zwei Hündinnen taten. Schnauzenlecken und -beißen wurde nur in Hündinnen-Dyaden beobachtet, nicht bei Rüden (Bauer & Smuts, 2007; Smuts, 2014). Das Geschlecht hatte keinen signifikanten Effekt auf den Spielstil in gemischtgeschlechtlichen Dyaden. Die Autorinnen schließen daraus, dass der Wettbewerbscharakter stärker vertreten ist, wenn zwei Rüden miteinander spielen und deshalb das gemeinsame Spiel zwischen einigen Rüden bewusst vermieden wird, um potenziellen Konfrontationen im Spiel vorzubeugen (Ward et al., 2008).

Trisko untersuchte die Beziehungen zwischen kastrierten Hunden in einer Hundetagesstätte und stellte fest, dass Hunde neben klassischen Dominanzbeziehungen u. a. auch egalitäre Beziehungen etablierten, die häufig aus Rüde und Hündin bestanden, und dass diese auch am häufigsten miteinander spielten (Trisko, 2011; Trisko & Smuts, 2015; Trisko et al., 2016). Adler untersuchte Spiel in einer Hundepension und fand heraus, dass das Spiel gemischtgeschlechtlicher Dyaden signifikant länger dauerte als bei gleichgeschlechtlichen Spielpartnern (Adler, 2010; Adler et al., 2011). Mehrkam et al. (2017) untersuchten den Einfluss von verschiedenen Faktoren auf das Solitär- und Sozialspiel von Hütehunden, Herdenschutzhunden und Retrievern und fanden keine Unterschiede zwischen dem Spielverhalten der Geschlechter. Allerdings spielten Rüde-Hündin-Dyaden hier signifikant häufiger miteinander, wenn nur eine/einer von beiden kastriert war, als wenn beide intakt oder beide kastriert waren.

Bei einer Befragung von Hundehaltern von 3591 Hunden aus 30 verschiedenen Rassen, in der auch das Interesse am Spiel mit anderen Hunden oder Menschen abgefragt wurde, stellten Asp et al. (2015) fest, dass Rüden ein (hochsignifikant) höheres Interesse an Annäherung, Begrüßung und Spiel mit anderen Hunden und am Objektspiel mit Menschen hatten als Hündinnen.

STATUS UND RANG

Nach Zimen (1981) spielten erwachsene Gehegewölfe nur bei ausgeglichenen Rangverhältnissen, stark unterdrückte Tiere hatten kein Spielrecht. Zimen beobachtete bei seinen Gehege-Wölfen, dass ranghohe Tiere (und die Spielinitiatoren) besonders häufig die „defensive" Rolle des Angegriffenen und Verfolgten spielten, während rangniedrige Tiere und solche, die gerade noch oder gerade wieder Spielrecht besaßen, häufiger die Angreifer und Verfolger spielten. Dies würde eine Umkehrung der außerhalb des Spiels geltenden Rangordnung im Spiel bedeuten, die Zimen (1982) so analysierte: *„Je höher der soziale Rang, also je größer die soziale Freiheit, desto eher übernehmen die Tiere im Spiel die umgekehrte Rolle: die Angegriffenen/Verfolgten. Und umgekehrt: je tiefer der soziale Rang, umso eher spielen diese Tiere die Angreifer-Rolle."* Bei den Pudeln spielten dagegen alle erwachsenen Tiere seltener und kürzer. Nur in Spannungszeiten spielten die von den erwachsenen Pudeln stark unterdrückten Junghunde nicht. Im Spiel standen die ranghohen Pudel im Mittelpunkt.

Die Frage, ob auch Haushunde Dominanzbeziehungen und eine Rangordnung ausbilden, wird in der Hundewelt und der Wissenschaft kontrovers diskutiert (siehe z. B. Bradshaw et al., 2009; Bradshaw et al., 2016; Gansloßer, 2020; Schilder et al., 2014). Dies gilt für Mehrhundehaushalte, aber besonders für transiente Gruppen, die nicht zusammenleben, sondern sich z. B. gelegentlich auf der Hundewiese oder beim Spaziergang treffen und in denen Konkurrenz und Auseinandersetzungen um begrenzte Ressourcen wie Futter, Liegeplätze oder Sexualpartner keine wichtige Rolle spielen (Howse et al., 2018). Falls Hunde Dominanzbeziehungen etablieren, wie wirkt sich ein möglicher Statusunterschied auf ihr Spiel aus?

Diese Zurechtweisung zweier sich fremder Hunde hat mit Dominanz nichts zu tun.

Einer steht oben, einer liegt unten – aber ist das schon Dominanz?

AUS DER FORSCHUNG

DOMINANZ

... und wie man sie misst
Gerade im Zusammenhang mit der manchmal kritischen, oder überkritischen, Betrachtung von spielerischem Verhalten bei Hunden wird sehr häufig auch die Frage nach den Auswirkungen auf die Dominanzstruktur gestellt. Bevor wir diese konkret beantworten können, müssen einige Informationen über das Thema Dominanz im Allgemeinen vermittelt werden.

Dominanz ist eine Beziehung
Dominanz ist zunächst einmal eine Beziehung und keine Eigenschaft. Eine Dominanzbeziehung entsteht dann, wenn von zwei Individuen eines freiwillig, und zwar ohne dazu gezwungen zu werden, auf bestimmte Ansprüche verzichtet, die dem anderen zugestanden werden, und dadurch der soziale Frieden in der Gruppe erhalten bleibt. Dominanzbeziehungen sind also langfristige Erscheinungen, die vor allem dann auch in Krisensituationen erkennbar sind, jedoch vorab bereits als Konvention geregelt sein müssen. Dominanz hat nichts mit Aggression zu tun, im Gegenteil. Gerade ein wirklich formal dominantes Individuum muss keine Aggression, meistens nicht einmal Drohverhalten einsetzen, um seine Ansprüche zu zeigen.

Formale und situative Dominanz

Gerade bei Hundeartigen muss auch deutlich zwischen formaler und situativer Dominanz unterschieden werden. Unsere Untersuchungen (zusammengefasst in verschiedenen Beiträgen in Gansloßer, 2015) zeigen deutlich, dass die situative Dominanz oftmals sogar entgegen der stabilen und vorgegebenen Rangordnung von unten nach oben gezeigt werden kann. Dies geschieht vor allem dann, wenn eine Gruppe stabil ist und die beteiligten Individuen ihre Beziehungen bereits langfristig geregelt haben. Dann kann auch Widerspruch von unten nach oben stattfinden, nicht nur bei der Verteidigung von Futterressourcen, sondern auch bei Ruheplätzen, Wahrung der Individualdistanz und anderen individuellen Interessenlagen. Die formale Dominanz, die vorwiegend durch Körperhaltungen dargestellt wird, ist von solchen kurzfristigen Protestaktionen nicht nur unbeeinflusst, sondern gerade ein souveräner Ranghoher akzeptiert auch den Widerspruch in bestimmten Situationen von unten ohne „Ausraster" und nachfolgende Strafmaßnahmen.
Gerade das Senden von sogenannten Abbruchsignalen, also nach dem Motto „Hör jetzt auf, du nervst" ist ein wichtiger Bestandteil dieser situativen Dominanzausübung, die auch von unten nach oben erlaubt ist.

Berechnung von Dominanzbeziehungen

Hier gibt es eine Reihe verschiedener Formeln (siehe Dopfer, 2015; Engel, 2002; Gansloßer, 2020), die jedoch im Wesentlichen sehr ähnliche Grundtendenzen beinhalten: Es wird in der Regel die Zahl der gewonnenen zur Zahl der begonnenen und zur Gesamtzahl aller Auseinandersetzungen, in die man verwickelt ist, in Beziehung gesetzt.

Der „ideale Dominante" ist also jemand, der nie Streit anfängt, aber sich jedes Mal durchsetzt, wenn er von anderen angestänkert wird. Und da zeigt sich ein weiteres, häufiges Missverständnis: Gerade das, was Laien (und solche, die nicht zugeben es zu sein) als „dominanten Hund" bezeichnen, ist ja oft der kleine Stänkerer, der ständig Ärger macht. Selbst wenn er dabei jeweils gewänne, hätte er trotzdem maximal einen mittleren Dominanzwert, und wäre jemandem unterlegen, der nie anfängt, aber sich trotzdem immer durchsetzt, wenn jemand anderes glaubt, einen Streit vom Zaun brechen zu müssen. Häufig werden diese kleinen Stänkerer aber nur von ihren Menschen gerettet, oder kriegen von allen Seiten auf die Mütze, und wären dementsprechend nach den genannten wissenschaftlichen Berechnungsmethoden eher im unteren Bereich einer Rangordnung anzutreffen.

Was ist eine Rangordnung?

Apropos Rangordnung: Eine Rangordnung liegt dann vor, wenn zumindest die Mehrzahl der individuellen Dominanzbeziehungen zwischen den Angehörigen einer Gruppe in die gleiche Richtung zeigen, wenn also aus der Aussage A dominiert B, B dominiert C, C dominiert D dann auch erkennbar ist, dass A genauso über C steht, und B über D. Eine solche, als transitive Anordnung bezeichnete mehr oder weniger lineare Anordnung von Dominanzbeziehungen führt dann insgesamt zu einer Rangordnung. Dies muss aber nicht unbedingt so sein, es können auch Dreiecksverhältnisse auftreten oder es gibt nur einen, der über viele andere dominiert, oder ähnliche Strukturen von Dominanzbeziehungen in Gruppen, die dann aber nicht als Rangordnung bezeichnet werden.

Gerade wenn es gefährlich aussieht, ist es oft deeskalierende Kommunikation.

Die halbherzige Abwehr des liegenden Hundes weist auf Spiel hin.

Stressignal/Demutshaltung als Reaktion auf ein Abbruchsignal.

Diese allgemeinen verhaltensbiologischen Informationen zum Dominanzthema müssen dringend berücksichtigt werden, bevor die speziellen Auswirkungen von Spielverhalten auf die Dominanz diskutiert werden. Ausführlichere Informationen zum theoretischen Hintergrund des Dominanzkonzepts, dessen verhaltensökologischen und spieltheoretischen Annahmen etc. finden sich in einschlägigen Lehrbüchern der Verhaltensbiologie, etwa Gansloßer 2020, Gansloßer et al. 2020 oder Kappeler 2012. In diesen Werken finden sich auch die hormonellen Zusammenhänge, wobei gerade bei Hunden wiederum darauf hingewiesen werden muss, dass die so häufig als angebliches Dominanz-Heilmittel durchgeführte Kastration hier selten Erfolge erzielt, ganz abgesehen davon, dass Hunde normalerweise nicht dazu tendieren, über Menschen dominieren zu wollen. Bei Hunden haben nämlich die Ranghöheren im größten Teil des Jahres mehr Stress als die Rangtieferen, weil sie sehr viele Führungsaufgaben und Leittierkompetenzen zutage treten müssen.

ASYMMETRIE/SYMMETRIE IM SPIEL

... und wie sie von Wissenschaftlern gemessen wird

Ein wichtiges Spielkriterium ist die Aufhebung der außerhalb des Spiels geltenden Konventionen, die einen Rollenwechsel ermöglicht. Die 50:50-Regel besagt, dass jeder Spieler in gleichem Maße die offensive/defensive Rolle, also die von Verfolger-Verfolgtem und Angreifer-Verteidiger übernimmt (Aldis, 1975; Pellis & Pellis, 1998). Daraus folgt, dass der größere, stärkere, ältere und erfahrenere Hund sich stärker zurückhält und mehr aktives und passives Selbsthandicapverhalten zeigt, um ein ausgewogenes Spiel zu ermöglichen. Bekoff (2001) weist darauf hin, dass es diese freiwillige Zurückhaltung ist, die Sozialspiel von allen anderen sozialen Aktivitäten unterscheidet und es so ermöglicht, dass alle Mitglieder einer Gruppe, unabhängig von ihrer Größe, ihrem Alter und ihrem Status miteinander spielen können. Dieser Rollenwechsel findet auch tatsächlich statt, im Welpenspiel (Ward et al., 2008) und auf der Hundewiese bei älteren Hunden (Bauer & Smuts, 2007) jedoch nicht immer ausgewogen.

Spiel ermöglicht, trotz der Unterschiede in Alter, Größe, Rasse usw., zusammen Spaß zu haben.

50:50-Regel im Hundespiel

Bauer & Smuts (2007) waren die ersten, die die 50:50-Regel im Hundespiel systematisch untersuchten und ihre Analyse beruht auf der Untersuchung von nur 23 Hunden in einem Hundepark, die zudem alle kastriert waren. Alle nachfolgenden Studien verwendeten ihre Kategorisierung (manchmal mit kleinen Ergänzungen), um Spielverhaltensweisen in offensives bzw. Gewinner-Verhalten (Angreifen/Verfolgen: Rempeln/Aufreiten/Kinn auflegen/erzwungenes Hinlegen/Drüberstehen/Verfolgen) und Selbsthandicap- bzw. Verliererverhalten (freiwilliges Hinwerfen, Über-die-Schnauze-gebissen-Werden, Genitallecken (Empfänger), Schnauzelecken) zu kategorisieren. Offensiv-Verhalten vom dominanten Hund und Selbsthandicap vom subdominanten Hund werteten sie als „Kein Rollenwechsel".

OFFENSIV-VERHALTEN	GESAMT	RW*	%	KRW	%
Drücken/Packen (Hochkampfstellung)	78	60	12	18	4
Aufreiten	11	0	0	11	2
Kinn auflegen	32	16	3	16	3
Hinlegen erzwingen	162	50	10	112	23
Drüberstehen	58	28	6	30	6
Verfolgen/Angreifen nach Anschleichen	151	40	8	111	23
Offensiv gesamt	**492**	**194**	**39**	**298**	**61**

SELBSTHANDICAP-VERHALTEN	GESAMT	RW*	%	KRW	%
Freiwilliges Hinwerfen	105	5	3	100	59
Genitalschnüffeln zulassen	16	8	5	8	5
Schnauzenbiss zulassen	16	0	0	16	
Schnauze lecken	33	0	0	33	19
Selbsthandicap gesamt	**170**	**13**	**8**	**157**	**92**

* RW = Rollenwechsel, KRW = Kein Rollenwechsel. Die Rolle i.e. Dyade (dominant-subdominant wurde außerhalb des Spiels gemessen: „upright posture": Kopf/Schwanz hoch = dominante Hunde, „lowered body": gesenkter Körper, zurückgelegte Ohren, gesenkter Schwanz = subdominante Hunde)

Spieltypische Phänomene wie Selbsthandicap/Rollentausch gleichen Unterschiede zwischen Hunden aus.

Selbsthandicapverhalten vom dominanten und Offensiv-Verhalten vom subdominanten Hund werteten sie als „Rollenwechsel". Neben der grundsätzlich fragwürdigen Einteilung von Gewinnern/Verlierern im Spiel, kann auch hinterfragt werden, ob die verwendete Kategorisierung tatsächlich das misst, was gemessen werden soll (Validität/Gültigkeit): die Symmetrie/Asymmetrie, bzw. das Reflektieren von Dominanzbeziehungen im Spiel. Verhalten, das außerhalb des Spiels als „dominant" oder „submissiv" eingeordnet wird (Aufreiten, Kinn auflegen, Schnauzenlecken), einfach 1:1 auf Verhalten im Spiel zu übertragen ist problematisch, denn hier wird Verhalten bzw. eine Rolle nur simuliert.

Selbsthandicap

Die Autorinnen unterteilen Selbsthandicapverhalten in aktives Selbsthandicap: *„sich freiwillig in eine verletzliche Position begeben"* und passives Selbsthandicap: *„seine Fähigkeiten/Kräfte zurückhalten"* (Bauer & Smuts, 2007), wobei die Autorinnen zugeben, dass sie passives Selbsthandicap nicht messen konnten. Nach ihrer eigenen Definition (und Beschreibung in ihrem Ethogramm) müsste das Verfolgen in gedrosselter Geschwindigkeit im Spiel, zumindest in einigen Fällen, nicht als offensives Verhalten, sondern als (passives) Selbsthandicapverhalten eingestuft werden, wie dies andere Autoren tun (z. B. Aldis, 1975). Die Kategorisierung von Schnauzenlecken als Selbsthandicapverhalten wiederum ist fragwürdig, weil es weder der Definition der Autorinnen für aktives noch der für passives Selbsthandicapverhalten entspricht. Es kann zudem sehr unterschiedlich motiviert sein, z. B. als bindungsanzeigendes Verhalten, submissives Verhalten und/oder Teil eines Werbespiels. Auch Aufreiten, das als offensives Verhalten kategorisiert wird, kann ebenfalls sehr unterschiedlich motiviert sein, z. B. stressanzeigendes Verhalten, bindungsanzeigendes Verhalten oder Teil des Werbespiels sein. Letzteres trifft auch auf Kinn auflegen, Genitallecken und Drüberstehen zu. Das häufigere Selbsthandicapverhalten von jüngeren Hunden im Spiel kann unabhängig von deren Status außerhalb des Spiels, z. B. durch die höhere Spielmotivation jüngerer Hunde (Miklosi, 2009) verursacht sein. Die Rolle des „Underdogs" ist zudem gerade bei Jungtieren wegen der größeren Herausforderung die beliebtere (Gray, 2014, 2018; Pellis & Pellis, 2011; Špinka et al., 2001). Falls es also einen Zusammenhang zwischen der Rolle im Spiel und dem Status des Hundes gibt, würde man die Wahl der beliebteren Rolle wohl eher dem Hund mit dem höheren Status zugestehen.

Die Studienergebnisse zum Einfluss der Rangordnung bzw. Symmetrie/Asymmetrie im Welpenspiel sind sehr widersprüchlich.

WELPEN

Nach Untersuchungen von Ward et al. (2008) ist Hundespiel zu keinem Zeitpunkt der Welpenentwicklung wirklich symmetrisch. Im Verlauf der Welpenentwicklung nimmt die Symmetrie im Spiel sogar ab. Es gibt eine Korrelation zwischen offensivem Verhalten und dem Anteil von Spielinitiierungen, die im Laufe der Entwicklung zunimmt. Ward et al. (2008) vermuten die Ursache in der sich entwickelnden Wurfrangordnung. Nach Scott & Fuller (1965) taucht konkurrierendes Verhalten zwischen Wurfgeschwistern erstmals mit drei Wochen auf und die Dominanzbeziehungen sind mit 11 Wochen stabil, wenn die Welpen zusammenbleiben. Nach Fox & Bekoff (1975) ist bei Beagle-Welpen bis zur 9. Lebenswoche, bei Husky-Welpen (Althaus, 1982) und Deutsch Kurzhaar-Welpen (Lemmer, 1971) bis zur 10. Lebenswoche keine Rangordnung zu erkennen. Bei Pudeln ist eine Rangordnung ab der 8. Lebenswoche erkennbar (Zimen, 1982). Pal (2008, 2010) folgert aus seinen Beobachtungen der indischen Straßenhund-Welpen, speziell dem Ansteigen und Fallen von aggressivem „Spiel“, dass eine stabile Dominanzhierarchie bis zur 7. Woche gebildet wird.

Allerdings betont schon Aldis (1975), dass bei Kanidenwelpen die Rangordnung nicht im Spiel etabliert wird. Auch weitere Untersuchungen (Hoskin, 1991 nach Bradshaw & Nott, 2007; Nightingale, 1991; Wright, 1980) bestreiten die frühere Etablierung einer Welpenrangordnung und beschreiben äußerst widersprüchliche „Dominanzbeziehungen" im Sozialspiel, die sich sogar täglich ändern können. Auch der Gewinn oder Verlust eines Spielkampfes um ein Spielzeug hat wenig Aussagekraft über die Dominanzbeziehung zwischen den Spielern. Es scheint eher so, dass im Alter von sechs Wochen der oberste und unterste Sozialrang bei den Welpen festgelegt ist, es dagegen in der sozialen Mittelschicht ständig Verschiebungen gibt (Zimen, 1998 in Bloch & Dettling, 2009). Der soziale Status wirkt sich auf das Welpenspiel so aus, dass die „ranghöchsten" und die „rangniedrigsten" Welpen wenig spielen, während das Mittelfeld viel miteinander spielt (Ganslоßer & Sillero-Zubiri, 2006; Ganslоßer, 2020).

JUNGHUNDE

Beim heranwachsenden Junghund (6 Monate) korreliert der Anteil der Spielinitiierungen ebenfalls mit dem Anteil von offensivem Verhalten. Ward ist der Meinung, dass dem Welpen bzw. dem Junghund mit zunehmendem Alter auch sein Status in der Gruppe bewusster wird. Das Spiel wird konkurrenzbetonter und das Gewinnen und die Übernahme der „dominanten" Rolle im Spiel werden wichtiger (Ward et al., 2008). Das könnte ihrer Meinung nach ein Grund für die Bevorzugung von Spielpartnern sein, die im Spiel dominiert werden können, was erklärt, warum diese Spielpartnerpräferenz nicht reziprok, d. h. wechselseitig ist. Kottferová et al. (2020) untersuchten ebenfalls die Symmetrie im Spiel von zwei Würfen von Schäferhundwelpen im Alter von sieben und neun Wochen und benutzten dabei die gleichen Kriterien wie Ward et al. (2008). In den von ihnen untersuchten Welpenpaaren war das Spiel in einem Wurf sowohl im Alter von sieben als auch von neun Wochen symmetrisch, beim anderen Wurf nur im Alter von sieben Wochen, im Alter von neun Wochen dagegen asymmetrisch.

Dem Junghund wird sein Status bewusster und wichtiger. Er beeinflusst die Auswahl der Spielpartner.

ERWACHSENE HUNDE

Auch im Spiel von erwachsenen Hunden auf der Hundewiese gibt es keine echte Symmetrie (Bauer & Smuts 2007; Ward et al. 2008). Die Autorinnen, die das Welpenspiel untersuchten, beschäftigten sich in einer anderen Studie mit den Faktoren, die das Spiel erwachsener Hunde beeinflussen. Untersucht wurden 23 Hunde, die sich zum Spielen im Hundepark trafen, über einen Zeitraum von drei Jahren. Ein ausgewogenes Spiel wurde hier als Spiel definiert, in dem beide Spielpartner den gleichen Anteil an offensivem Verhalten (Attacken und Verfolgen), Spielsignalen und Selbsthandicapverhalten (freiwilliges Hinwerfen, Schnauzenlecken, Rollentausch) zeigten (siehe „Aus der Forschung", S. 217 ff.). Nur 5,4 % der beobachteten Spielbegegnungen waren in diesem Sinne tatsächlich ausgewogen. Jüngere Hunde zeigten mehr Selbsthandicap und mehr Spielsignale.

Die Studie weist auf einen Zusammenhang zwischen dem Alter, dem von den Autorinnen kategorisierten Dominanzstatus und Spielverhalten hin: *„... in der Weise, dass ältere oder/und ranghöhere Hunde generell höhere Anteile von Angriffen und Verfolgungen und geringere Anteile von Selbsthandicaps als ihre benachteiligten (unterlegenen) Spielpartner zeigten [...]. Zum Beispiel trat Rollentausch während Verfolgungsjagden und Angriffen auf, aber nie beim Aufreiten, bei Schnauzenbissen oder Schnauzenlecken, was nahelegt, dass diese Handlungsweisen unveränderliche Hinweise für formale Dominanz im Spiel von Haushunden sind"* (Ward et al., 2008; Bauer et al., 2009). Die Autorinnen setzen dabei voraus, dass zwischen Hunden, die sich auf der Hundewiese treffen, Dominanzverhältnisse existieren, die sie außerhalb des Spiels nach High-Posture, Low-Posture-Haltungen kategorisierten. Sie weisen allerdings darauf hin, dass sie keinen Weg gefunden haben, passives Selbsthandicapverhalten zu messen, wie z. B. in dem Fall, in dem der überlegene Partner sich zurücknimmt und den Spielpartner nur gehemmt beißt oder mit verminderter Kraft rempelt oder auf den Boden drückt. Bloch beobachtete bei den Pizzahunden, dass die Rüden Ringo, Salvo und Bello, die *„mit taktischen Winkelzügen und Statusbezogenheiten beschäftigt sind"*, nie miteinander spielten (Bloch, 2007). **Auch diese Beobachtung widerspricht der Behauptung, dass Hunde im Spiel die Rangordnung und Statusfragen klären.** Ähnliches hatte Zimen (1982) bei den Gehege-Wölfen beobachtet: Rangniedrige, stark unterdrückte Tiere (besonders Fähen in der Paarungszeit) hatten kein Spielrecht und die stark mit dem Unterdrücken dieser Tiere beschäftigten Wölfe spielten auch nicht.

Junghund Dudu testet seine Grenzen aus und ...

... erhält die entsprechende Reaktion von der erwachsenen Border Terrier-Hündin Mila.

EINFLUSS DER VERTRAUTHEIT UNTER HUNDEN

Cordoni et al. (2016) untersuchten das Spiel von Hunden verschiedener Vertrautheitsgrade in einem Hundepark in Palermo. Asymmetrie beeinflusste die Dauer des Spiels negativ, d. h., das Spiel von Paaren mit höherem Grad an Asymmetrie dauert weniger lang. Entgegen der Erwartung beeinflusst der Grad der Vertrautheit den Grad der Asymmetrie/Symmetrie nicht. Wann immer die Asymmetrie zu groß wird, kürzen Hunde die Dauer des Spiels ab und zeigen mit vielen Spielverbeugungen ihre Spielintention, um mögliche Eskalationen zu verhindern. Cordoni et al. schlussfolgern, dass die Art und Weise wie gespielt wird, keine Aussage darüber trifft, welche Dominanzbeziehung außerhalb des Spiels besteht. Der hohe Grad an kompletter Spielasymmetrie in 42 % der Dyaden zeigt für Cordoni, dass Selbsthandicap und Rollenwechsel nicht entscheidend für das Spiel von Hunden sind und Spielkämpfe eher der Aufrechterhaltung des sozialen Zusammenhalts dienen, als Dominanz zu etablieren oder aufrechtzuerhalten.

Nach Feddersen-Petersen hängt es von der individuellen Beziehung der Spieler ab, ob außerhalb des Spiels dominante Tiere *„vielleicht kaum oder nie eine submissive Rolle spielen, was in anderen Dyaden nahezu die Regel sein kann“* (Feddersen-Petersen, 2008). Auch Bauer et al. (2009) resümieren auf Basis einer Langzeitbeobachtung von zusammenlebenden und befreundeten Haushunden, dass sich die Asymmetrie-Verhältnisse zwischen Hunden im Spiel im Laufe der Zeit verändern, verstärken oder auch umkehren können.

WÖLFE

Cordoni (2009) entdeckte, dass erwachsene Zoo-Wölfe mit einem ähnlichen Status häufiger miteinander spielen, als Wölfe mit großen Statusunterschieden. Sie fand dagegen keine Korrelation zwischen der Häufigkeit von Spiel und Körperkontakt oder Aggression. Cordoni schließt daraus, dass erwachsene Wölfe Spiel einsetzen, um ihr Verhalten zu trainieren und zu koordinieren. Sie benutzen Spiel aber auch, um die Fähigkeiten von Rudelmitgliedern mit ähnlichem Status innerhalb eines sicheren Rahmens zu testen und Möglichkeiten auszuloten, ihren Status zu verbessern. Bei Gehegewölfen in Österreich gab es im dyadischen Spiel zwischen erwachsenen Wölfen und Welpen keine Symmetrie im Sinne der 50 : 50-Regel. Die Welpen zeigten mehr Selbsthandicap und die erwachsenen Wölfe mehr offensives Verhalten und weniger Selbsthandicap. Das Spiel zwischen Welpen war dagegen ausgeglichener (Essler et al., 2016).
Cafazzo et al. (2018) beobachteten das Spiel zwischen Wolfswelpen und in altersgemischten Spieldyaden im Zoo. Dabei fokussierten sie ihre Beobachtungen besonders auf entspanntes versus konkurrenzbetontes Spiel. Konkurrenzbetontes Spiel definierten sie als Spiel mit offensiven und Selbsthandicapelementen (siehe Ward & Smuts, 2007). Entspanntes Spiel – bestehend aus Bepföteln/Aneinanderreiben im Sitzen oder Liegen mit Spielgesicht – definierten sie als Spiel ohne diese asymmetrischen Elemente. Sie fanden eine Korrelation zwischen entspanntem Spiel und freundschaftlichen Interaktionen außerhalb des Spiels. In den altersgemischten Gruppen gab es eine negative Korrelation zwischen Spiel mit entspannten und konkurrenzbetonten Elementen und aggressiven Interaktionen außerhalb des Spiels. Das konkurrenzbetonte Spiel zwischen Wölfen bzw. Welpen mit ähnlichem Status dauerte länger und diese Dyaden hatten auch außerhalb des Spiels mehr Auseinandersetzungen. Die existierenden Dominanzbeziehungen wurden im Spiel nicht aufgehoben, sondern reflektiert. Die Autorinnen schließen, dass Spiel Aggressionen außerhalb des Spiels nur bei klaren Dominanzbeziehungen reduziert. Tüpfelhyänen, die in strengen Dominanzhierarchien leben, aber ein hohes Maß an Kooperation zeigen, nutzen Spiel als sicheres Feld für statusunabhängige Interaktion und Kennenlernen des Spielpartners (social assessment hypothesis), was künftige Interaktionen erleichtert (Nolfo, Casetta & Palagi, 2021).

SYMMETRIE VERSUS ASYMMETRIE

Barbara Smuts, eine der drei Wissenschaftlerinnen, die in wechselnder Besetzung verschiedene Aspekte des Spiels, insbesondere die Frage der Symmetrie, untersuchten, kategorisiert die Sozialspiele der Hunde,

Verfolgungsspiel gehören zu den …

in denen das Verhalten eher symmetrisch oder asymmetrisch ist. In symmetrischen Spielen sind die Rollen ähnlicher, d. h., es besteht kein großer Unterschied, was Angriff/Verteidigung, offensives/defensives Verhalten angeht.

Zu den **asymmetrischen Spielformen** gehören für Smuts (2014):

1. Scheinangriffe, Attackieren, Anspringen, ein Hund versucht, den anderen durch Drücken/Schieben, Stoßen oder spielerisches Nackenbeißen auf den Boden zu zwingen
2. Verfolgungsjagden, bei denen versucht wird, in die Hinterhand des flüchtenden Partners spielerisch zu beißen
3. Stalking
4. Aufreiten

Spielformen, die sie als **eher ausgewogen und symmetrisch** bezeichnet:

1. Maulrangeln/-fechten: Rangeln mit offenem Maul, liegend, sitzend oder stehend
2. Spielkämpfe, inkl. Maulrangeln, in Bauchlage, Seite an Seite liegend, mit den Pfoten und Füßen schiebend, herumrollend oder über den anderen Hund rollend
3. Aufrichten, Anspringen oder vertikal stehen, Vorderbeine auf die Schultern legen, vertikal mit den Pfoten streichen, einander spielerisch beißen

FREIWILLIGES HINWERFEN

Unterwerfung, Selbsthandicapverhalten oder Spieltaktik?
Als wichtiges Merkmal von Spiel galt lange, dass die außerhalb des Spiels geltende Rangordnung außer Kraft gesetzt ist. Ob dies tatsächlich generell so ist und wie stark Rangstrukturen im Spiel gelten, wird seit einiger Zeit wissenschaftlich diskutiert. Eine spielerische Aktion, die als Einladung vor und innerhalb eines Spiels häufig zu beobachten ist, wird als freiwilliges Hinwerfen (rollover) bezeichnet und ist in diesem Zusammenhang bereits wissenschaftlich untersucht und (divers) eingeordnet worden.

... asymmetrischen Spielen. Sie können durch den Rollentausch jedoch symmetrisch werden.

Freiwilliges Hinwerfen ist meist eine defensive oder offensive Spieltaktik oder eine Spieleinladung.

Während Bauer & Smuts (2007; Smuts et al., 2015) das freiwillige Hinwerfen als submissives Signal im Spiel interpretierten, fanden Norman et al. (2015) heraus, dass Hunde das freiwillige Hinwerfen als Spieleinladungssignal oder Spieltaktik benutzen. Am häufigsten setzen sie es im Spiel als defensive Spieltaktik (79,4 %) ein, um Spielbisse vor allem gegenüber Hals/Kehle/Schnauze zu vermeiden, seltener als offensive Spieltaktik, um Spielbisse in diesem Bereich gegenüber dem Spielpartner zu platzieren. Norman et al. konnten vier Arten von Hinwerfen unterscheiden:

1. Als offensives Manöver macht der Angreifer einen Satz nach vorne, dreht sich auf den Rücken, hebt den Kopf mit offener Schnauze und beißt in Richtung Hals/Kehle. In diesem Fall erfolgt die Rolle um die Längsachse. Wenn die Annäherung von der Seite erfolgt, ist sie mit einer seitlichen Komponente gekoppelt.
2. Als defensives Manöver: Versucht ein Hund den Spielpartner in den Hals/Nackenbereich zu beißen, dreht dieser den Kopf/Hals weg. Falls dies nicht ausreicht, senkt er den Vorderkörper oder dreht den Rumpf um die Längsachse, bis er auf der Seite oder dem Rücken liegt. Jetzt ist er in der Lage, weitere Angriffe des Spielpartners mit den Pfoten und geöffneter Schnauze abzuwehren, was den Hunden in allen Fällen gelang. In mehr als der Hälfte der Fälle platzierte der liegende Hund aus dieser Position zudem erfolgreich einen Spielbiss.
3. Hinwerfen als Spieleinladung, das weder als defensives noch offensives Manöver einzuordnen ist, ist dagegen häufig mit vorausgehenden Spielverbeugungen oder anderen Spielsignalen zu beobachten und machte in der Studie weniger als 5 % aus.
4. Das Hinwerfen in Spielpausen wurde ohne sozialen Bezug durchgeführt. Die Häufigkeit des Verhaltens korrelierte nur mit der Spieldauer, ein Größen- oder Gewichtsunterschied zwischen den Hunden spielt keine Rolle.

Die Schlussfolgerung der Autoren: die Asymmetrien beim Auftreten der Rückenlage im Spiel sind eher auf unterschiedliche Grade von Verspieltheit und unterschiedliche Spielstile/-taktiken der Spielpartner zurückzuführen, als dass sie Asymmetrien der Beziehung außerhalb des Spiels reflektieren.

AUS DER FORSCHUNG

Schweinische Spiele

In den letzten Jahren haben mehrere Arbeitsgruppen zum Teil sehr ausführliche und statistisch äußerst kompetent durchgeführte Untersuchungen an spielenden Ferkeln des Hausschweines veröffentlicht. Eine Arbeit aus der Arbeitsgruppe von Giada Cordoni, die wir auch im Zusammenhang mit Untersuchungen an Wölfen schon kennengelernt haben (Cordoni et al., 2021), beschreibt Vergleichsuntersuchungen über Spielkämpfe und „echte" Aggression in einigen Würfen von Ferkeln auf einem Ökobauernhof in Norditalien. Eine Reihe von Vorhersagen wurden durch diese Daten eindeutig gestützt. Die Ferkelchen beschäftigten sich dort am meisten mit Spielverhalten bzw. Spielkämpfen, wo das Verletzungsrisiko am geringsten war, z. B. indem sie Spieleinladungen ohne Körperkontakt äußerten. Auch dort wo beide Spielpartner ähnliche Gewichtsklassen hatten, war die Spielhäufigkeit am höchsten. Während der Zeit kurz vor der Entwöhnung ging die Spielkampfhäufigkeit zurück, die Zeit bei echten Kämpfen dagegen wuchs an. Die Netzwerkverteilung, also die Verteilung von Spielkämpfen und echten Kämpfen in der Gruppe, näherte sich gerade in dieser Zeit immer mehr an. Daraus schließen die Autorinnen und Autoren, dass Spielkämpfe in dieser Zeit ein Ersatz für echte Aggression sein können.

Selbsteinschätzung und Selbstbewusstsein

Eine Reihe von Untersuchungen aus Schottland (Turner et al., 2020; Weller et al., 2019; Weller et al., 2020) haben noch mit größeren Datensätzen ähnliche Ergebnisse erzielt. Auch hier ergab sich, dass es Zusammenhänge zwischen Spielverhalten und späterer Aggression gab. So wurden Ferkel mit hoher, auf viele Interaktionspartner verteilter Spielaktivität später seltener in ernsthaften Auseinandersetzungen verletzt. Offenkundig konnten einige ihre Gegner auch in ernsthaften Auseinandersetzungen einschätzen. Verglich man die Angehörigen von 12 Würfen, die frei zwischen ihrem Aufenthalt in ihrer eigenen Wurfbox und ihrer Nachbarbox (mit anderen Schweinchen) wählen konnten, mit solchen, denen diese Wahlmöglichkeit nicht zur Verfügung stand, so ergaben sich für die erstgenannte Gruppe offensichtlich mehr und diversere Interaktionsmöglichkeiten. In nachfolgenden Konfrontationstests mit fremden Schweinchen waren die genannten, durch vielfältige Sozialkontakte sozialisierten Individuen schneller in der Angriffswahrscheinlichkeit. Unterteilte man die Schweinchen der genannten Versuchs- versus Kontrollgruppe noch aufgrund der von ihnen gezeigten Spielhäufigkeit in solche mit hoher versus niedriger Spielwahrscheinlichkeit, so waren in den nachfolgenden Konfrontationstests die Schweinchen der Hochfrequenzspielgruppe deutlich besser in der Lage, ihre Stärke und andere Ausgangspositionen korrekt einzuschätzen, und gewannen auch deutlich an Selbstbewusstsein. Schweinchen, die mit niedriger Frequenz gespielt hatten, besaßen die Fähigkeit zur Einschätzung der eigenen oder auch der Fähigkeiten des Gegenüber dagegen nicht. Durch die häufigeren sozialen Spiele waren die Schweinchen also offensichtlich besser in der Lage, ihr eigenes RHP (siehe S. 170 f.) im Vergleich zu dem der Fremden gegenüber im Konfrontationstest einzuschätzen. Es wird spannend sein, vergleichbare Untersuchungen auch mit Hundewelpen bzw. Junghunden durchzuführen, um auch dort auf die mögliche Bedeutung des sozialen Spielens für die spätere Selbsteinschätzung rückschließen zu können.

WETTBEWERB, KOOPERATION, FAIRNESS

Liest man ältere Verhaltensstudien von Kaniden, findet man eine starke Betonung von Rang, Wettbewerb und Konkurrenz (vgl. Bloch & Bloch, 2002; Miklósi, 2009). Verhaltensweisen des auf das Leben im Familienrudel angelegten Hundes, die eher auf Kooperation hinweisen, fanden weniger Beachtung. Dabei gibt es etliche dieser kooperierenden Verhaltensweisen und sie tauchen früh auf. Dazu gehören die Knäuelbildung der noch nicht temperaturregulierenden Welpen und die sehr früh einsetzende Stimmungsübertragung unter Welpen. Ältere Welpen halten Kontakt zueinander, weil sie dann bessere Chancen haben, von den Eltern gesucht zu werden. Die Welpen kooperieren in der Entwöhnungsphase, wegen der besseren Chance doch noch an das Gesäuge der Mutter zu gelangen. Sie kooperieren in Gruppenjagdspielen beim Einkreisen und Stellen der Spielbeute. Sozial lebende erwachsene Kaniden kooperieren bei der Jagd, der Verteidigung von Beute und Territorium und der Aufzucht der Jungen. Sie benutzen ein hochkomplexes Kommunikationssystem, das sowohl freundschaftliche als auch agonistische Interaktionen umfasst und zeigen nach Konflikten Trösten und Versöhnungsverhalten (Cavalli et al., 2016; Cools et al., 2008). Spiel, insbesondere Sozialspiel, ist ein Phänomen, das nicht nur mit Konkurrenz und Wettbewerb erklärt werden kann. Ginge es im Spiel tatsächlich darum festzustellen, welcher Spielpartner der Schnellere, Stärkere oder Selbstbewusstere ist, gäbe es weder Selbsthandicap noch Rollentausch, beides Verhaltensweisen, die eingesetzt werden, damit alle beteiligten Hunde in Spiellaune bleiben.

SPIEL UND ENTWICKLUNG DES GEHIRNS

Das Forscherpaar Pellis & Pellis (2009) hat sich intensiv mit dem Zusammenhang von Spiel und Gehirnentwicklung beschäftigt. In ihren Experimenten verabreichten sie Ratten Drogen, die deren Reaktion auf den Spielpartner hemmte. Dabei stellten sie fest, dass eine solch künstlich „ruhiggestellte“ Ratte ein unbeliebter Spielpartner war. Der Spielpartner einer solchen Ratte verliert schnell die Lust am Spiel. Ginge es den Tieren bei den Kampfspielen nur um das Gewinnen, das Beherrschen oder „Dominieren“ des Spielpartners, hätten die ruhiggestellten Ratten eigentlich sehr beliebte Gegner sein müssen, weil sie leicht zu überwältigen sind.

Sozialspiel ohne Kooperation der Spielpartner ist nicht möglich. Auf der anderen Seite ist Spiel ganz ohne Wettbewerb langweilig, d. h., es macht keinen Spaß und ist nicht mehr selbstbelohnend.

Ohne Kooperation, z. B. durch gedrosselte Geschwindigkeit, sind Verfolgungsspiele nicht möglich.

Ohne Wettbewerb, z. B. Spielbisse zu platzieren …

… oder den Partner zu Fall zu bringen, auch nicht.

Die Sache scheint daher eher so zu sein, dass ein Jungtier einen Spielpartner bevorzugt, an dem es sich messen und weiterentwickeln kann, und dass Siegen oder Verlieren dabei eine untergeordnete Rolle spielt. **Spielkämpfe sind eine Form des freien Spiels mit selbstausgehandelten Regeln und selbstständig ausbalancierter Abwägung zwischen Wettbewerb und Kooperation.** Diese Spielform ist nach Palagi (2016) evolutionär eng mit der Entwicklung von sozialer Toleranz, Gegenseitigkeit und freundlichen, friedlichen Beziehungen verknüpft und deshalb der ideale Lernkontext für Fairness. Sozialspiele, insbesondere Spielkämpfe, bestehen immer aus einer Mischung aus Kooperation und Wettbewerb (Pellis & Pellis, 2011). Ein Mindestmaß an Kooperation ist Voraussetzung dafür, dass ein Spiel überhaupt zustande kommt, spielerisch bleibt und nicht eskaliert (Bekoff, 2015, 2018). Spaß und Spielspannung erfordern aber auch ein Mindestmaß an spielerischer Konkurrenz (Pellis & Pellis, 2009; Vanderschuren et al., 2016). Konkurriert wird darum, beim Spielpartner einen Spielbiss zu platzieren oder ihn zu Fall zu bringen, beides aber für sich selbst zu verhindern.

Kooperiert wird durch Hemmung des Verhaltens (Beißhemmung, Vermeiden empfindlicher Körperstellen) Selbsthandicap (Kämpfen in Rückenlage, langsames Laufen, freiwilliges Hinwerfen) und Rollenwechsel. Für Jungtiere scheint gerade die Möglichkeit, innerhalb einer spielerischen Konkurrenzsituation, kooperatives Verhalten zu zeigen, z. B. durch einen selbst initiierten Rollenwechsel, mitentscheidend für die Ausbildung sozialer Kompetenzen zu sein (Pellis et al. 2019). Zu den vielen Faktoren, die beeinflussen, ob ein Spielkampf eher kooperativ oder konkurrenzbetont ist, gehören neben der Tierart und deren sozialem Umgang (kooperativ versus despotisch), auch der soziale Status und die individuelle Beziehung der Spielenden. Im eher kooperativen Spielkampf erhält der Spielpartner nach einem Spielangriff Gelegenheit zum Gegenangriff (Palagi et al., 2016). Die Spieleexperten Pellis & Pellis (2011) weisen darauf hin, dass Fairness und Gegenseitigkeit im Spiel nicht an einzelnen Verhaltensweisen wie Aufreiten oder Rückenlage festgemacht werden kann. Denn das Verhalten im Spiel wird von sehr vielen Faktoren wie Beziehung der Spieler, individuelle Vorlieben, Alter, sozialer Status, Spieltaktiken usw. beeinflusst. Spiel ist zudem immer eine Momentaufnahme und die Symmetrie im Spiel von befreundeten oder zusammenlebenden Hunden kann sich verändern und sogar umkehren (Ward & Smuts, 2009).

Keep away ist ein gutes Beispiel für die Mischung aus Kooperation und Wettbewerb, die Spiel auszeichnet.

Diese Geste setzt das Vertrauen des Spielpartners voraus.

BEZIEHUNG UND VERTRAUTHEIT

Ob Tiere sich gar nicht oder nur flüchtig kennen oder sehr vertraut miteinander sind oder sogar zusammenleben, beeinflusst ihre sozialen Interaktionen und die Wahrscheinlichkeit, dass Spiel zustande kommt und wie gespielt wird (Althaus, 1982; Meyer-Holzapfel, 1956).

BEZIEHUNGSFORMEN UND SPIEL

Wolfsfamilien sind nicht gleich, sondern leben und interagieren sehr unterschiedlich, wie Simon Gadbois vom Canid Behaviour Research Laboratory at Dalhousie University betont (Gadbois, 2015), so ähnlich wie es sehr unterschiedliche Erziehungsstile und Umgangsformen auch in Menschenfamilien gibt. Die unterschiedlichen Beziehungen und sozialen Gruppen bei Straßenhunden legen nahe, dass es auch bei Haushunden verschiedenartige Beziehungsformen geben könnte. Das Lebensumfeld von Hunden unterscheidet sich in vielfacher Hinsicht von dem von Wölfen und Straßenhunden. Haushunde wachsen i.d.R. ohne Vater auf, verlassen mit 8 bis 10 Wochen die Familie und leben dann allein in der Menschenfamilie, mit nur gelegentlichem bis regelmäßigen Artgenossenkontakten. Einige leben auch mit (meist nicht verwandten) anderen Hunden zusammen, die vom Menschen ausgesucht wurden. Sie werden vom Menschen mit allen benötigten Ressourcen (Futter, Liegeplatz, Sozialkontakte, Spielzeug) versorgt. Freie Wahl und Konkurrenz um mögliche Sexualpartner unterbindet der Mensch. Hunde sind für ihre enorme Anpassungsfähigkeit bekannt. Bei Straßenhunden gibt es, in Anpassung an das Umfeld, neben Einzelgängern, Hunde, die in Paaren leben und Hunde, die Gruppen bilden und Rangordnungen etablieren, ein Territorium besetzen, gemeinsam Jungen großziehen und das Territorium gemeinsam verteidigen.

Es stellt sich die Frage, ob auch Haushunde neben der klassischen Dominanzbeziehung, wie sie sich natürlicherweise zwischen den Eltern und dem Nachwuchs bei Wölfen entwickelt, weitere Beziehungsformen ausbilden? Diese Frage untersuchte Trisko bei 24 kastrierten Hunden in einer Hundetagesstätte (Trisko, 2011; Trisko & Smuts, 2015; Trisko et al., 2016).

DOMINANZBEZIEHUNGEN IN EINER HUNDETAGESSTÄTTE

In einer ersten Studie untersuchten sie, ob zwischen den Hunden formale Dominanzbeziehungen existierten, was auf einen nur kleinen Teil (29 % der Dyaden) zutraf. Das einseitig adressierte Schnauzenlecken war das eindeutigste Verhaltensmerkmal für formale Submission und wurde nur von 14 Hunden (58 %) zumindest einmal gezeigt. In 91 % der Dominanzbeziehungen war der ältere Hund der dominante. Die Hälfte der Hunde interagierte nicht miteinander und ein weiterer Teil interagierte freundlich, aber ohne, dass statusanzeigendes Verhalten beobachtet werden konnte. In einer weiteren Studie untersuchten die Autorinnen die Beziehungen genauer. Von den Hundepaaren unterhielten 22 % eine freundliche Dominanzbeziehung mit einseitiger Submission, 21 % eine symmetrisch egalitäre Beziehung ohne einseitige Submission, 50 % eine nichtinteraktive Beziehung, in der sich die Hunde gegenseitig ignorierten und 7 % eine feindselig agonistische Beziehung mit einseitiger Submission. 29 Dyaden (11 %) der Beziehungen wurden darüber hinaus als Freundschaften klassifiziert, die durch gegenseitige Bevorzugung, Zuneigungsbekundungen (Schnauzenzärtlichkeiten, Anstupsen, Kontaktliegen) und regelmäßiges Spiel gekennzeichnet waren. Zwischen Hündinnen entwickelten sich häufiger agonistische Dominanzbeziehungen, während Rüden sich häufiger ignorierten. Egalitäre Beziehungen und Freundschaften entwickelten sich am häufigsten zwischen Rüden und Hündinnen. Hunde, die Freunde waren, spielten auch am meisten miteinander. Freundschaften und Spiel stehen also auch bei Hunden in einem engen Zusammenhang.

Nicht nur Hunde, die sich gut kennen, spielen miteinander …

SPIELEN HUNDE MIT FREMDEN HUNDEN?

Die Frage, ob fremde Hunde, die sich zum ersten Mal begegnen, überhaupt miteinander spielen, wird zwischen Hundehaltern und -trainern häufig diskutiert und die Antwort ist besonders für Ersthundehalter interessant. Camilla Ward (2020) hat Hundebegegnungen von nicht angeleinten Hunden in einem Hundepark in Michigan beobachtet und die Daten von 29 Hundebegegnungen (30 Hündinnen, 28 Rüden, von den 58 Hunden waren 47 kastriert) ausgewertet. Ihr Hauptaugenmerk lag dabei auf dem Begrüßungsritual, also der olfaktorischen Untersuchung von Kopf, Leiste und Anogenitalregion der Hunde. Sie beobachtete auch, wie sich die Hunde nach der Begrüßung verhielten. Das Begrüßungsritual dauerte durchschnittlich ca. 6 Sekunden, danach entfernten sich die meisten Hunde voneinander. Nur bei 13,8 % (4) Begegnungen spielten die Hunde nach der Begrüßung miteinander, keine Begegnung endete in einem Konflikt bzw. Aggression.

Řezáč et al. (2011) beobachteten 1870 Hunde, 55 % Rüden und 45 % Hündinnen. Sie untersuchten den Einfluss verschiedener Faktoren wie Alter, Geschlecht, Größe und Leine auf das Verhalten der Hunde an dreißig verschiedenen von Haltern häufig frequentierten Plätzen in Brno (Tschechien). Aus dieser Studie wurden sowohl kastrierte Hunde als auch Hündinnen in der Vorhitze oder Hitze ausgeschlossen. Bei den beobachteten Begegnungen waren 43 % angeleint, 57 % nicht angeleint. Insgesamt kam es bei 26 % der Hundebegegnungen zu Spiel (in 13 % wurde Drohverhalten, in 3 % Beißereien beobachtet).

- Welpen spielten doppelt so häufig miteinander wie erwachsene und elfmal so häufig wie Seniorenhunde.
- Nicht angeleinte Hunde spielten signifikant häufiger miteinander als angeleinte.
- Die Hunde spielten häufiger mit Artgenossen des anderen Geschlechts
- und mit Hunden gleicher Größe.
- Der Grad der Vertrautheit wurde hier allerdings nicht erfasst.

... auch fremde Hunde, wie diese beiden Junghunde Dudu und Isaac, spielen, wenn sie sich sympathisch sind.

Butz und Zula kennen sich und als regelmäßige Spielpartner auch ihre Spielgewohnheiten gut.

Serena Grafe (2017), die an der o.g. Studie von Iotchev et al. (2019) mitwirkte und in ihrer Dissertation dieses Datenmaterial weiter analysierte, stellte fest, dass bei den sechs gemischt-geschlechtlichen Hundepaaren kein Spiel stattfand, es bei den sechs gleichgeschlechtlichen Hundepaaren jeweils nur einmal zum Spiel kam und das auch nur sehr kurz. Es könnte sein, dass die Kombination aus unbekannter Umgebung (die zudem nach fremden Hunden riecht) und fremden Hund, der nicht selbst gewählter Spielpartner war, zu viel Stress auslöste, um Spiel zuzulassen.

ZUSAMMENTREFFEN ZWEIER HUNDE

In der bereits erwähnten Studie von Norman et al. (2015), die das freiwillige Hinwerfen im Spiel untersuchte, wurde eine für ihr gelassenes Temperament bekannte, mittelgroße Hündin in einem Raum, innerhalb des Labors, in den frühen Abendstunden (18 bis 20 Uhr) nacheinander mit 33 fremden Hunden zusammengeführt. Als potenzielle Spielpartner wurden gut sozialisierte Hunde verschiedener Größe und aus unterschiedlichen Rassen ausgewählt, die vorher in Spielgruppen nicht durch aggressives Verhalten aufgefallen waren. Dabei wurde zuerst immer der (wechselnde) fremde Hund und anschließend die Hündin in das Spielzimmer gebracht. Unter diesen Voraussetzungen kam bei 23 der 33 Hunde (70 %) das Spiel mit der fremden Hündin zustande. Auch wenn es insgesamt noch wenig Daten zum Thema „Spiel zwischen fremden Hunden" gibt, weisen die bereits vorhandenen darauf hin, dass Hunde grundsätzlich auch mit fremden Hunden spielen, dass sie aber wählerisch bei der Auswahl des Spielpartners sind und die Erwartung, dass jeder Hund mit jedem Hund, dem er beim Spaziergang begegnet, spielen will, nicht erfüllt wird. Andererseits weisen die Daten von Norman (2015) darauf hin, dass in einem entspannten Umfeld, bei dem Zusammentreffen von nur zwei Hunden, die Spieleinladung eines freundlich gelassenen Hundes sehr häufig (70 %) angenommen wird und es zum Spiel kommen kann.

GRAD DER VERTRAUTHEIT

Kommt es zwischen Hunden, die sich gar nicht, flüchtig oder gut kennen, tatsächlich zum gemeinsamen Spiel, wie beeinflusst die Vertrautheit dann dieses Spiel? Für das Mensch-Hund-Spiel wurden solche Unterschiede bereits gefunden (Kerepesi et al., 2015; Mitchell & Thomson, 1990). Hunde spielen mehr mit und orientieren sich stärker am vertrauten Halter als gegenüber einer nur bekannten oder ganz unbekannten Person. Vertraute Mensch-Hund-Dyaden zeigen einen höheren Anteil „kompatibler Projekte", d.h., ihr Verhalten in den Spielsequenzen passt besser zueinander. Sie zeigen weniger „Lockverhalten", d. h., sie müssen sich weniger Mühe geben, um den Partner zum Spiel zu bewegen. Vertraute Spielpartner zeigen zudem mehr „individuelle" Spielformen und mehr (ontogenetisch) ritualisierte Spielsignale. Ähnliche Mechanismen hat Pullen im Spiel von erwachsenen Tierheimhunden gefunden: Raufspiele kamen hier auch zwischen fremden Hunden vor, aber sie dauerten zwischen vertrauten Spielpartnern länger. Das führt Bradshaw darauf zurück, dass es in jeder etablierten Beziehung ein individuelles Set von Regeln gibt, das erst gelernt werden muss (z. B. wieviel Selbsthandicap gezeigt wird) und dann spezifisch für diese Dyade ist (Bradshaw et al., 2015; Pullen et al., 2013).

KÖRPERBETONTE UND JAGDSPIELE

Howse et al. (2018), die Hundespiel in einem Hundepark in Neufundland, Kanada, beobachteten, stellten fest, dass das Verhalten der Hunde in den ersten Minuten dazu diente, das Verhalten in späteren sozialen Interaktionen zu koordinieren (siehe dazu auch Palagi et al., 2015). Sie fanden heraus, dass Hunde Interaktionen mit Körperkontakt nicht gegenüber allen Hunden, sondern nur in der Hälfte der Fälle benutzten. **Spiel mit Körperkontakt ist also reserviert für bestimmte Sozialpartner.** Nur 22 % der Hunde zeigten körperkontaktbetontes Spiel mit offenen Schnauzen, vor allem Spielkampf.

Auch das Jagen/Verfolgen von Hunden wird nicht in den ersten Minuten gezeigt, sondern erst später.

Es wird häufiger von jungen Hunden gezeigt und häufiger von Hunden, die auch Körperkontakt initiieren und an Spielkämpfen beteiligt sind. Howse vermutet, dass Jagen/Verfolgen und Spielkämpfe eher gegenüber vertrauten Spielpartnern gezeigt werden oder von besonders extrovertierten und verträglichen Hunden (Carrier et al., 2013).

Die Abhängigkeit des Sozialspiels von einer (zunehmenden) Vertrautheit zeigt sich auch darin, dass Spielverbeugungen nur von 23 % der Hunde innerhalb der ersten 400-Sekunden-Beobachtungsphase, aber von 51 % innerhalb einer 20-Minuten-Beobachtungsphase gezeigt wurden (Carrier et al., 2013). Bekoff (2015) weist darauf hin, dass risikoreiches Spiel erst möglich ist, wenn Vertrauen zwischen den Spielpartnern da ist und auch Ward & Smuts (2009) beobachteten, dass das Spiel zwischen vertrauten/befreundeten Hunden rauer und bezüglich Selbsthandicap/Offensiv-Verhalten ausgeglichener sein kann, wobei diese Spiele auch im häuslichen Umfeld, beim gemeinsamen Spaziergang stattfanden. Dutton et al. (2011) und auch Palagi (2015) fanden dagegen wenig Einfluss der Vertrautheit auf die Häufigkeit und die Dauer der Spiele von Hunden auf der Hundewiese. Dutton et al. beobachteten 26 Hunde (86 % kastriert) in einem Hundepark in Neufundland, Kanada. Sie teilten diese in bekannte (mindestens ein Treffen) oder unbekannte (kein vorheriges Treffen) Spielpartner. Die Bekanntheit hatte hier keinen Einfluss auf die Initiierungsphase oder die Paarbildungsphase. Aber der Anteil von aufmerksamkeitsfordernden Verhaltensweisen war in gelingenden Dyaden höher als in Dyaden, die nicht zustande kamen. Auch hier gab es den Zusammenhang zwischen Vertrautheit und Körperkontakt: Bei fremden Hunden kamen andere, weniger riskante aufmerksamkeitsfordernde Signale ohne Körperkontakt zum Einsatz, als bei Hunden, die sich bereits kannten (Dutton et al., 2011).

Bei Spielpartnern, die sich gut kennen und vertrauen, wie hier Butz und Zula ...

… kann ein Sozialspiel rau und mit viel Körperkontakt gespielt werden.

STIMMUNGS-ÜBERTRAGUNG

Die im engen Zusammenhang stehenden Phänomene Stimmungsübertragung und Spiegelung bzw. Synchronisierung von Gesichtsausdrücken, Körperhaltungen, Gesten, Verhalten, Bewegungen und Vokalisierungen existieren bei menschlichen und nichtmenschlichen Tieren, sind allerdings bei Menschen länger und besser untersucht (Špinka, 2012). **Das automatische Übertragen von Emotionen/Stimmungen und das Spiegeln von Mimik/Verhalten werden als Basis von Empathie und Hinweis auf Spiegelneuronen betrachtet.** Stimmungsübertragung und Mimikry finden in entspannten sozialpositiven Situationen und zwischen einander nahestehenden Individuen häufiger statt (Špinka, 2012). Beide Phänomene stärken den Gruppenzusammenhalt und die Beziehungen zwischen den teilnehmenden Tieren. Vom evolutionären Standpunkt aus gesehen, ist es vorteilhaft für eine Gruppe, wenn sich positive Emotionen (z. B. Pep Really vor dem Aufbruch zur Jagd, Sozialspiel nach dem Fressen) oder negative Emotionen (z. B. Eindringling ins Territorium, Angriff auf ein Gruppenmitglied) von einem Tier auf die anderen Mitglieder der Gruppe übertragen und gemeinsames, koordiniertes Verhalten auslösen.

Spiel ist eine Aktivität, die hoch ansteckend ist, d. h., spielende Tiere wirken wie „Magneten" auf Zuschauer und die Spielstimmung eines spielenden Tieres überträgt sich schnell auf andere Tiere, einschließlich des Menschen (Bekoff, 2015). Nicht nur positive Stimmung (Spielstimmung, Entspanntheit, Sicherheitsgefühl) wird übertragen (Wenig et al., 2021), sondern auch negative Stimmung (z. B. Furcht, territoriale Aggressivität), die die Spielstimmung der anderen Tiere unterdrückt (Größbacher et al., 2020).

ZÜCHTERISCHE SELEKTION

Hunderassen unterscheiden sich nicht nur im Erscheinungsbild und Jagdverhalten, sondern grundsätzlich auch darin, ob sie für die Zusammenarbeit mit Artgenossen, dem Menschen oder für eigenständiges Arbeiten selektiert wurden (Gácsi et al., 2009). Viele Hunde mit einem ähnlichen Arbeitsauftrag finden sich auch in den nach genetischer Verwandtschaft kategorisierten Gruppen von Parker et al. (2017), mehr zu dieser Einteilung siehe Gansloßer, Adler & Braun, 2021. Im Folgenden einige Beispiele.

DACHSHUNDE

Dachshunde gehören nach der Rasseeinteilung von Parker zusammen mit Basset, Beagle, Foxhound, Otterhound u.a. in die Gruppe 17. Kurzbeinige kleine Hunde, die als „Lochhündlein“ oder „Dachskriecher“, zum Stöbern und Kriechen in Erdlöcher eingesetzt wurden, werden bereits im 18. Jahrhundert erwähnt (Gansloßer et al., 2021). Die kurzbeinigen Dackel als solitär arbeitende Jagdhunde werden auch heute noch zur Jagd auf Wild eingesetzt, das sich in unterirdische Höhlen zurückzieht, also am Dachs- oder Fuchsbau. Dabei „drücken“ sie das Wild aus dem Bau oder

Der niedliche Dackel-Welpe ist ein Schnellentwickler und verfügt früh über das vollständige Beutefangverhalten.

Die hypertrophierte Beutefangsequenz – geducktes Anschleichen, Erstarren und Fixieren – …

… taucht sowohl im Objekt- als auch im Sozialspiel von Border Collies auf.

überwältigen es eigenständig (Wachtel, 2002). In einen Fuchsbau passt kein Mensch und Dackel müssen daher in der Lage sein, eigenständige Entscheidungen zu treffen. Sie müssen sich dem wehrfähigen Fuchs oder Dachs entgegenstellen, was Mut und Unempfindlichkeit voraussetzt. Von einem Dackel würde man also immer eine gewisse Unabhängigkeit, Eigenständigkeit und Dickfelligkeit erwarten, was natürlich sein Sozialverhalten in Bezug auf andere Hunde und Menschen beeinflusst. Dackel verfügen über das vollständige Beutefangverhalten, einschließlich des Tötens der Beute. Bei Dackelwelpen beobachtete Gottfried Vauk (1952) bereits mit 42 Tagen den vollständigen Ablauf der Beutefanghandlung inklusive Totschütteln. Meine (MK) Dackelhündin Dorle hat bereits im Alter von acht Wochen – noch beim Züchter – eine Eidechse gefangen, getötet und gefressen. Wissenschaftliche Untersuchungen der Besonderheiten im Dackelspiel gibt es noch nicht. Die Sozialspiele meiner Dackel enthalten viele schnelle Attacken mit Verstecken, Anpirschen, spielerischem Überfall und sofortigem Rückzug. Im Spiel mit Objekten zeigen sie viel Beißschütteln der Spielbeute.

HÜTEHUNDE

Border Collies gehören nach der Rasseeinteilung von Parker zusammen mit Bearded Collie, Welsh Corgie, Australian Shepherd, Australien Kelpie u.a. zur Gruppe 14 der Treib- und Hütehunde. Hütehunde wie Border Collies sind für die Zusammenarbeit mit dem Menschen gezüchtet. Von ihnen erwartet man eher eine Empfänglichkeit für die Beeinflussung durch den Menschen. Sie wurden außerdem so selektiert, dass in ihrer Rasse bestimmte Sequenzen des Jagdverhaltens – das Packen und Töten – gar nicht oder nur sehr schwach ausgeprägt vorkommen. Dafür werden andere Sequenzen wie das geduckte Anschleichen, Erstarren und Fixieren (Eye) sehr ausgeprägt gezeigt (Lambrich, 2007; Ganzloßer et al., 2021). Hütehunde betrachten die Herde als Beutetiere und lenken sie durch den Einsatz dieser hypertrophierten Jagdverhaltenssequenzen. Viele Border Collies reagieren stark auf bewegte Objekte wie Bälle und lieben Spiele mit schnellen Bewegungen. Sie beziehen die hypertrophierten Jagdsequenzen wie Fixieren/Hüten in ihr Spiel ein und entwickeln als Welpen regelrechte Fixierspiele (Lambrich, 2007), die zu Problemen im Spiel mit anderen Hunderassen führen können.

HERDENSCHUTZHUNDE

Herdenschutzhunde wie Kangals, Maremmanos oder Owtscharkas gehören nach der Rasseeinteilung von Parker in die Gruppe 18 (Gansloßer et al., 2021). Sie sind für andere Aufgaben als Hütehunde gezüchtet und werden früh mit der Tierart – z. B. Schafen – zusammengebracht und aufgezogen (sozialisiert), die sie schützen sollen.
Sie betrachten die Herde nicht als Beute, sondern als Pseudoartgenossen und sich selbst als Teil der Herde und versuchen mit diesen Tieren zu spielen. Sie bewachen die Herde und beschützen sie vor Gefahren wie Wölfen oder Bären. Ihre Alarm- und Abschreckaufgaben müssen sie ohne Aufforderung des Menschen ausführen. Sie wirken schon aufgrund ihrer Größe und unterbrechen die Jagdsequenz der Wölfe selbstständig, z. B. durch Imponierverhalten, Markieren und Bellen. Sie müssen aufmerksam beobachten und eigenständig Entscheidungen treffen. Sie handeln in Gefahrensituationen eher durch Abschreckung als durch Angriff und bewegen sich weniger als Hütehunde, weil sie das Verhalten der Herde nicht durch Fixieren oder Treiben beeinflussen sollen. Renn- oder Apportierspiele gehören nicht zu ihren Lieblingsspielen, eher Spielkämpfe, die groben Körperkontakt (Anschleichen, Abfangen, Rempeln) und Kräftemessen beinhalten (Treiber-Dörfler, 2007).

Herdenschutzhunde helfen dem Schäfer, …

Herdenschutzhunde werden mit den Tieren sozialisiert, die sie beschützen sollen und betrachten sie als Pseudo-Artgenossen.

RASSETYPISCHE SPIELFORMEN

Feddersen-Petersen (1997, 2008) weist darauf hin, dass die rassetypischen Verhaltensbesonderheiten und Motivationen bereits frühzeitig im Spiel sichtbar werden. So apportieren Labradore im objektbezogenen Sozialspiel gern und viel. Bei Terrierrassen ist im Rahmen von Kampf- und Beißspielen häufig schnelles Zupacken und Totschütteln sowohl von Spielobjekten als auch von Nacken oder Ohren der Wurfgeschwister zu beobachten. Barsois und andere Laufhunde entwickeln frühzeitig eine hohe Bewegungskoordination und Motivation für Renn-

... wie es auch Hütehunde tun. Trotzdem arbeiten und spielen beide „Schäferhunde" sehr unterschiedlich.

spiele, die ihr Spiel dominieren, aber von anderen Rassen nur über kürzere Strecken mitgespielt werden. Bei Border Collies und anderen Hütehunden können sowohl im Sozial- als auch im Objektspiel die Elemente aus dem Jagdverhalten beobachtet werden, die das Hüteverhalten ausmachen, z. B. das Fixieren, Umkreisen, Hetzen und das Zwicken in die Hinterbeine. Im Verfolgungsspiel sieht man Hunde, die als Verfolger den Hund, der die Beute spielt, in die Hinterläufe beißen (Stechen, Hamstringing). Gebissen wird in die Mitte der Hinterläufe bzw. oberhalb der Fußgelenke. Dieses Jagdverhalten, bei dem die Achillessehne des Beutetiers durchgebissen wird, kommt bei großen Beutetieren wegen der Gefährlichkeit allerdings selten vor. Vor allem Treibhunderassen oder Hütehunde zeigen diese Form des Spielbeißens in Rennspielen. Sie versuchen damit den Hund, der die Spielbeute spielt, zu beschleunigen oder seine Laufrichtung zu beeinflussen.

Koscinczuk et al. (2016) verglichen die Verhaltensentwicklung und das Spielverhalten von sechs Wochen alten Welpen der Rassen Beagle und Fox Terrier. Die Beagle spielten häufiger Zerrspiele und am häufigsten Spiele mit taktilen Kontakten. Die Fox Terrier-Welpen spielten häufiger explorative Spiele und zeigten am häufigsten Rennspiele.

Burghardt et al. (2016) führen eine Langzeitstudie zum Einfluss der Rasse auf die Verhaltensentwicklung mit Schwerpunkt Objektspiel durch und haben dazu erste Ergebnisse bereits veröffentlicht. Sie konnten bei den drei untersuchten Hunderassen Magyar Vizsla, Welsh Terrier und Standardpudel bereits im Alter von drei bis sieben Wochen Unterschiede sowohl im solitären als auch im sozialen Objektspiel feststellen. Diese Unterschiede betrafen sowohl Häufigkeit, Dauer als auch die Komplexität des Spielverhaltens (Tabelle, S. 248 f.). Sie stellen außerdem beim Welsh Terrier eine verzögerte Entwicklung von einer halben bis zu einer Woche gegenüber Vizsla und Standardpudel fest und die Welsh Terrier spielten insgesamt auch weniger mit Objekten. Unterschiedliches Spielverhalten wird also früh sichtbar.

GRÜNDE FÜR DIE UNTERSCHIEDE

Neben Größe, Wendigkeit, Schnelligkeit und Kraft, beeinflussen auch Fellbeschaffenheit, Ohr-, Schnauzen- und Gesichtsformen und die damit verbundenen Kommunikationsmöglichkeiten das Spiel. Auch die Erfolgsquoten bei der Spielaufforderung unterscheiden sich zwischen den Hunderassen deutlich.

MORPHOLOGISCHE UNTERSCHIEDE

Bestimmte äußere Merkmale wie z. B. Schlappohren, starke Faltenbildung, langes oder gekräuseltes Haarkleid, Ringelrute, welpenhafte Gesichter usw. schränken die visuellen Kommunikationsmöglichkeiten betroffener Rassen ein. Verschiedene Forscher vermuten deshalb, dass bei solchen Rassen eine Verschiebung von der visuellen Kommunikation in Richtung olfaktorischer (Bradshaw & Nott, 2007) oder akustischer Kommunikation (Feddersen-Petersen, 2001, 2008) stattgefunden hat. Vergleichende Untersuchungen des Ausdrucksverhaltens von Welpen verschiedener Rassen weisen darauf hin, dass diese Verschiebung nicht angeboren, sondern erlernt sein könnte (Bradshaw & Nott, 2007). Es gibt Hinweise darauf, dass Hunde fehlende visuelle Ausdrucksmöglichkeiten durch andere Kommunikationsformen kompensieren. So fand Feddersen-Petersen beim Bullterrier eine sehr viel differenziertere akustische Kommunikation als bei anderen Rassen.

Es gibt Rassen mit einem schmalgliedrigen Körperbau, z. B. Windhundrassen, und andere mit einem grobschlächtigen Körperbau, z. B. Molosserrassen. Der zweite Hundetyp lernt, dass er seinen Körper im Spiel gut einsetzen kann, um andere Hunde aus dem Gleichgewicht zu bringen, sie umzurennen und anzurempeln, wohingegen der erste Hundetyp lernt, dass er schnell und wendig ist – beide werden dieses Verhalten im Spiel verstärkt zeigen.

Miklósi (2009) weist darauf hin, dass bei Hunden auch die Ausgeprägtheit der Verspieltheit selbst rasseabhängig ist. So fand Bekoff (1972, 1974a) heraus, dass Beagle mehr spielen als Wölfe, Feddersen-Petersen (2001) jedoch, dass im gleichen Alter Pudel weniger spielen als Wölfe. Miklósi berichtet sowohl von rassebedingten unterschiedlichen Spielmustern als auch von unterschiedlichen Spielsignalen, die unterschiedliche Rassen einsetzen. Erik Zimen (1982) hat festgestellt, dass bei den von ihm untersuchten Pudeln 23 % der 363 für den Wolf notierten Verhaltensweisen in veränderter Form auftreten. Zu diesen Verhaltensweisen gehört auch das Spielverhalten.

☞ ERFOLGSQUOTE VON SPIELAUFFORDERUNGEN

RASSE	ERFOLGSQUOTE	QUELLE
Beagle	> 56 %	Bekoff, 1974
Samojede	50 %	Günter, 2009
Border Collie	40 %	Heine, 2000
American Staffordshire	32 %	Redlich, 1998

Unterschiedliche Hunderassen zeigen eine unterschiedliche Entwicklung (Ontogenese) des Spielverhaltens.

RASSE UND VERHALTENS-ENTWICKLUNG

Die Verhaltensunterschiede bei Hunderassen sind nicht genetische Unterschiede im Sinne einer unterschiedlichen Anzahl oder Anordnung der Gene. Die Unterschiede zwischen Hunden unterschiedlicher Rassen beruhen auf geringfügigen Differenzen in der Aktivierung, Quantität/Rate und Deaktivierung bestimmter Gene im Verlauf ihrer Entwicklung (Coppinger et al., 1996). Ein Husky verfügt beispielsweise in der zweiten Lebenswoche bereits über 54% seines Verhaltensinventars, der Labrador Retriever erst über 28 %. Auch das Meideverhalten aufgrund von erster Furcht bei Welpen ist rasseabhängig (Morrow et al., 2015) und beeinflusst z. B. den Umgang mit neuen Objekten im Objekt- oder Sozialspiel mit Objekten. Die Unterschiede zwischen den Rassen werden sehr deutlich, wenn man vergleicht, welche Verhaltensweisen bei welchen Rassen zu welchem Zeitpunkt erstmals auftreten. Nach Coppinger (2003) tritt z. B. das Fixieren-Anpirschen-Hetzen beim Border Collie zwischen der 8. und 16. Woche auf, beim Herdenschutzhund – wenn es überhaupt auftritt – erst nach dem 6. Monat.

Mosaikvererbung

Da Spielverhalten immer auch von der körperlichen Entwicklung abhängt, machen sich Entwicklungsunterschiede im Spielverhalten bemerkbar. Als Funktionskreis bezeichnet man eine Kategorie von Verhaltensweisen, die eine ähnliche Funktion haben. Hunderassen zeigen entsprechend ihrer Selektion einige Verhaltensweisen früher oder später als Wölfe, was Feddersen-Petersen und Miklósi als „Mosaikvererbung" bezeichnen, d. h. Beschleunigung/Verlangsamung der Verhaltensentwicklung.

Huskys zeigen beispielsweise eine beschleunigte Entwicklung im Funktionskreis Lokomotion und Position. Sie können sich früher koordinierter bewegen als Wölfe oder andere Hunderassen. Labrador und Golden Retriever dagegen zeigen besonders früh (und besonders häufig) Verhaltensweisen der olfaktorischen Orientierung, haben aber eine verzögerte Entwicklung was ihre körperliche Beweglichkeit und Bewegungskoordination angeht (Feddersen-Petersen, 2001). Diese unterschiedliche Entwicklung wirkt sich natürlich auf das erste Auftreten der verschiedenen Spielformen aus. Die mit den Vorlieben übereinstimmenden frühen Spiele sind entsprechend selbstverstärkend.

Wahl des Spielpartners

Es gibt Korrelationen zwischen rassespezifisch früh auftretenden Verhaltensweisen und -präferenzen. Mit anderen Worten: Huskys haben ein großes Bewegungsbedürfnis, sie lieben es zu rennen, und die meisten Retriever lieben Beschäftigungen, bei denen sie ihre Nase einsetzen können. Zusätzlich zum vertraut erscheinenden Äußeren, begründen diese Verhaltensvorlieben, dass in Hundespielgruppen bevorzugt Hunde der eigenen oder einer ähnlichen Rasse als Spielpartner gewählt werden. *„Bei gemischten Gruppierungen mit mehr als einem Individuum pro Rasse, kommt es letztlich zu den Spielen zwischen Angehörigen einer Rasse, weil so den speziellen Fertigkeiten mit großer Funktionslust nachgegangen werden kann“* (Feddersen-Petersen, 2008).
Die Daten in der Übersicht auf Seite 248 f. geben Auskunft über das erste Auftreten verschiedener Spielformen in der Ontogenese der Welpen.

NEUROBIOLOGISCHE UNTERSCHIEDE

Die künstliche Selektion des Menschen führte zu einem verschiedenartigen Erscheinungsbild und zu unterschiedlichen Verhaltensweisen bei Hunderassen. Sie

Retriever (hier Golden Retriever) zeigen früh Verhaltensweisen der olfaktorischen Orientierung.

führte auch zu neurobiologischen Unterschieden (Arons & Shoemaker, 1992). **Die äußeren Merkmale der Hunderassen korrelieren mit bestimmten Mustern in Ausschüttung und Qualität von Neurotransmittern.** Sie führen zu einem relativ niedrigen Dopaminspiegel bei Herdenschutzhunden und einem hohen Dopaminspiegel bei Hütehunden. Zusätzlich führen fehlende Transmitter (z. B. Dopamin, Noradrenalin) in bestimmten Bereichen des Gehirns zu einer verminderten Reaktion auf die Reize, die von diesem Gehirnbereich verarbeitet werden. Dies erklärt den unterschiedlichen Erregungsgrad und Aktivitätslevel dieser Rassen.

Arons und Shoemaker (1992) untersuchten die unterschiedliche Verbreitung verschiedener Neurotransmitter bzw. Hormone wie Dopamin, Adrenalin und Noradrenalin bei verschiedenen Hunderassen und die daraus resultierenden möglichen Auswirkungen auf deren Verhalten. Border Collies, als Vertreter der Hütehunde, wiesen einen besonders hohen Level von Noradrenalin in verschiedenen Gehirnteilen auf. Der jugoslawische Shar Planinetz, als Vertreter der Herdenschutzhunderassen, wies dagegen einen niedrigen Dopaminlevel auf. Zusätzlich fielen Korrelationen mit bestimmten Verhaltenssequenzen im Beutefangverhalten auf. Wenig Dopamin und Noradrenalin korrelierten mit niedrigem Level der Endhandlungen der Beutefangsequenz und einem „eher verspielteren" Verhalten gegenüber Beutetieren (Mäusen). Sowohl beim Border Collie als auch beim Herdenschutzhund starben die Mäuse nicht durch einen Tötungsbiss, sondern kamen durch ein zu raues Spiel zu Tode. „*Das spezifische Verhalten eines Border Collies, eines Vorstehhundes oder eines Apportierhundes hängt davon ab, wie viele Neurotransmitter sie wo im Gehirn haben, und das ist wiederum zum Teil ein genetisches Merkmal einer Rasse*" (Coppinger, 2003). Das trifft auch auf das Spielverhalten zu, das sich aus Fragmenten des Verhaltens einer Rasse zusammensetzt.

Malinois sind leicht erregbar, mit einem hohen Aktivitätslevel, und werden als Diensthunde eingesetzt.

ERSTES AUFTRETEN DER SPIELFORMEN BEI VERSCHIEDENEN HUNDERASSEN

	Bullterrier	Border Collie	Weimaraner	Beagle	Samojede	American Staffordshire Terrier	Husky	Golden Retriever
SOZIALSPIEL								
Beißspiele	11	15	15	15	17	17	11	20
Maulrangeln		14			15		12	
Spielkämpfe		18	18		21	19	13	20
Versteckspiel		50			43			
King of the Castle		30		28	43			
Pseudosexualspiele/Aufreiten	18	24		23	23	23	20	28
Bellspiele				20	43			
Jagd-/Rennspiele		28	30	34	34	32	16	30
Solitäre Bewegungsspiele		18		34	19		17	3,5 W
SOZIALES OBJEKTSPIEL								
Spielkämpfe mit Objekt		28			27			
Zerrspiele		31			24			
Keep Away								
SOLITÄRES OBJEKTSPIEL								
Beknabbern/Bekauen	17	17	20	25	17	21	16	32
Pfotenschlagen		16					16	
Berühren mit der Nase					25			
Beißschütteln	24	22	26	37	24	30	29	42
Spieltragen		28		45	24		15	30
Mäuselsprung		24	26		34		24	
Spielwerfen/-schleudern		35			48			

Ohne Angabe: Tag, W = Woche, M = Monat, *Ende, **ab

Quellen: Althaus (1982): Husky / Burghardt et al. (2016): Standardpudel, Magyar Viszla, Welsh Terrier / Dürre (1994): Weimaraner / Feddersen-Petersen (2001): Bullterrier, Golden Retriever, Zwergpudel, Deutscher Schäferhund, Großpudel, Labrador Retriever

	Zwergpudel	Deutscher Schäferhund	Großpudel	Labrador Retriever	Boxer	Indische Straßenhunde	Standardpudel	Magyar Vizsla	Welsh Terrier	Sheltie	Cocker Spaniel	Alaskan Malamute	Deutsch Kurzhaar
	20	21	23	29									16
					15								
	45	26	42	29	3. W*	3. W*							
	36	29	39	33		6. W**				28	53	34	5./6. W
							2. M**						
	35	29	42	33	8. W		5,5	5. W	6. W				28
				3,5 W			4. W						29
					4,5 W		4,5 W	4,5 W	6. W				44
					5. W		4,5 W	4,5 W	6. W				
							4,5 W						
	25	26	21	29			3. W	3. W	4. W	24	24		
							3,5 W	3. W	4. W				16
							3. W	3. W	3. W				
	26	29	28	35			4. W	4. W	4. W				
	25	67	24	36			4,5 W	4,5 W	4,5 W				
				33									

Fox (1976): Malamute / Günther (2009): Samojede / Heine (2000): Border Collie / Lemmer (1971): Deutsch Kurzhaar / Menzel (1937): Boxer / Pal (2010): Indische Straßenhunde / Redlich (1998): American Staffordshire / Rheingold (1963): Sheltie, Cocker Spaniel / Venzl (1990): Beagle

werden (Lambrich, 2007). Das rassetypische Fixieren wird bei Border Collies auch durch Spielzeug, Katzen und andere Hunde ausgelöst (Meermann, 2009) und führt bei letzteren unter Umständen zu Missverständnissen.

Einfluss der Haltungsform

Border Collies, die als Familienhunde oder Sporthunde gehalten werden, spielen im Vergleich häufiger solitäre und soziale Objektspiele mit Spielfixieren, spielerischem Abbeißen und Spieltragen.
Als Hütehunde gehaltene Border Collies spielen dagegen häufiger Sozialspiele ohne Objektbezug, also z. B. Verfolgungs- und Kampfspiele mit Aufforderungslaufen, Fortlaufen und spielerischem Vorstoßen als häufigsten Spielbewegungen. Als Hütehunde gehaltene Border Collies zeigen insgesamt höhere Anteile von Erkundungsverhalten und Sozialspiel (Lambrich, 2007).

Rassetypische Verhaltensfixierung

Im objektbezogenen Sozialspiel mit Menschen beobachtete Lambrich bei einigen Border Collies zunehmend monoton werdende „Werf-Apportier-Spiele", die in zwanghaftes Jagd- oder Hüteverhalten übergingen. Diese Spiele konditionieren das Beutefang- bzw. Hüteverhalten durch „Hinterherlaufen" und „Einfangen".
Sie sind für den Hund äußerst lustbetont und selbstbelohnend. Feddersen-Petersen nennt das Ergebnis „Motivationsenge": Der Hund richtet seine gesamte Aufmerksamkeit auf das Spielobjekt und das Hinterherlaufen. Die hypertrophierten Jagdsequenzen laufen als feste Handlungsfolge ab, was das Spielverhalten unflexibel macht. Andere hundetypische Verhaltensweisen wie die Erkundung der Umwelt und die Kommunikation mit anderen Hunden und Menschen entfallen zunehmend. Übergänge zu stereotypem Verhalten – wie exzessives

Im natürlichen Spiel wird die Umwelt erkundet und mit anderen Hunden kommuniziert.

Im Sozialspiel sollte immer Kommunikation/Interaktion und nicht ein Objekt im Mittelpunkt stehen.

Ballspiel mit Übergang zu zwanghaftem Hüten – sind dabei nicht ausgeschlossen (Feddersen-Petersen, 2008; Lambrich, 2007). Um dieser Gefahr entgegenzuwirken, sollte möglichst abwechslungsreich ohne starre Abläufe gespielt werden. Statt monotoner Ballspiele können viele unterschiedliche Spiele wie Verstecken, Fährten, abwechslungsreiche Apportierspiele an möglichst unterschiedlichen Orten und unter immer anderen Bedingungen und mit verschiedenen Spielobjekten oder ohne Spielzeug durchgeführt werden. Im Sozialspiel sollte die Interaktion mit dem Menschen oder anderen Hunden im Vordergrund stehen und nicht ein Spielobjekt.

KOMMUNIKATIONSPROBLEME

Rassetypische Verhaltensweisen wie das Spielfixieren können zu Missverständnissen führen, weil sie von anderen Rassen als agonistisches Verhalten und nicht als Spielverhalten interpretiert werden. Bei einer Befragung von Border Collie- und Australian Shepherd-Haltern gaben mehr als ein Viertel der Besitzer an, dass andere Hunde bei ihrem Hund häufig Blickfixieren auslösen (Meermann, 2009). Dabei wurden 43,1 % der Border Collies bezüglich des Blickfixierens als auffällig eingestuft. Fixieren ist bei Hunden auch Bestandteil der agonistischen Kommunikation. Bei einem Teil der Hütehunde lösen andere Hunde nichtspielerisches Jagdverhalten wie Hetzen oder Nachlaufen aus. Über 10% der Hütehunde hatten Probleme mit anderen Hunden, weil ihre Spielabsicht nicht erkannt wurde (Meermann, 2009). Welpen der betroffenen Rassen müssen im Sozialspiel lernen, ihre rassetypischen Verhaltensvorlieben mit entsprechenden Spielsignalen zu kombinieren, um damit ihre Spielabsicht eindeutig zu kommunizieren.

SPIELVERHALTEN
— *Artübergreifend*

VERSTEHEN TIERISCHER FREMDSPRACHEN

Als artübergreifendes Spiel wird das Spiel zwischen Individuen bezeichnet, die verschiedenen Tierarten angehören, also etwa das zwischen Hund und Katze oder Hund und Pferd oder eben Hund und Mensch. Verspieltheit ist für zukünftige Halter ein Kriterium für die Auswahl des Hundes und es erscheint uns selbstverständlich, dass wir, wenn wir selbst in Spiellaune sind, unseren oder auch einen freundlichen fremden Hund jederzeit zu einem Spiel animieren können. Bei anderen domestizierten Tieren, z. B. Kühen, Schafen oder Schweinen, erscheint das nicht so selbstverständlich. Auch wenn sich zwischen Wissenschaftlern und ihren Labortieren – häufig Ratten – artübergreifende Sozialspiele, so z. B. Raufspiele/Kitzeln bei Panksepp (1998) oder Versteckspiele bei Reinhold et al. (2019), entwickeln. Hunde scheinen, neben ihrer außergewöhnlichen Verspieltheit auch im Erwachsenenalter (Bradshaw et al., 2015), auch eine Begabung für das Verstehen tierischer „Fremdsprachen" zu besitzen, denn sie spielen auch mit anderen Arten, mit denen sie zusammenleben.

FREUNDSCHAFTEN

Dass es zwischen Tieren verschiedener Arten, besonders bei Kaniden, Kooperationen zum beiderseitigen Vorteil gibt, wie z. B. bei den Jagdgemeinschaften zwischen Wolf und Rabe, Polarfuchs und Eisbär oder Amerikanischem Dachs und Kojoten, ist lange bekannt und akzeptiert. Freundschaft dagegen war lange eine soziale Kategorie, die – als Anthropomorphismus verrufen – auf Tiere nicht angewendet wurde. Inzwischen weiß man, dass auch Tiere, etwa Pferde, Elefanten, Hyänen, Delfine, Schimpansen und andere Affen, Freundschaften bilden (Seyfarth & Cheney, 2012) und dies, aus evolutionärer Perspektive betrachtet, eine adaptive Funktion hat, weil es ihre Fitness, also Überlebenschancen und Fortpflanzungserfolg, verbessert (Brent et al., 2014; Massen, 2017). Für männliche Tiere erhöhen Freundschaften ihre Wettbewerbsfähigkeit und den Fortpflanzungserfolg, weibliche Tiere senken durch Freundschaften Stress und die Sterblichkeitsrate der Nachkommen und leben länger.

Zwei, die sich gut verstehen. Das wird in ihrem Spiel und dem Verhaltensspiegeln deutlich.

Die entspannte Haltung des Esels, während der Hund den Huf spielerisch beißt, zeigt Vertrauen.

Dass es bei Hunden neben klassischen Dominanzbeziehungen auch egalitäre Beziehungen und Freundschaften gibt, haben wir bereits beschrieben und auch auf die Bedeutung des Spiels für solche Freundschaften hingewiesen. Trisko definiert Freundschaft unter Hunden als *„besonders enge Beziehung, die auf einer Partnerpräferenz für gemeinsames Spiel und Zuneigungsbekundungen beruht"* (Trisko et al., 2016). Mit Zuneigungsbekundungen sind z. B. Nasenstupsen, gegenseitiges Belecken/Beknabbern, Körper-/Kopfreiben gemeint. Die Existenz von Hund-Hund-Freundschaften und von Mensch-Hund-Spiel weist bereits darauf hin, dass Hunde grundsätzlich die Fähigkeiten zur Freundschaft und artübergreifendem Spiel besitzen. Artübergreifende Freundschaften und Spiel beschränken sich jedoch keineswegs auf Mensch-Hund-Beziehungen und es gibt sie nicht nur bei domestizierten Tieren oder solchen, die im Zoo leben, sondern auch bei Wildtieren, z. B. zwischen Wölfen und Bären (Kitchenham, 2021) oder Wölfen und Raben (Bloch & Radinger, 2010). Hunde sind, wie es ein Tierpfleger im San Diego Zoo formulierte, die Sozialpsychologen im Tierreich (Goode, 2015; Holland, 2011). Sie beobachten andere Lebewesen ganz genau, nähern sich vielen davon neugierig, schließen Freundschaften, lehren andere Arten ihr Spiel, passen ihren Spielstil an die jeweilige Tierart des Spielpartners an. **Hunde entwickeln Beziehungen und Bindungen über ihre eigene Art hinaus und verstehen tierische Fremdsprachen wie kaum ein anderes Tier.**

SICH GEGENSEITIG VERTRAUEN

Paul Zak (2014) beobachtete Verfolgungsspiele und Spielkämpfe zwischen einem Terrier und einem Ziegenbock, die bei beiden Tieren zu einem starken Anstieg des Oxytocinlevels führte, beim Terrier zu einem Anstieg, den Zak sonst nur bei ver-

Spiel ist selbst zwischen Beute (Esel) und Beutegreifer (Hund) möglich, wenn Vertrauen besteht.

liebten Menschen gemessen hatte. Im Zoo von San Diego leben und spielen Hunde und Geparden zusammen und bilden Freundschaften (Goode, 2015; Holland, 2011). Barbara Smuts (2001) beobachtete Maulringen und Rennspiele zwischen ihrer Schäferhündin Safi und dem Esel Wister, bei dem Safi Wister sogar das Apportieren von Stöckchen lehrte. Die beharrlichen Spieleinladungen der Schäferhündin führten bei dem zunächst sehr abgeneigten Esel erst spät zum Erfolg. Das gemeinsame Spiel führte dann jedoch dazu, dass die Tiere lernten miteinander zu kommunizieren, Freundschaft zu schließen und einander zu vertrauen, z. B., indem Safi sich beim freiwilligen Hinwerfen den potenziell tödlichen Hufen des Esels und Wister sich bei der Fellpflege dem potenziell tödlichen Gebiss des Hundes aussetzte.
Die Verhaltensbiologin Kate Kitchenham (2021) berichtet in ihrem Buch über tierische Freundschaften beispielsweise von einer 15 Jahre andauernden Freundschaft zwischen Leo, einem Löwen, Baloo einem Schwarzbären und Sher Khan, einem Tiger. Die drei Tiere wurden von einem Tierhändler viel zu früh von der Mutter getrennt, später beschlagnahmt und in einen Tierpark überführt. Sie lebten seit den Welpentagen zusammen und entwickelten eine so enge Bindung zueinander, dass sie alle drei das Fressen verweigerten, wenn sie getrennt wurden. Mit bedingt durch die frühe Trennung und als soziale Tiere auf Sozialpartner angewiesen, nutzten die Tiere die Gelegenheit, in ihren Raufspielen die Fremdsprache der anderen Arten zu lernen, sich zu vertrauen und schätzen zu lernen. **Elisabetta Palagi (2019) spricht davon, dass vor allen Dingen die geteilten positiven Emotionen im Spiel die Basis für starke soziale Beziehungen und Freundschaften schaffen und diese geteilten Emotionen deshalb eine Art Brücke zwischen Individuen und Arten bilden.**

Hunde und Katzen lernen sich zu verständigen, entwickeln Bindungen und spielen, wenn sie zusammenleben.

HUNDE UND ANDERE TIERARTEN

Nelson (2013) analysierte Videos von artübergreifendem Hundespiel. Die Hunde passten im Spiel mit den unterschiedlichen Arten ihr Spielverhalten an den Spielstil des Spielpartners an: Mit einem Reh spielten sie Pfotenschlagen, Anspringen und Jagen. Mit Waschbären, Braunbären oder Füchsen spielten sie Maulrangeln und Spielkämpfe, mit Pferd oder Kuh wurden bevorzugt soziale Objektspiele gespielt und mit verschiedenen Papageienarten gegenseitiges Anstupsen und Untersuchen. Zusätzlich gibt es auch eine Vielzahl von per Video dokumentierten Zerrspielen, Spielkämpfen, Maulfechten usw. zwischen Papageien, Elstern und anderen Vögeln und Hunden. Anders als der sprichwörtlich unfreundliche Umgang miteinander erwarten lässt, spielen laut einer Umfrage von Menchetti et al. (2020) unter italienischen Haustierhaltern 62,4 % der zusammenlebenden Hunde und Katzen miteinander, lernen die Sprache des anderen zu verstehen und sie zeigen auch andere freundschaftliche Verhaltensweisen, wie das gegenseitige Belecken (42,8 %) oder Kontaktliegen (68,5 %).

Sogar Beute und Beutejäger können Freunde werden und gemeinsam spielen. Wenn Pferde und Hunde zusammen spielen, zeigen beide Tiere in gleichem Maße Selbsthandicap und Variabilität im Spiel. Beide zeigen ein Spielgesicht (relaxed open-mouth display). Selbst Rapid Mimicry, also die schnelle unbewusste Spiegelung von Gesichtsausdrücken, gibt es in diesem artübergreifenden Spiel (Maglieri et al., 2020). Die automatische Spiegelung des Spielgesichts ist ein sicherer Indikator für die Fähigkeit, die Gesichtsausdrücke des Spielpartners zu verstehen und für die Übertragung der Spielstimmung. Automatische Spiegelung wird vom Grad der Toleranz, Zuneigung und Vertrautheit zwischen den Spielpartnern beeinflusst. Für Maglieri et al. weisen all diese Merkmal des artübergreifenden Spiels darauf hin, dass Pferd und Hund, trotz ihrer phylogenetischen Distanz und ihres sehr unterschiedlichen Verhaltensrepertoires, in der Lage sind, ihr Spiel sehr differenziert aufeinander abzustimmen, um die Wahrscheinlichkeit von Missverständnissen und ein Eskalieren des Spiels zu verhindern. Besonders wichtig bei einem Spiel zwischen Beutetier und Beutegreifer.

SPIEL: DAS FENSTER ZUR MENSCH-HUND-BEZIEHUNG

Das Mensch-Hund-Spiel, als eine Form des artübergreifenden Spiels, haben wir in unserem Buch „Auszeit auf Augenhöhe“ (2017) sehr ausführlich beleuchtet, deshalb behandeln wird dies hier nur kurz.
Hunde spielen auch als erwachsene Tiere noch viel und gern, besonders mit ihren Menschen. Das unterscheidet sie von ihren Vorfahren, den Wölfen (Hansen-Wheat et al., 2018). Die Selektion in der Rassezucht wirkt sich nicht nur auf das innerartliche, sondern auch auf das menschenbezogene Spiel aus. Die Motivation zum menschenbezogenen Spiel (Teil des DMA, Swedish Dog Mentality Assessment) ist nicht nur zwischen Rassen, sondern sogar zwischen einzelnen Zuchtlinien innerhalb einer Rasse unterschiedlich ausgeprägt, z. B. zwischen Arbeitslinien oder Familienhunden bei Labrador und Golden Retriever (Sundman et al., 2016). Nach Sundman et al. reflektiert dies die – in Arbeitslinien stärkere – Selektion auf das Apportieren der Beute und ein damit verbundenes Interesse an Objekten und Spiel. Das Mensch-Hund-Spiel bestand aus Apportier- und Zerrspiel.

Das Spiel zwischen Mensch und Hund kann kurz- und langfristig den Kortisolspiegel senken und den Oxytocinspiegel erhöhen, also Stress verringern und Bindung verstärken (Horváth et al., 2008; Rossi et al., 2018; Roth et al., 2016). Spiel ist für die Mensch-Hund-Beziehung, insbesondere die Bindungsbereitschaft und Trainierbarkeit so wichtig, dass Hunde während der Domestikation gezielt auf soziale Verspieltheit selektiert wurden, weil diese Eigenschaft sowohl ihre Trainierbarkeit als auch ihre Bindung zum Menschen unterstützt (Bradshaw et al., 2015).
Die meisten Spielformen unterstützen die Bindung zwischen Mensch und Hund und reduzieren die Wahrscheinlichkeit, dass es zu agonistischen Interaktionen zwischen Mensch und Hund kommt. Wie bereits aufgezeigt, verweist Bradshaw darauf, dass Spiel eine multifunktionale Verhaltenskategorie ist und frühe Erfahrungen, die Lebensgeschichte des Hundes und der Kontext des Spiels darüber entscheiden, ob Mensch-Hund-Spiel sich positiv auf ihr Wohlergehen auswirkt.

„Die Art und Häufigkeit des gemeinsamen Spiels ist ein Fenster zur Qualität der Mensch-Hund-Beziehung.“
John Bradshaw

MENSCHENBEZOGENE VERSPIELTHEIT

Hunde leben seit über 30 000 Jahren mit Menschen zusammen und während ihrer Domestikation wurde ihr Verhalten per künstlicher Selektion durch den Menschen verändert (Gansloßer & Kitchenham, 2019 liefern Details). In zwei Studien untersuchten Garamszegi und Kolm, wie diese Selektion das menschenbezogene Spielverhalten bei verschiedenen Hunderassen mit unterschiedlichen Funktionen beeinflusst hat (Garamszegi et al., 2020; Kolm et al., 2020). Sie fanden heraus, dass 75 % der Varianz zwischen den Rassen auf ihrer genetischen Verwandtschaft, während 15 % auf den Genfluss (durch Kreuzungen zwischen den Rassen) zurückzuführen ist. Die meisten Unterschiede des menschenbezogenen Spielverhaltens zwischen den Rassen sind damit wahrscheinlich schon früh durch Einschränkungen, als Folge früher Selektion, verursacht worden. Die Unterschiede des menschenbezogenen Spielverhaltens zwischen den Rassen beruhen also hauptsächlich auf genetischer Ähnlichkeit und die künstliche Selektion bestimmter Körper- und Verhaltensmerkmale betrifft auch das Spielverhalten. Diese frühe Selektion auf menschenbezogene Verspieltheit könnte direkt gewesen sein, z. B. weil verspielte Hunde besser mit Menschen zusammenleben oder weil Hunde, die gern mit Objekten spielen auch gute Jagdhelfer sind. Sie könnte auch indirekt gewesen sein, d.h., nur mit anderen bisher nicht bekannten körperlichen oder Verhaltensmerkmalen korrelieren (Garamszegi et al., 2020). Wölfe zeigen weniger menschenbezogenes Spielverhalten als Wolf-Hund-Hybriden und diese weniger als Hunde (Hansen-Wheat et al., 2018). Ursprüngliche Rassen wie Akita Inu, Alaskan Malamute, Siberian Husky und Shiba Inu, die frühere Stadien der Domestikation reflektieren sollen, zeigen durchschnittliche

Christianes Hand als Maulersatz attackiert Coke spielerisch.

Werte menschenbezogener Verspieltheit. Auch die Ähnlichkeit der Umgebung, in der Hunde mit ähnlichem Erscheinungsbild und Funktion aufwachsen, könnte das Spielverhalten auf Dauer beeinflusst haben. Die Analyse von Kolm et al. (2020) zeigt, dass nach der Einteilung des AKC (American Kennel Club) Rassen der Sporting Group (z. B. Retriever, Spaniel, Setter, Pointer), Heerding Group (Hüte-/Schäferhunde) und Terrier am meisten menschenbezogenes Spiel zeigen, Hound Group und Working Group im Mittelfeld liegen, während Toy Group und Non-sporting Group am wenigsten menschenbezogene Verspieltheit zeigen.

MENSCH-HUND-SPIEL

Für Alexandra Horowitz und Julia Hecht ist das Spiel zwischen Mensch und Hund eine *„einzigartige, artübergreifende Interaktion"* (Horowitz & Hecht, 2016). Sie untersuchten, was und wie Halter mit ihren Hunden spielen. Dazu sammelten sie über eine Website die Videos von Mensch-Hund-Spiel in der heimischen Umgebung, werteten 178 Videos aus und führten zusätzlich eine Befragung der Halter durch. Zwei Drittel der befragten Hundehalter spielten täglich mit ihrem Hund. Am beliebtesten waren Spiele, die ein Objekt einbezogen und mehr als eine Spielform umfassten. Am häufigsten kamen Apportier-/Ballspiele, Zerrspiele und Neckspiele (Teasing), also Spiele, die ein Necken/Triezen/Täuschen beinhalten, vor. Diese Spielformen machten 40 % der Mensch-Hund-Spiele aus.

Weitere Spielformen waren Rauf- und Verfolgungsspiele, Parallelrennen und „Keep away". Der im Gegensatz zur Wissenschaft in der Umgangssprache weiter gefasste Begriff „Spiel" wurde auch in dieser Studie sichtbar, denn 22 % der Befragten benannten Aktivitäten wie Tricktraining, Jagen mit Laserpointer, Obedience als Spielform.

Coke reagiert mit einem spielerischen Gegenangriff.

In das Zerrspiel mit Alva bringt sich Isabell mit vollem Körpereinsatz ein.

Das Ausführen von Kommandos und zielgerichtetes Training als Spiel zu betrachten, ist problematisch, nicht nur, weil es der Definition von Spiel widerspricht. Darauf weist auch die bereits beschriebene Studie von Horváth et al. (2008) hin, die zeigte, dass Hunde Kommandos und zielgerichtetes Training nicht als Spiel erleben. Selbstverständlich ist ein eher spielerisch durchgeführtes Training begrüßenswert, nur ist es – als an menschlichen Zielen ausgerichtetes Handeln, mit vorgegebenen Regeln und extrinsischer Belohnung – kein Spiel. Es wird vom Hund anders erlebt und hat andere Ergebnisse und Auswirkungen, z. B. was die Aktivität begleitenden Emotionen und die in der Aktivität gelernten Kompetenzen, insbesondere Sozialkompetenzen, betrifft. Die natürliche Spielform von Hunden sind Sozialspiele mit viel Bewegung und Körperkontakt. Es ist deshalb nicht verwunderlich, dass es die (100 %) Rauf-, (94 %) Verfolgungs-, (65 %) Zerr- und (78 %) Neckspiele sind, bei denen Hunde und Menschen von der Mimik, Gestik, Vokalisation (Lachen) am meisten Spaß hatten (Horowitz & Hecht, 2016). Das traf auf die Werf- und Apportierspiele nur bei weniger als 42 % der beteiligten Halter zu.

MENSCH-HUND-KOMMUNIKATION

Hunde setzen gegenüber Menschen die gleichen Spieleinladungssignale ein, wie gegenüber Artgenossen (siehe S. 118 f.). Sie zeigen z. B. die Spielverbeugung, blicken abwechselnd zwischen dem Spielzeug und dem Menschen hin und her, tragen ein Spielzeug in Imponierhaltung vorbei, nähern sich dem Menschen, bieten es ihm an und laufen dann mit Rückwärtsblick weg oder sie bewachen ein Objekt in Keep-away-Manier sehr übertrieben und immer mit Blick auf den Menschen. Bestimmte Spieleinladungssignale, die in der Kommunikation zwischen Hunden benutzt werden, sind auch als Spieleinladungssignale vom Menschen einsetzbar. Nach Rooney und Bradshaw (2002) sind eine menschliche Spielverbeugung und der Vorwärtssprung, bzw. eine schnelle Bewegung Richtung Hund, am ehesten spielauslösend. Die Effektivität dieser beiden Signale wird verbessert, wenn sie zusammen mit Spiellauten (Lachen, Flüstern) auftreten. Weitere erfolgreiche Spielsignale sind das Vorbeugen (Rumpf ist horizontal), die menschliche Variante des „Chase me", das „Überfallen" und das Jagen des Hundes. Nicht erfolgreich sind Streicheln, am Schwanz ziehen, Fußstampfen, Küssen und Bellen. McGreevy et al. (2012) hat das Repertoire hundlicher Spielsignale und die passenden menschlichen Signale zusammengestellt. So entspricht das Schlagen mit den Händen auf den Boden dem hundlichen Spieltrampeln, das Maulringen kann mit der menschlichen Hand simuliert und der spielerische Überfall mit geducktem Anschleichen in angespannter Körperhaltung imitiert werden.

BEEINFLUSSUNG DES HUNDESPIELS

Nicht nur die grundsätzliche Bereitschaft zum Spiel mit dem Menschen, auch die Art wie gespielt wird, die eingesetzten Spielsignale und der Umgang mit Objekten im Spiel werden von den Erfahrungen des Hundes im Zusammenleben mit Menschen beeinflusst (Feddersen-Petersen, 2001, 2008; Lazzaroni et al., 2019). Hunde, die in Familien aufwachsen, entwickeln eine höhere Spielaktivität und zeigen diese in ihrem Entwicklungsverlauf länger als Hunde, die in einer Hundegruppe aufwachsen (Feddersen-Petersen, 2001). Erwachsene Hunde bevorzugen die Spielformen, die der Mensch beim Welpen und Junghund gefördert hat.
Auch die Spielsignale und Spielbewegungen ändern sich bei Hunden im Laufe des Zusammenlebens mit der Familie. Sie lernen, mit welchen Signalen und Bewegungen sie Menschen gegenüber besonders erfolgreich sind und setzen diese dann bevorzugt ein (Feddersen-Petersen, 2001).

VERTRAUEN ALS BASIS VON SPIEL

Wie bereits für das Hund-Hund-Spiel beschrieben, setzt das Spiel mit Körperkontakt Vertrauen in den menschlichen Spielpartner voraus. Einen Welpen oder erwachsenen Hund, mit dem ich das erste Mal spiele, kann ich noch nicht einschätzen und er mich genauso wenig. Das gegenseitige Vertrauen muss sich erst entwickeln und so ist es nicht verwunderlich, dass „gefährliche" Spielelemente mit Verletzungsrisiko im Hund-Mensch-Spiel erst beobachtet werden, wenn beide einander besser und länger kennen. Gleiches gilt auch für Hund-Hund-Teams, wie z. B. Claudia Terwort in ihrer Studie über Teambildung bei pensionierten Bundeswehr-Diensthunden zeigen konnte (Terwort, 2010; Stenglein & Terwort, 2015). Es gibt indes keine bessere Möglichkeit, das Vertrauen zwischen Mensch und Hund aufzubauen, als im Spiel.

Wie und wie viel ein erwachsener Hund spielt, hängt ganz entscheidend davon ab, was und wie viel der Mensch mit dem Hundewelpen gespielt hat.

ERFOLGREICHES MENSCH-HUND-SPIEL

Bekoff und Horowitz (2007) untersuchten das Mensch-Hund-Spiel und verglichen die Rhythmik und die Regeln eines erfolgreichen Spiels mit denen eines guten Gesprächs. Sie identifizierten eine Reihe von Merkmalen, die für ein erfolgreiches Mensch-Hund-Spiel wichtig sind und die den erfolglosen Spielversuchen fehlten:

1. eindeutiges Signalisieren der Spielabsichten
2. Blickkontakt und direkte Reaktion der Spielpartner aufeinander
3. ein Synchronisieren des Verhaltens
4. richtiges Timing und ausgewogene Beteiligung beider Spielpartner

EINDEUTIGE SPIELSIGNALE

Erfolgreiches Spiel braucht eindeutige Signale, mit denen die Spielabsicht kommuniziert wird. Das gilt natürlich besonders für die artübergreifenden Spieleinladungen. Nicht erfolgreiches Spiel ist nach Horowitz und Rooney (Horowitz & Bekoff, 2007; Rooney et al., 2001) häufig auf fehlende Spielsignale des Menschen zurückzuführen. Die von Bekoff/Horowitz beobachteten Hunde und Menschen vokalisierten ihre Spielabsicht; die Hunde bellten, die Menschen sprachen. Wollten Mensch und Hund ein Objektspiel spielen, wurde das Spielzeug zunächst in das Blickfeld des Spielpartners gehalten. Zum Auftakt eines Sozialspiels ohne Spielzeug präsentierte sich der Initiator selbst im Blickfeld des Spielpartners. Als Spieleinladung wurde das beidhändige Klatschen auf den Boden, das Trampeln mit beiden Vorderbeinen, das Einfrieren in der Hocke mit leicht geöffnetem Mund (Spielgesicht vom Menschen), die Spielverbeugung mit Schwanzwedeln, aufgerichtete Ohren und Schrägstellen des Kopfes mit Spielgesicht (beim Hund) erfolgreich eingesetzt.

BLICKKONTAKT UND TIMING

In einem erfolgreichen Mensch-Hund-Spiel schenkten sich die Spielpartner wechselseitig ihre Aufmerksamkeit, z. B. durch das Herstellen von Blickkontakt. Blickkontakt war für Mensch und Hund das Signal für den Spielstart, wurde aber auch während des Spiels häufig eingesetzt. Der Hund signalisierte dem Menschen seine Spielabsicht, indem er blitzschnell zwischen dem Spielzeug und dem Menschen hin und her blickte. Bei den Apportierspielen wartete der Mensch nach dem Zurückbringen des Balls zuerst den Blickkontakt mit seinem Hund ab, bevor er den Ball erneut warf. Blickkontakt ist ein Hinweis darauf, dass der Hund dem Menschen seine Aufmerksamkeit schenkt und spielfreudige Hunde stellen auch außerhalb des Spiels schneller Blickkontakt zum Menschen her (Bognár et al., 2021), zeigen also eine größere Bereitschaft, ihm ihre Aufmerksamkeit zu schenken. Das richtige „Timing“ spielte ebenfalls eine Rolle, wobei sowohl Mensch als auch Hund durch zeitnahe, direkte Reaktionen für die Spielspannung sorgten. Spiel fordert also die volle Aufmerksamkeit.

Sozialspiel auf Augenhöhe ganz ohne Objekt, dafür mit Körperkontakt und Spielsignalen.

Kristina ist hier spielerisch in der defensiven Rolle.

Dann wechselt sie in die offensive Rolle.

Spieldrohen und gehemmte Abwehr seitens Tosia.

SPIEGELN UND SYNCHRONISIEREN

Phänomene wie Stimmungsübertragung, Mimikry und Verhaltenssynchronisation finden vor allem in entspannten Situationen und im Spiel vertrauter Individuen statt (Palagi et al., 2015; Špinka, 2012). Sie kommen auch im Mensch-Hund-Spiel vor und sind ein Zeichen für geteilte Emotionen, Vertrautheit und erfolgreiches Spiel (Palagi & Scopa, 2017; Palagi, 2019; Palagi & Cordoni, 2020). Bei den von Bekoff/Horowitz beobachteten Teams folgte auf den Sprung des Menschen ein Sprung des Hundes, beide liefen parallel, griffen abwechselnd nach dem Spielzeug, nach der Hocke des Menschen zeigte der Hund die Spielverbeugung. Dieses gegenseitige Spiegeln kennzeichnet erfolgreiche Gespräche, sowohl innerartliches als auch artübergreifendes Spiel und fehlt erfolglosem Mensch-Hund-Spiel.

AUSGEWOGENE SPIELANTEILE

Weitere Merkmale für erfolgreiches Hund-Mensch-Spiel sind nach Bekoff/Horowitz außerdem Rollenwechsel und ein einigermaßen gleichmäßiger Aktivitätsanteil beider Spielpartner. Wenn der Hund den Ball nicht

Blickkontakt und das Verstehen von Zeigegesten erleichtern die Spielkommunikation zwischen Mensch und Hund.

mehr direkt zurückbrachte oder der Mensch z. B. den Hund jagte, sich selbst aber nicht jagen ließ, brach das Spiel ab. In Apportierspielen gibt es zudem eine Distanz, deren Unter- oder Überschreitung das Spiel beendet.

BLICKKONTAKT UND ZEIGEGESTEN

Die Neuroethologin Lauren Brent geht davon aus, dass Tiere, die Freundschaften bilden, die Fähigkeit besitzen müssen, ihre Aktionen zu koordinieren (Brent et al., 2014). Das geht beispielsweise durch Zeigegesten, Blickverfolgung und Augenkontakt. Die Domestikation hat auch dazu geführt, dass Hunde mehr auf kooperative, kommunikative Signale des Menschen achten und häufiger als Wölfe Blickkontakt zum Menschen herstellen, das tun sie bereits als Welpen und ohne viel Training (Salomons et al., 2021). Oxytocin wird durch Körperkontakt, aber auch durch intensiven Blickkontakt zwischen vertrauten Individuen, z. B. einer Mutter und ihrem Baby oder einem Hund und seinem Halter, aktiviert, und zwar bei beiden. Im Laufe der Domestikation (vgl. Kitchenham, in Gansloßer & Kitchenham, 2019) wurde, besonders bei kooperationsbereiteren Rassen, die Aktivität des OXT-Systems genetisch verstärkt und erleichtert die Kommunikation. Spiel mit häufigem Blickkontakt führt bei Hund und Mensch zu erhöhtem Oxytocinspiegel (Nagasawa et al., 2009), zumindest bei den Haltern, die mit ihrem Hund zufrieden sind. Neben Blickkontakt benutzen Menschen häufig Zeigegesten im Spiel, um die Aufmerksamkeit des Hundes auf ein Spielobjekt zu lenken. Die Reaktion des Hundes auf eine solche Zeigegeste ist nicht abhängig von der Vertrautheit mit dem Menschen (Mitchell et al., 2018). Hunde versuchen Menschen zudem zur Fortsetzung eines unterbrochenen Spiels zu re-engagieren. Diese „ultrasoziale" Fähigkeit, bisher nur bei Bonobos nachgewiesen, setzt voraus, dass Hunde die Spielabsicht und den mentalen Zustand des mitspielenden Menschen kennen und teilen (Horschler et al. 2022).

MENSCH-HUND-SPIEL UND DOMINANZ

Eine Betrachtung der Mensch-Hund-Beziehung unter dem Gesichtspunkt von Rang, Status oder Dominanz würde den Rahmen dieses Buches sprengen. Leider ist es aber so, dass immer noch viele Hundetrainer ihren Kunden empfehlen, nicht mit ihrem Hund zu spielen oder auf bestimmte Spiele zu verzichten, den Hund nie das Spiel beginnen oder gewinnen zu lassen und dem Hund kein eigenes Spielzeug zur Verfügung zu stellen. Diese Empfehlungen beruhen auf der Einschätzung, dass Hunde, die Spiele beginnen, gewinnen und eigenes Spielzeug besitzen, dazu tendieren, ihre Halter außerhalb des Spiels zu „dominieren". Körperliche Spiele wie Zerrspiele oder Spielkämpfe werden in diesem Zusammenhang als „Diskussion um die Dominanzposition" betrachtet. Rooney und Bradshaw (2002, 2003) haben den Einfluss gemeinsamer Spiele, insbesondere auch körperbetonter Spiele wie Zerrspiele, auf die Mensch-Hund-Beziehung untersucht. Sie haben dies per Videoanalyse, Fragebogen und einer ganzen Testbatterie

Körperbetonte Mensch-Hund-Spiele, wie hier zwischen Nina und ihrer Mischlingshündin Lotte, wirken sich positiv auf die Beziehung aus und stärken die Bindung.

HUND-HUND-SPIEL VERSUS MENSCH-HUND-SPIEL

Zwischen- und innerartliches Spiel, also das Spiel mit einem anderen Hund oder dem Menschen, unterliegen unterschiedlichen Motivationen (Svartberg, 2005; Rooney et al., 2000). Rooney et al. (2000) haben das Hund-Hund-Spiel mit dem Mensch-Hund-Spiel und das Spiel in Einzel- und Mehrhundehaushalten verglichen. Dabei stellte sich heraus, dass Menschen, die mehr als einen Hund besitzen, häufiger mit ihren Hunden spielen als Einzelhundhalter. Zudem verhalten sich Hunde im Hund-Hund-Spiel anders als im Mensch-Hund-Spiel. Im Mensch-Hund-Spiel ist der Anteil der partnerbezogenen Spielaktivitäten höher, während die solitären Aktivitäten, wie das Behalten und Kauen des Spielzeugs, von der Art des Spielpartners nicht beeinflusst werden. Im experimentellen Vergleich spielten die Hunde länger mit dem menschlichen als dem hundlichen Partner, waren weniger wettbewerbsorientiert, präsentierten dem Menschen das Spielzeug häufiger, gaben es aber auch eher ab als im Hund-Hund-Spiel. Sie zeigten sich im Mensch-Hund-Spiel aktiver, kooperativer und weniger besitzorientiert als im Hund-Hund-Spiel (Rooney et al., 2000).
Das Bedürfnis eines Hundes, mit seinem Menschen zu spielen, ist in Mehrhundehaushalten nicht geringer, sondern sogar höher als in Einzelhundhaushalten. Die Struktur von Hund-Hund-Spiel und Hund-Mensch-Spiel unterscheidet sich wie bereits beschrieben. Wegen des häufigeren Spiels und der unterschiedlichen Spielstruktur schließen die Autoren hieraus, dass das innerartliche Spiel von Hunden anders motiviert ist, als Mensch-Hund-Spiel. Deshalb kann das Spiel mit dem Menschen durch das Spiel mit Artgenossen genauso wenig ersetzt werden, wie umgekehrt. Die Autoren zogen noch einen allgemeineren, viel wichtigeren Schluss. Sie warnen davor, das Verhalten der Hunde gegenüber Artgenossen einfach 1:1 auf das Verhältnis von Hund und Mensch zu übertragen.

sehr gründlich getan. Sie haben die Hund-Mensch-Teams in ihrer häuslichen Situation beobachtet und getestet, wie sich das Spiel auf deren Beziehung auswirkt.
Dabei haben sie insbesondere das untersucht, was häufig als „Dominanz-Aggression“ bezeichnet wird, aber in Wirklichkeit entweder eine Aggressionsbereitschaft zur Verteidigung von Ressourcen oder die sogenannte Affektkontrollaggression beschreibt, die im natürlichen Rudel rangunabhängig ist. Letztere Form steht, physiologisch oder zum Teil genetisch, mit mangelhafter Ausbildung und Wirksamkeit des Serotoninsystems in Beziehung. Die Autoren definieren Dominanz als *„die Tendenz des Hundes, sein Vorrecht auf Ressourcenzugriff durchzusetzen“*. Getestet wurden Situationen wie das Wegnehmen von Futter und Spielzeug, das Ausführen von Kommandos, Ignorieren, das Verhalten beim Streicheln, der Fellpflege und in einer Trennungssituation. Dabei stellte sich heraus, dass es sich nicht negativ auf die Beziehung außerhalb des Spiels auswirkt, wenn

1. Mensch und Hund körperbetonte Spiele wie z. B. Zerrspiele spielen,
2. der Hund diese Spiele initiiert,
3. der Hund diese Spiele gewinnt.

Im Gegenteil: Hunde, die häufig körperbetonte Spiele mit ihrem Menschen spielen, haben weniger Probleme mit Trennungssituationen und sind selbstbewusster als Hunde, die keine körperbetonten Spiele spielen dürfen.

KOSTEN UND RISIKEN DES SPIELVERHALTENS

Diskussionen über den Aufwand, den vor allem Jungtiere beim Spielen betreiben und die dagegenzusetzenden Vorteile, ziehen sich bereits seit mehreren Jahrzehnten durch die einschlägige Fachliteratur. Hier muss zunächst betont werden, dass es kaum Untersuchungen über Hunde oder Hundeartige zu diesem Thema gibt. Die nächsten, im Sinne der zoologischen Verwandtschaftsforschung gelegenen Daten stammen von kleinen Kätzchen, die Befunde hierzu sind an anderer Stelle (siehe S. 80 f.) bereits referiert worden. Die meisten Untersuchungen wurden an Primaten, bisweilen aber auch an anderen, beispielsweise Huftieren, in freier Natur und auch in Gehegesituationen durchgeführt. In diesem Zusammenhang werden meistens mehrere, unterschiedlich zu bewertende Kosten und Risiken unterschieden.

ZEIT- UND ENERGIEAUFWAND

Am häufigsten finden wir Daten über den Zeitaufwand, der beim Spielen betrieben wird. In den allermeisten Fällen zeigen sich hier Werte von 1 bis 10 % der Wachzeit eines jungen Säugetieres und umgerechnet dazu ca. 1 bis 9 %, oft 3 bis 5 % der zur Verfügung stehenden Energie. Dies klingt nach nicht viel, jedoch gibt es durchaus einige Erkenntnisse darüber, wie viel das den wachsenden und reifenden Organismus tatsächlich kostet. So haben in einer Untersuchung von Miller und Byers (1991) amerikanische Gabelbockantilopenjungtiere zwar nur 2 % ihres Energiebudgets zum Spielen verwendet, könnten aber bis zu 7 % größer sein zum Zeitpunkt der Entwöhnung, wenn sie stattdessen in

Fluchtspiele von Beutetieren kosten Energie, die nicht ins Wachstum investiert werden kann.

Wachstum und Entwicklung des Körpers investiert hätten. Assammakaken, eine mit Rhesusaffen verwandte Art, zeigen, dass gerade in Zeiten von schlechter Futterversorgung die Wachstumskurven der Jungtiere negativ korreliert sind mit dem Aufwand des Spielens und die Varianz in den individuellen Wachstumskurven ist bis zu 50 % durch den unterschiedlichen Aufwand des Spielens erklärbar. Indirekte Hinweise auf die mögliche Problematik eines Energieaufwandes zum Spielen, der in anderen Bereichen von Wachstum und Entwicklung fehlen könnte, stammen dagegen von Studien im Freiland und Gehegesituationen über den Einfluss von Nahrungsreduktion auf das unmittelbare Spielverhalten. Rushen et al. (2016) zeigen bei Kälbern von Hausrindern, dass das Spielverhalten deutlich reduziert wird, wenn entweder die Nahrung mit weniger Energie zur Verfügung steht oder die Trennung von der Mutter nach dem Absetzen zu einem erheblich reduziertem Spielaufwand führt. Nunes et al. (1999) zeigen bei amerikanischen Beldingsbodenhörnchen, dass künstliche Zufütterung zu einem erheblichen Anstieg des Spielverhaltens führen kann. Indirekte Hinweise auf einen Zusammenhang zwischen Nahrungs- bzw. Energieversorgung und Ausmaß des Spielverhaltens kommen durch Vergleichsstudien der jeweils gleichen Tierart in unterschiedlichen Lebensräumen. Totenkopfäffchen (Baldwin & Baldwin, 1977), amerikanische Dickhornschafe (Byers, 1998), Murmeltiere (Barash, 1973, 1975) und andere haben hierfür deutliche Belege: Lebt eine Population der jeweiligen Tierart in einem eher ungünstigen, nahrungsärmeren oder anderweitig „schlechteren" Lebensraum (Trockenwald, Wüste, Steppenlandschaft etc.), so wird in den jeweiligen Studien eine deutlich geringere Spielhäufigkeit und -dauer der Jungtiere festgestellt, als in einem besser ausgestatteten Lebensraum (Regenwald, Sommer im Hochgebirge).

Junge Wildtiere machen Fressfeinde …

VERLETZUNG UND ANDERE GEFAHREN

Eine andere Form der Risiken beim Spielverhalten betrifft das Verletzungsrisiko. Hierzu hat beispielsweise Fagen in seiner Zusammenstellung (1981) die Gefahren von Stürzen, sei es vom Baum oder im Gebirge, Steinschlag, Feststecken im Schlamm oder Geröll oder eben auch die Gefahren von Kaktusstacheln in der Wüste zusammengefasst.

Nochmals eine andere Form der Gefahren des Spielverhaltens betrifft die Unaufmerksamkeit oder anderweitige Exposition eines spielenden Tieres gegenüber Fressfeinden. Blumstein (1998) hat hier eine fundierte Studie zum Risiko von Murmeltieren beim Spielen in mehr oder weniger großer Entfernung vom Baueingang zusammengestellt.

... auf sich aufmerksam und übersehen deren Annäherung, wenn sie ins Spiel vertieft sind.

Gerade beim Spielen dauert es wesentlich länger, den nächstgelegenen Bau zu erreichen, und auch nach einem künstlich vorgespielten Warnruf ist die Reaktionszeit bis zum Vermeiden bzw. Fliehen gegenüber anderen Tätigkeiten deutlich verlängert. Auch der Mensch ist hier als möglicher „Fressfeind" ein signifikanter Einfluss. Eine Zusammenstellung des schweizerischen Aktionbündnisses Fuchs (2017) beschreibt, dass gerade Jungfüchse häufig beim Spielen vor dem Bau von Jägern erlegt werden.
Einige weitere verhaltensbiologische, aber eher selten beschriebene negative Auswirkungen des Spielverhaltens seien auch, überwiegend aus den Zusammenstellungen von Fagen (1981), Bekoff und Byers (1998) noch kurz erwähnt: Gerade bei Beutegreifern besteht die Gefahr, dass spielende Jungtiere den Beutefangvorgang der Mutter unterbrechen bzw. die Beutetiere vorzeitig warnen und zur Flucht bringen, auch die Gefahr einer Trennung von der Mutter bzw. anderen Babysittern wurde bereits wiederholt beschrieben.

SPIELGRUPPEN

Neben den genannten, häufig auch durch Freilandbeobachtungen oder anekdotische Beschreibungen unterstützten Risikobeschreibungen sei nochmals darauf hingewiesen, dass gerade aus der humanpsychologischen Ecke ähnliche Bedenken geäußert werden, wie wir sie leider auch im Umgang mit Welpen- und Junghundspielstunden bei Hunden immer wieder treffen:

Hart & Tannock (2019) beschreiben häufig geäußerte Bedenken, dass Kinder beim Raufen, Balgen und Toben nicht nur einander verletzen könnten, sondern auch gesellschaftlich eher unerwünschte Verhaltenstendenzen, also „Ellbogenverhalten", unerwünschte Aggressivität etc. entwickeln und als Durchsetzungsstrategie perfektionieren könnten. Hier treffen sich dann auch die Einschätzungen der Frühpädagogik mit den häufig geäußerten Bedenken im Hundetraining. Bemerkenswert ist hier, dass die Autorenteams einen geschlechtsabhängigen Zusammenhang mit den Lehrkräften feststellen: Weibliche Lehrkräfte im Vorschul- und Schulpädagogischen Alltag betrachten solche raueren und potenziell riskanteren Spiele mit wesentlich mehr Skepsis und bemühen sich viel häufiger, diese zu unterbinden oder in andere, ihnen angenehmere Formen zu kanalisieren, während männliche Lehrkräfte hier häufig ein etwas entspannteres und durchaus diesen Spielformen auch positiver geneigtes Verhalten bei der Steuerung ihrer Schutzbefohlenen an den Tag legen.

Während die hier genannten Zusammenstellungen immer wieder betonen, dass trotz allem der Zeit- und Energieaufwand des Spielverhaltens vergleichsweise gering sei, muss schon darauf hingewiesen werden, dass selbst ein Energie- und Zeitaufwand von deutlich unter 10 % des Gesamtbudgets sehr wohl einen evolutiven Unterschied ausmachen kann, vor allem, wenn es sich dabei um Langzeitstrategien, die ja über viele Generationen hinweg entwickelt werden, handelt. Die Vorteile sind also in jedem Fall notwendig, um die genannten Kosten und Risiken „evolutiv zu rechtfertigen".

Im körperbetonten Raufspielen lernen Kinder (Hunde) nicht Kämpfen, sondern dessen Vermeidung.

OBELIX, PSEUDOHASE UND DIE SUCHT

Neurobiologisch begründbare Risiken des Spielverhaltens

Wir haben bereits darauf hingewiesen, dass die Untersuchungen von Marijke Achterberg und Ko-Autoren (2015) eindeutig belegen konnten, wie unterschiedlich die von Spielverhalten, auch spielerischem Raufen und Toben, aktivierten Gehirnzentren von denen sind, in denen die noradrenalingesteuerte Aggression entsteht. Trotzdem muss an dieser Stelle auf einige, leider oft mit Spielverhalten verwechselte Aktivitäten hingewiesen werden, die im Gehirn ganz andere Zusammenhänge auslösen können. Vieles, was Laien (und leider auch solche, die nicht zugeben, es zu sein) mit Spielverhalten auf der Hundewiese verwechseln, entstammt ganz anderen Zusammenhängen.

Fehlgeleitetes Jagdverhalten

Hier ist zunächst das fehlgeleitete Jagd- und Beutefangverhalten zu nennen. Wenn ein Hund auf allgemeinen Beschluss zum Pseudohasen erklärt und dann über die Wiese gescheucht wird, ist das kein Spiel! Allein die Tatsache, dass der Gescheuchte keinen Spaß an dieser Aktivität hat, verhindert ja nach unserer Definition (siehe S. 12 ff.), die auf Freiwilligkeit beruht, die Einstufung als Spielverhalten, unabhängig davon, wie viel Spaß die Verfolger haben. Solche Jagdszenen auf Pseudohasen (Einzel- oder als Gruppenaktivität) müssen mit Methoden des Antijagdtrainings (was auch immer das sei) und nicht etwa mit Methoden der Antiaggressionstherapie bearbeitet werden. Dazu muss das Ausdrucksverhalten als Differenzierung genau betrachtet werden, vor allem das des Verfolgten!

Mobbing und Bullying

Ebenso oft wird aber dieses Verhalten auch nicht als Spielverhalten, sondern als Mobbing bezeichnet. Auch hier ist die Begrifflichkeit wieder mit der psychologisch-verhaltensbiologischen Terminologie im Widerspruch. Mobbing ist entweder ökologisch definiert als gemeinsames Angreifen oder zumindest lautstarkes Vermelden einer gefühlten oder realen Gefahr (man denke an die Angriffe von Singvögeln auf eine Greifvogelattrappe im Frühjahr), oder im sozialpsychologischen Sinn der Angriff einer Gruppe auf einen abweichenden Einzelnen. Ein Einzelindividuum kann einen anderen Hund nicht mobben, hier wäre der im englischen Sprachgebrauch übliche Begriff des Bully wesentlich angebrachter. Beide, Mobbing im sozialpsychologischen Sinne und Bullying, dienen unter Umständen proximat, aus physiologischer Sicht, durchaus einer Regulierung des Glucocorticoidspiegels. Wahl (2009) referiert hier beispielsweise Untersuchungen an Schuljungs mit unterschiedlichen Verhaltensprofilen. Er beschreibt sowohl Aggressionsbereitschaft durch Übererregung. Diese führt in der Regel zu einem erhöhten Glucocorticoidspiegel oder ist mit solchen korreliert. Aber auch Aggressionsbereitschaft durch Untererregung kann beschrieben werden. Dann liegt eher ein Glucocorticoidmangel vor und hier kann auch beispielsweise das normal als Gegenspieler der Glucocorticoide einsetzbare Serotonin wenig Auswirkungen haben. Eine chronisch erniedrigte Hypophysen-Nebennierenrindenachse kann sehr wohl zu Gewaltausbrüchen führen und nur beim niedrigem Glucocorticoidspiegel gibt es auch positive Korrelationen von Testosteron mit Aggressionsbereitschaft. Langfristig aggressive Schuljungs hatten niedrigere Glucocorticoidspiegel und eine schwache Aktivierung der Hypophysen-Nebennierenrindenachse und sind also durch Ungleichgewichte im Bereich des Cortisolspiegels und durch unterschiedliche Aktivierungen der sogenannten passiven Stressachse, also der Hypophysen-Nebennierenachse, charakterisiert.

Lustraufer

Ganz anders sind dagegen die Verhältnisse beim sogenannten Lustraufer, den wir uns am besten als hundlichen Obelix vorstellen können. Obelix hat bekanntermaßen überhaupt keine stressbedingten Probleme, und seine Empfindungen bei Nachricht eines nahenden Römerverbandes oder des wiederauftauchenden Piratenschiffes, können nur mit positiver Affektlage umschrieben werden. Auch zu diesem Thema gibt es neurobiologische Untersuchungen, wenn auch überwiegend aus Labortierstudien, aber eben auch wieder mit menschlichen Versuchspersonen als Vergleichsgruppe. Die Problematik selbstbelohnender und damit suchgefährdender Aktivitäten entsteht bei vielen Sportarten, insbesondere bei solchen, die mit schneller, gleichmäßig ablaufender Bewegung verbunden sind. Und dazu gehört auch die spielerisch beginnende, und dann möglicherweise durch Motivationswechsel durchaus auch ins Ernstverhalten überschlagende Aggressionsbereitschaft. Untersuchungen beispielsweise aus der Arbeitsgruppe von Fuxjager et al. (2009, 2010a, 2010b) sowie von Klaus Miczek et al. (2013) zeigen, dass exzessives aggressives Verhalten bei Mäusen valide und verlässlich bei einem Teil der Individuen eine deutliche Beteiligung des Dopaminsystems aufweist. Eine im Dopaminstoffwechsel sehr wichtige Enzymaktivität, nämlich die Tyrosinhydroxylase, ist in verschiedenen Bereichen des sozialen Netzwerkes im Gehirn, auch im Bereich des zum Emotionssystem gehörenden *Nucleus accumbens*, nachweisbar. Es handelt sich hier offensichtlich um erfahrungsabhängige Veränderungen, die zu einer Verdeutlichung des Lernprozesses herangezogen werden. Auch Veränderungen in der Anwesenheit von Androgenrezeptoren führen zu einem Anstieg der Empfindlichkeiten im neuronalen Belohnungskreislauf und damit zu einer erhöhten Motivation zum Kampf. Erhöhte Androgenrezeptoraktivitäten wiederum können die Bildung der Tyrosinhydroxylase befördern, sodass verstärkte Aggressionsbereitschaft nach wiederholten Gewinnerfahrungen zu einer erhöhten Aktivität von Dopamin führen kann. Die genannten Befunde sind unabhängig oder sogar gegenläufig zu Manipulationen im Stresszentrum, beispielsweise des *Locus coeruleus*. Es zeigt die unterschiedlichen Motivationssysteme, die einerseits stressmotivierte und andererseits lustmotivierte Aggressionsbereitschaft entstehen lassen.

Sucht nach Aggression

Golden et al. (2019) zeigen aufgrund weiterer Zusammenhänge beispielsweise auch mit dem Gammahydroxybuttersäurerezeptoren (GABA), dass Aggression eine erlernte Belohnungserfahrung sein kann, die sowohl mit Konditionierungsvorgängen als auch mit einer operanten Selbstbelohnung auslösbar ist. Auch verschiedene Kerngebiete des Zwischenhirns, insbesondere des Hypothalamus werden hier stark mit Aggression in Verbindung gebracht. Golden et al. (2019) zeigen eindeutig im Mäusemodell, dass es Such- und Suchtverhalten nach Aggression im Sinne einer Appetenz und auch Rückfall in aggressives Verhalten nach längerer Enthaltsamkeit gibt, und dass die dabei auftretenden Verhaltensmechanismen im Gehirn andere Schaltkreise und andere neurobiologische Zusammenhänge darstellen als die durch Aggression als Endhandlung beobachtbaren Effekte. All dies bedeutet, dass es enorm wichtig ist, echtes Spielverhalten, auch und gerade im Bereich des Raufens, Balgens und Tobens, von Aggressionszusammenhängen zu unterscheiden und zu trennen. Dies gilt sowohl für die eher positiv affektgeladene Lustrauferaggressionsbereitschaft als auch für die eher negativen emotionalen Zustände beim Mobbing, Bullying und defensiver Selbstverteidigungsaggression.

Falsch aufgebaute Objektbeschäftigung

Nochmals einen ganz anderen, wenn auch wiederum im Bereich der Suchtentstehung sehr gefährlichen Zusammenhang finden wir bei falsch aufgebauten oder falsch verstandenen Objektbeschäftigungen aus dem Funktionskreis des Jagd- und Beutefangverhaltens.

Nicht nur Hunde mit einer jagdlichen Rassegeschichte, sondern auch eine Vielzahl verschiedener Treib- und Hütehunde entstanden in ihrer Arbeitsweise durch eine züchterisch veränderte und züchterisch überhöhte Beutefangaktivität. Und in diesem Zusammenhang liegt nun eben auch wiederum eine Gefahr des selbstbelohnenden Verhaltens. Untersuchungen von Gerichtsmedizinern und Hundespezialisten gemeinsam (siehe Heinze et al., 2015) zeigen eindeutig, wie gefährlich gerade fehlgeleitetes Objektverfolgungsverhalten (das sogenannte Bällchenspiel) werden kann. Die meisten Unfälle von Hund gegen Kind im öffentlichen Raum entstanden nämlich bei solchen Zusammenhängen bzw. bei Hunden, die in einschlägiger Art und Weise hochgepuscht und angefixt wurden. Nur wenige Unfälle von Hund gegen Kind (anders als Hund gegen Erwachsenen) sind aus Aggressionszusammenhängen zu verstehen.

Auch viele Verhaltensweisen, bei denen ein Hund einen anderen schwer verletzt oder gar getötet hat (siehe Fallbeispiel in Gansloßer und Krivy, 2019) entstanden offensichtlich aus einer solchen fehlgesteuerten Beutefangmotivation.

Nicht nur die Gefahr der Verwechslung von echtem sozialen Spiel mit Bullying, Mobbing oder lustbetonter Aggression, sondern auch die Gefahr der Verwechslung von echtem Objektspiel mit einer suchtartigen oder bereits süchtigen Flugobjektverfolgung sind also nicht von der Hand zu weisen und müssen für eine differenzialdiagnostische Betrachtung dessen, was hier gerade vor unseren Augen abläuft, herangezogen werden. Diese Zusammenhänge bei schnell bewegten und dementsprechend schnell kommunizierenden Hunden zu erkennen, erfordert echte Fachleute und gerade deshalb ist die Betreuung und Moderation von Welpen- oder gar Junghundspielstunden den besten des Faches und nicht den Anfängern zu überlassen. Trotzdem, diese Nachteile müssen zu einer Verbesserung der Praktiken in den Welpenspiel- und Junghundgruppen führen und dürfen nicht als Argument gegen den Besuch von Welpenstunden oder gegen Spielverhalten in Junghundgruppen herangezogen werden. Auch wenn es noch so viele schlechte Lehrkräfte gibt, kann ja wohl niemand das Analphabetentum als Lösung dieses Problems propagieren.

Nicht der Ball an sich, sondern seine falsche Verwendung ist oft das Problem.

EIN WORT ZUM SCHLUSS

Damit geht unsere erneute Reise durch die faszinierende Welt hundlichen Spielverhaltens zu Ende. Die Zahl der neuen Studien, gegenüber der ersten Ausgabe 2011, aber auch gegenüber unserem Buch über Mensch-Hund-Spiel von 2017 (Auszeit auf Augenhöhe), hat deutlich zugenommen.
Und bereits da sind wir beim ersten Teil der Danksagungen. Ohne unser Rechercheteam, diesmal unter Leitung von Pauline Heinze, und die vielen Fallberichte von Kolleginnen und Kollegen hätten wir diese Aktualisierung nicht hinbekommen.
Danken möchten wir aber auch Ihnen, liebe Leserinnen und Leser, dass Sie diesen Marathon, zum Teil auch mit viel Neurobiologie, mitgemacht haben. Und gerade diese neurobiologischen Erkenntnisse dienen zu zweierlei Bemerkungen:
Einerseits: Es ist nicht nötig, all die vielen Hormone, Gehirnregionen etc. mit Namen zu kennen, wenn man das nicht möchte. Es reicht zu wissen, dass es „da was gibt". Und andererseits haben wir gerade diese Details deshalb angeführt, weil eben nichts so gut gegen Falschinformationen hilft (z. B. „Spielen ist schädlich für Hunde! Hunde spielen gar nicht! Spielende Hunde werden dominant und aggressiv!"), wie wissenschaftliche Fakten.
Letztlich danken wir Hana Tebelmann, die die Hirnabbildungen anfertigte, der Fotografin Anna Auerbach für die hervorragenden Aufnahmen, unserer Superlektorin Hilke Heinemann und unserem Schreibteam. Ein Buch wie dieses ist eine Teamleistung. Möge der Aufwand von uns allen den Hunden und ihren Menschen zugutekommen!

AUTOREN

Dr. Udo Gansloßer ist Privatdozent für Zoologie. Seine wissenschaftliche Tätigkeit begann mit Baumkängurus, möglicherweise, weil deren recht unbeholfene Kletterversuche ihn an seine eigene sportliche Begabung erinnerten. Nach der Dissertation in Heidelberg kehrte er zum Bodenleben zurück und beschäftigte sich mit dem Sozialverhalten der Kängurus allgemein. Am Zoologischen Institut Erlangen erhielt er 1991 die Lehrbefugnis. Zurzeit ist er Privatdozent für Zoologie am Institut für Zoologie und Evolutionsforschung der Universität Jena und führt regelmäßig Kurse in Verhaltensbiologie und Tiergartenbiologie an verschiedenen Universitäten durch. Seit einigen Jahren sind die Canidae (Hundeartige) einer der Schwerpunkte seiner Arbeitsgruppe, die sich interdisziplinär von rein zoologischen und tiermedizinischen Themen bis zu Fragen von Mensch-Hund-Beziehung, Tierschutzethik, Sozial- und Rechtswissenschaften erstreckt. Zusätzlich liegt ein Angebot für Beratung für individuelle Fragen rund um Haus- und Heimtiere sowie Zootierberatung vor.

Mechtild Käufer ist Dipl.-Sozialarbeiterin, Hundetrainerin und Fachautorin. Sie arbeitete zunächst mit Jugendlichen und jungen Erwachsenen in der offenen Jugendarbeit. Fasziniert von den Einsatzmöglichkeiten der ersten PCs, gründete sie eine Computerschule, in der sie Angebote für den sozialpädagogischen Bereich entwickelte. Mit Hunden lebt sie seit ihrer Kindheit zusammen. Weil verschiedene Hundetrainer ihr bei den Problemen mit einem spanischen Straßenhund nicht helfen konnten, machte sie 2007/2008 eine Ausbildung zur Hundetrainerin, in der sie sich mit dem Schwerpunkt Hundespiel beschäftigte. Unzufrieden mit den widersprüchlichen Informationen aus der Praxis, konzentrierte sie sich auf die wissenschaftlich fundierten Fakten zum Hundespiel. Sie initiiert und begleitet Hundespielgruppen, berät Hundehalter/-trainer, führt Vorträge und Seminare durch und verfasst Artikel und Bücher zum Thema Spielverhalten. Zusammen mit ihrem Mann und ihren zwei Rauhaardackeln Dorle und Bogie lebt sie im Rheinland.

REGISTER

LITERATURVERZEICHNIS

Abrantes, R. (2004): Evolution of canine social behavior. Dogwise Publishing.

Achterberg, E.J.M., Damsteegt, R. & Vanderschuren, J.M.J. (2018): On the central noradrenergic mechanism underlying the social play suppressant effect of methylphenidate in rats. Behav. Brain Res. 247, 158 – 166.

Achterberg, E.J.M., van Kerkhof, L.W.M., Servadio, M., van Swieten, M.M.H., Houwing, D.J., Aalderink, M., Driel, N.V. Trezza, V., Vanderschuren, L.J.M.J. (2015): Contrasting roles of dopamine and noradrenaline in the motivational properties of social play behavior in rats. Neuropsychopharmacol. 2015, 1 – 11, doi 10.1038/npp. 2015.212.

Adler, C. (2010): Social play behaviour of adult group-housed domestic dogs (*canis familiaris*). Magisterarbeit Karl-Franzens-Universität Graz.

Adler, C., Mackensen-Friedrichs, I., Franz, C. & Crailsheim, K. (2011): Social play behavior of group housed domestic dogs (*canis familiaris*). Journal of Veterinary Behavior: Clinical Applications and Research, 1(6), 98.

Aktionsbündnis Fuchs (2017): Erläuterungen und Quellenangaben. O. O.

Albuquerque, N., Guo, K., Wilkinson, A., Savalli, C., Otta, E. & Mills, D. (2016): Dogs recognize dog and human emotions. Biol. Lett.12: 20150883. http://dx.doi.org/10.1098/rsbl.2015.0883.

Aldis, O. (1975): Play fighting. Academic Press: New York – San Francisco – London.

Aloff, B. (2007): Canine Body Language, Dogwise: Wenatchee.

Althaus, T. (1982): Die Welpenentwicklung beim Siberian Husky. Dissertation Universität Bern.

Anzenberger, G., Gansloßer, U. & Grob, B. (2002): Partnerwahl und Immungenetik. PdN-Biol. 1/(51), 3 – 8.

Arons, C. D. & Shoemaker, W. J. (1992): The distribution of catecholamines and β-endorphin in the brains of three behaviorally distinct breeds of dogs and their F1 hybrids. Brain research, 594(1), 31 – 39.

Asa, C. (1997): Hormonal and experiential factors in the expression of social and prenatal behaviour in canids. Pp. 129 – 149 in: N. G. Solomon, W. A. French (eds): Cooperative Breeding in Mammals. Cambridge UP.

Asher, L., England, G.C., Sommerville, R. & Harvey, N.D. (2020): Teenage dogs? Evidence for adolescent-phase conflict behaviour and an association between attachment to humans and pubertal timing in the domestic dog. Biology letters, 16(5), 20200097.

Asp, H.E., Fikse, W.F., Nilsson, K. & Strandberg, E. (2015): Breed differences in everyday behaviour of dogs. Applied Animal Behaviour Science, 169, 69 – 77.

Auger, A.P., Jessen, H.M. & Edelmann, M.N. (2011): Epigenetic organization of brain sex differences and juvenile social play behavior. Horm. Behav. 59, 358 – 363.

Auger, A.P. & Olesen, K.M. (2009): Brain sex differences and the organization of juvenile social play behaviour. J. Neuroendocrinol. 21, 519 – 525.

Baege, B. (1933): Zur Entwicklung der Verhaltensweise junger Hunde. Zeitschrift für Hundeforschung, 3, 3 – 64.

Baldwin, J.D. & Baldwin, J.I. (1976): Effects of Food Ecology on Social Play: A Laboratory Simulation. Zeitschrift Tierpsychologie, 40, 1–14.

Baldwin, J.D. & Baldwin, J.I. (1977): The role of learning phenomena in the ontogeny of exploration and play. Pp. 343 – 406 in: S. Chevalier-Skolmikoff, S. F. E., Poirier (eds.): Primate Bio-social Development. Garland, N. Y.

Bálint, A., Faragó, T., Dóka, A., Miklósi, Á. & Pongrácz, P. (2013): 'Beware, I am big and non-dangerous!'–Playfully growling dogs are perceived larger than their actual size by their canine audience. Applied Animal Behaviour Science, 148(1 – 2), 128 – 137.

Barash, D.P. (1973): The Social Biology of the Olympic marmot. Anim. Behav. Monogr. 6, 171 – 245.

Barash, D.P. (1976): Social behaviour and individual differences in free-living Alpine marmots (*marmota marmota*). Anim. Behav. 24, 27 – 35.

Bateson, G. (1955): A theory of play and fantasy. Psychiatric research reports.

Bateson, G. (1972): A theory of play and fantasy. In: Steps to an ecology of mind. Chicago: University of Chicago Press. S. 177–193.

Bateson, P.P.G. (1994): The dynamics of parent-offspring relationships in mammals. TREE 9, 399 – 403.

Bauer, E.B. & Smuts, B.B. (2007): Cooperation and competition during dyadic play in domestic dogs, Canis familiaris. Animal Behaviour, 73(3), 489 – 499.

Bauer, E., Ward, C., Smuts, B. (2009): Play like a puppy, play like a dog. Journal of Veterinary Behavior: Clinical Applications and Research, 2009, 2. Jg., Nr. 4, S. 68 – 69.

Beach, F.A. (1967): Coital behavior in dogs III. Effects of early isolation on mating in males. Behaviour, 30(2 – 3), 218 – 237.

Beach, F.A. (1970): Coital behaviour in dogs. VIII. Social affinity, dominance and sexual preference in the bitch. Behaviour, 36(1 – 2), 131 – 147.

Beach, F.A., Dunbar, I. & Buehler, M. (1982): Sexual Characteristics of Female Dogs during Successive Phases of the Ovarian Cycle. HORMONES AND BEHAVIOR 16, 414442 (1982).

Beach, F.A. & LeBoeuf, B.J. (1967): Coital behaviour in dogs. I. Preferential mating in the bitch. Animal behaviour, 15(4), 546 – 558.

Beach, F.A. & Merari, A. (1968): Coital behavior in dogs. IV. Effects of progesterone in the bitch. Proceedings of the National Academy of Sciences of the United States of America, 61(2), 442.

Beaver, B. (2009): Canine behavior: insights and answers, second edition. Saunders Elsevier: St. Louis.

Beerda, B., Schilder, M.B., van Hooff, J.A. & de Vries, H.W. (1997): Manifestations of chronic and acute stress in dogs. Applied Animal Behaviour Science, 52(3 – 4), 307 – 319.

Beerda, B., Schilder, M.B., Van Hooff, J.A., De Vries, H.W. & Mol, J.A. (1998): Behavioural, saliva cortisol and heart rate responses to different types of stimuli in dogs. Applied Animal Behaviour Science, 58(3 – 4), 365 – 381.

Beisiegel, B.D.M. & Zuercher, G.L. (2005): „Speothos venaticus". Mammalian Species, 783(1), 1 – 6.

Bekoff, M. (1972): The development of social interaction, play, and metacommunication in mammals: an ethological perspective. Quarterly Review of Biology, 412 – 434.

Bekoff, M. (1974): Social play and play-soliciting by infant canids. American Zoologist, 14(1), 323 – 340.

Bekoff, M. (1974a): Social play in coyotes, wolves, and dogs. Bioscience, 225 – 230.

Bekoff, M. (1975). The communication of play intention: Are play signals functional? Semiotica, 15(3), 231 – 240.

Bekoff, M. (1976): Animal play: problems and perspectives. p 165 – 188. In: Perspectives in Ethology. Bateson, P.P.G. & Klopfer, P.H. (Ed). New York: Plenum Publishing.

Bekoff, M. (1977): Social communication in canids: Evidence for the evolution of a stereotyped mammalian display. Science 197.4308 (1977): 1097 – 1099.

Bekoff, M. (1984): Social play behavior. Bioscience, 34(4), 228 – 233.

Bekoff, M. (1995): Play signals as punctuation: The structure of social play in canids. Behaviour, 132(5 – 6), 419 – 429.

Bekoff, M. (1999): Social cognition: Exchanging and sharing information on the run. Erkenntnis, 51(1), 617 – 632.

Bekoff, M. (2001): Social play behavior: cooperation, fairness, trust, and the evolution of morality. Journal of Consciousness Studies, 8, 81e90.

Bekoff, M. (2004): "Wild justice and fair play: Cooperation, forgiveness and morality in animals." Biology and Philosophy 19.4, 489 – 520.

Bekoff, M. (2007): Park mysteries, do wild animals play? National Parks, Volume 81, No. 3, 16 – 17, National Parks Conservation Association.

Bekoff, M. (2008): The Emotional Lives of Animals: A Leading Scientist Explores Animal Joy, Sorrow, and Empathy and Why They Matter. Novato: New World Library.

Bekoff, M. (2014): Kann das Liebe sein? Wie Hunde fühlen. In: Kitchenham, K. (Hrsg). Wissen Hunde, dass sie Hunde sind? Wie Hunde denken und fühlen. Kosmos Verlag: Stuttgart, S. 33 – 53.

Bekoff, M. (2014a): The significance of ethological studies: playing and peeing. In: Horowitz, A. (Ed.), Domestic Dog Cognition and Behavior. Springer-Verlag, Berlin, pp. 59–75.

Bekoff, M. (2015): Playful fun in dogs. Current Biology, 25(1), R4 – R7.

Bekoff, M. (2017): „It's OK For Dogs to Engage in Zoomies and Enjoy FRAPs. Allowing dogs to engage in Frenetic Random Activity Periods is a good idea." online: https://www.psychologytoday.com/us/ blog/ animal-emotions/201709/its-ok-dogs-engage-in-zoomies-and-enjoy-fraps.

Bekoff, M. (2018/2019a): Canine Confidential. Why dogs do what they do. University of Chicago Press: Chicago & London.

Bekoff, M. (2019): "Dogs at Play: Fun-Filled Zoomies Exercising Senses & Bodies. Different forms of dogs' play behavior involve a mix of touch, sight, and sound." Online: https://www.psychologytoday.com/us/blog/animal-emotions/201903/dogs-play-fun-filled-zoomies-exercising-senses-bodies.

Bekoff, M. & Allen, C. (1998): Intentional communication and social play: how and why animals negotiate and agree to play. Animal play: Evolutionary, comparative, and ecological perspectives, 97 – 114.

Bekoff, M. & Byers, J.A. (Eds.). (1998): Animal play: Evolutionary, comparative and ecological perspectives. Cambridge University Press.

Berghänel, A., Schulke, O. & Ostner, J. (2015): Locomotor play drives motor skill acquisition at the expense of growth: a life history trade-off. Science Advances, 1, e1500451–e1500451484 doi:10.1126/sciadv.1500451.

Berlyne, D. (1971): Aesthetics and psychobiology (Vol. 336). New York: Appleton-Century-Crofts.

Berridge, K. (2007): The debate over dopamine's role in reward: the case for incentive salience. Psychopharmacol. 191, 391 – 431.

Berthelsen, H. & Hansen, L.T. (1999): The effect of hay on the behaviour of caged rabbits (Oryctolagus cuniculus). Anim. Wolf. 8, 149 – 157.

Biben, M. (1981): Object play and social treatment of prey in bush dogs and crab-eating foxes. Behaviour, 79(2 – 4), 201 – 211.

Biben, M. (1983). Comparative ontogeny of social behaviour in three South American canids, the maned wolf, crab-eating fox and bush dog: implications for sociality. Animal Behaviour, 31(3), 814 – 826.

Blakemore, S.-J. & Choudhury, S. (2006): Development of the adolescent brain: implications for executive function and social cognition. Journal of Child Psychology and Psychiatry, and Allied Disciplines, 47(3 – 4), 296 – 312.

Blankenburg, M. & Klatt, M. (2015): Beschwichtigungssignale. In: Gansloßer, U. (Hrsg). Kommunikation und Konfliktmanagement. S. 35 – 50. Filander Verlag GmbH: Fürth.

Bloch, G. (2004): Der Wolf im Hundepelz. Kosmos Verlag: Stuttgart.

Bloch, G. (2007): Die Pizzahunde. Kosmos Verlag: Stuttgart.

Bloch, G. & Bloch, K. (2002): Timberwolf Yukon & Co. Kynos Verlag: Mürlenbach/Eifel.

Bloch, G. & Dettling, P.A. (2009): Auge in Auge mit dem Wolf. Kosmos Verlag: Stuttgart.

Bloch, G. & Radinger, E. (2010): Wölfisch für Hundehalter. Kosmos Verlag: Stuttgart.

Blumstein, D.T. (1998): Quantifying predation risk for refuging animals: A case study with Golden marmots. Ethology 104, 501 – 516.

Bognár, Z., Szabó, D., Deés, A. & Kubinyi, E. (2021): Shorter headed dogs, visually cooperative breeds, younger and playful dogs form eye contact faster with an unfamiliar human. Scientific reports, 11(1), 1 – 11.

Boitani, L., Francisci, F. Ciucci, P., Andreoli, G. & Serpell, J. (2017): The ecology and behavior of feral dogs: a case study from central Italy. The Domestic Dog: Its Evolution, Behaviour and Interactions with People. Serpell, J., Ed, 342 – 368.

Bonanni, R. (2020): Wie Streuner leben. In: Kitchenham, K. (Hrsg): Streunerhunde. Kosmos Verlag: Stuttgart. S. 34 – 96.

Bonanni, R. & Cafazzo, S. (2014): The social organisation of a population of free-ranging dogs in a suburban area of Rome. In: J. Kaminski & S. Marshall-Pescini (Eds.), The Social Dog: Behavior and Cognition. Elsevier, Amsterdam, pp. 65 – 104.

Bonanni, R., Cafazzo, S., Abis, A., Barillari, E., Valsecchi, P. & Natoli, E. (2017): Age-graded dominance hierarchies and social tolerance in packs of free-ranging dogs. Behavioral Ecology, 28(4), 1004 – 1020.

Bradshaw, J.W.S., Blackwell, E.J. & Casey, R.A. (2009): Dominance in dogs: useful construct or bad habit? — J. Vet. Behav. 3: 176 – 177.

Bradshaw, J.W.S., Blackwell, E.J. & Casey, R.A. (2016): Dominance in domestic dogs — A response to Schilder et al. (2014). Journal of Veterinary Behavior, 11, 102 – 108.

Bradshaw, J.W.S. & Nott, H.M. (2007): Social and communication behaviour of companion dogs. The domestic dog: Its evolution, behaviour and interactions with people, 1, 115 – 130.

Bradshaw, J.W.S., Pullen, A. J. & Rooney, N. J. (2015): Why do adult dogs 'play'? Behavioural processes, 110, 82 – 87.

Bräuer, J. & Kaminski, J. (2020): Was Hunde wissen. 2. Auflage. Springer Verlag: Berlin.

Bray, E.E., Sammel, M.D., Cheney, D.L., Serpell, J.A. & Seyfarth, R.M. (2017): Characterizing Early Maternal Style in a Population of Guide Dogs. Front. Psychol. 8:175.

Brent, L.J., Chang, S.W., Gariépy, J.F. & Platt, M.L. (2014): The neuroethology of friendship. Annals of the New York Academy of Sciences, 1316(1).

Brooks, J. & Yamamoto, S. (2021): Dog Stick Chewing: An Overlooked Instance of Tool Use? Front. Psychol. 11:577100. doi: 10.3389/fpsyg.2020.577100.

Brown, S. & Vaughan, C. (2009): Play: How it shapes the brain, opens the imagination, and invigorates the soul. London: Penguin Books.

Bryant, G. (2020): Evolution, Structure and Function of Human Laughter, In: The Handbook of Communication, Science and Biology. K. Floyd & R. Weber (Eds). S. 63 – 77. Routledge: New York.

Bryant, G.A. & Aktipis, C.A. (2014): The animal nature of spontaneous human laughter. Evolution and Human Behavior, 35(4), 327 – 335.

Brydges, N.M. (2016): Pre-pubertal stress and brain development in rodents. Current Opinion in Behavioral Sciences, 7, 8 – 14.

Bulkeley, K. (2019): Dreaming is imaginative play in sleep: A theory of the function of dreams. Dreaming, 29(1), 1.

Burghardt, G.M. (1997): Amending Tinbergen: A fifth aim for ethology. In: Anthropomorphism, Anecdotes, and Animals. Mitchell, R.W., Thompson N.S & Miles, H.L (Ed.) State University of New York Press: New York. S. 254 – 277.

Burghardt, G.M. (2005): The genesis of animal play: Testing the limits. Mit Press: Cambridge, London.

Burghardt, G.M. (2011): Defining and recognizing play. In: The Oxford handbook of the development of play. Oxford Library of Psychology. Pellegrini, A. (Ed). Oxford University Press: New York. S. 9 – 18.

Burghardt, G.M. (2014): A brief glimpse at the long evolutionary history of play. Animal behavior and cognition, 1(2), 90 – 98.

Burghardt, G.M. (2015): Integrative Approaches to the Biological Study of Play. In: Johnson, J., Eberle, S., Hendricks, T. & Kuschner, D. (Eds): The Handbook of the Study of Play Vol 1. Lanham: Rowman & Littlefield. S. 19 – 40.

Burghardt, G.M., Albright, J.D., Davis, K.M. (2016): Motivation, development and object play: comparative perspectives with lessons from dogs. Behaviour, 2016, 153. Jg., Nr. 6 – 7, S. 767 – 793.

Burghardt, G.M. & Pellis, S. (2018): New Directions in Studying the Evolution of Play. In: Smith, P. K. & Roopnarine, J. L. (Eds.). The Cambridge Handbook of Play: Developmental and Disciplinary Perspectives. Cambridge University Press. S. 30 – 48.

Byers, J.A. (1977): Terrain preferences in the play behavior of Siberian ibex kids (*capra ibex sibirica*). Zeitschrift für Tierpsychologie, 45(2), 199 – 209.

Byers, J.A. (1998): Biological effects of locomotor play: getting into shape, or something more specific? In: Animal Play: Evolutionary, Comparative and Ecological Perspectives, Bekoff, M. & Byers, J. (Eds). Cambridge University Press: Cambridge. S. 205 – 220.

Byers, J.A. & Walker, C. (1995): Refining the motor training hypothesis for the evolution of play. The American Naturalist, 146(1), 25 – 40.

Byosiere, S., Espinosa, J., Marshall-Pescini, E. Smuts, B. & Range. F. (2016a): Investigating the function of play bows in dog and wolf puppies (*canis lupus familiaris, canis lupus occidentalis*). PloS one, 2016, 11. Jg., Nr. 12.

Byosiere, S., Espinosa, J. & Smith, B. (2018): The function of play bows in *canis lupus* and its variants: a comparison of dingo (*canis lupus dingo*), dog (*canis lupus familiaris*) and wolf puppies (canis lupus). Behaviour, 2018, 155. Jg., Nr. 5, S. 369 – 388.

Byosiere, S.E., Espinosa, J. & Smuts, B. (2016): Investigating the function of play bows in adult pet dogs (*canis lupus familiaris*). Behavioural processes, 125, 106 – 113.

Cafazzo, S., Bonanni, R., Valsecchi, P. & Natoli, E. (2014): Social variables affecting mate preferences, copulation and reproductive outcome in a pack of free-ranging dogs. PLoS One, 9(6), e98594.

Cafazzo, S., Marshall-Pescini, S., Essler, J.L., Virányi, Z., Kotrschal, K. & Range, F. (2018): In wolves, play behaviour reflects the partners' affiliative and dominance relationship. Animal behaviour, 141, 137 – 150.

Cafazzo, S., Valsecchi, P., Bonanni, R. & Natoli, E. (2010): Dominance in relation to age, sex, and competitive contexts in a group of free-ranging domestic dogs. Behavioral Ecology, 2010, 21. Jg., Nr. 3, S. 443 – 455.

Call, J., Bräuer, J., Kaminski, J. & Tomasello, M. (2003): Domestic dogs (*canis familiaris*) are sensitive to the attentional state of humans. — J. Comp. Psychol. 117: 257 – 263.

Caro, T.M. (1980): Effects of the mother, object play, and adult experience on predation in cats. Behavioral and Neural Biology, 29(1), 29 – 51.

Carrier, L.O., Cyr, A., Anderson, R.E. & Walsh, C.J. (2013): Exploring the dog park: Relationships between social behaviours, personality and cortisol in companion dogs. Applied Animal Behaviour Science, 146(1 – 4), 96 – 106.

Carter, A. & Martin, J. (2020): Demographic Changes in UK Rescue Centre Dog Population between 2014 and 2018. Journal of Applied Animal Welfare Science, 2020, S. 1 – 10.

Carter, R.N., Romanow, C.A., Pellis, S.M. & Lingle, S. (2019): Play for prey: do deer fawns play to develop species-typical antipredator tactics or to prepare for the unexpected? Animal Behaviour, 156, 31 – 40.

Cavalli, C., Dzik, V., Carballo, F. & Bentosela, M. (2016): Post-conflict affiliative behaviors towards humans in domestic dogs (*canis familiaris*). UCP, International Journal of Comparative Psycholoy, 2016, 29.

Cecchetti, M., Crowley, S.L., Goodwin, C.E. & McDonald, R.A. (2021): Provision of high meat content food and object play reduce predation of wild animals by Domestic cats Felis catus. Curr. Biol. 10.1016/j. cub. 2020.12.044.

Chakraborty, P.K., Panko, W.B. & Fletcher, W.S. (1980): Serum hormone concentrations and their relationships to sexual behavior at the first and second estrous cycles of the Labrador bitch. Biology of reproduction, 22(2), 227 – 232.

Chapagain, D., Range, F., Huber, L. & Virányi, Z. (2018): Cognitive aging in dogs. Gerontology, 64(2), 165 – 171.

Chen, H., Iinuma, M., Onozuka, M. & Kubo, K.Y. (2015): Chewing maintains hippocampus-dependent cognitive function. International Journal of Medical Sciences, 12(6), 502 – 509.

Chevalier-Skolnikoff, S. & Poiner F.E. (1977): Primate Bio-Social Development. Garland, New York.

Chick, G. (2001): What is play for? Sexual selection and the evolution of play. Theory in context and out, 3, 3 – 25.

Chick, G., Yarnal, C. & Purrington, A. (2012): Play and mate preference: testing the signal theory of adult playfulness. American Journal of Play, 4(4), 407 – 440.

Choudhury, T. (2020): Do older siblings help raise their younger siblings? A case study of alloparental care in Indian free-ranging dogs. Journal of Entomology and Zoology Studies 2020. 8(1): 1546 – 1551.

Choudhury, S., Blakemore, S. & Charman, T. (2006): Social cognitive development during adolescence. Social cognitive and affective neuroscience, 2006, 1. Jg., Nr. 3, S. 165 – 174.

Christie, D.W. & Bell, E.T. (1972): Studies on canine reproductive behaviour during the normal oestrous cycle. Animal behaviour, 20(4), 621 – 631.

Clipponeri, T. & Verrell, P. (2003): An uneasy alliance: unequal distribution of affiliative interactions among members of a captive wolf pack. NRC Research Press Web.

Coda, K.A., Fortman, J.D. & García, K.D. (2020): Behavioral Effects of Cage Size and Environmental Enrichment in New Zealand White Rabbits. Journal of the American Association for Laboratory Animal Science, 59(4), 356 – 364.

Collins, K., Reid, P. & Martinez, L. (2012): Bred To Fight: Evaluating Play In Pit Bull Puppies From Fighting Lines. Schedule of Events, 31., 2012 ACVB/AVSAB Veterinary Behavior Symposium, S. 31 – 36.

Concannon, P., Hansel, W. & Mcentee, K. (1977): Changes in LH, progesterone and sexual behavior associated with preovulatory luteinization in the bitch. Biology of reproduction, 17(4), 604 – 613.

Cools, A.K., Van Hout, A.J.M. & Nelissen, M.H. (2008): Canine reconciliation and third-party-initiated postconflict affiliation: do peacemaking social mechanisms in dogs rival those of higher primates? Ethology, 114(1), 53 – 63.

Kleiman, D.G. (2011): Canid Mating Systems, social behavior, parental care and ontogeny: Are they flexible? Behav. Gen. 41, 803 – 809.

Kniowski, L. (2012): Object neophilia in domestic purebred dogs. Thesis. Liberty University Spring 2012.

Kolm, N., Temrin, H., Miklósi, Á., Kubinyi, E. & Garamszegi, L. Z. (2020): The link between selection for function and human-directed play behaviour in dogs. Biology letters, 16(9), 20200366.

Koscinczuk, P., Alabarcez, M.N. & Cainzos, R.P. (2016): Social play traits and environmental exploration in beagle and fox terriers' puppies. Revista veterinaria, 26(1), 33 – 37.

Kottferová, J., Skurková, L., Mesarčová, L., Lešková, L., Demeová, A. & Jakuba, T. (2020): Friendship or Competition? Symmetry in Social Play within the Two Packs of German Shepherd Puppies. Animals, 10(9), 1627.

Kraus, C., Pavard, S. & Promislow, D.E. (2013): The size-life span trade-off decomposed: why large dogs die young. The American Naturalist, 181(4), 492 – 505.

Kundey, S.M., De Los Reyes, A., Taglang, C., Allen, R., Molina, S., Royer, E. & German, R. (2010): Domesticated dogs (*canis familiaris*) react to what others can and cannot hear. Applied Animal Behaviour Science, 126(1 – 2), 45 – 50.

Kustritz, M.V.R. (2005): Reproductive behavior of small animals. Theriogenology, 64(3), 734 – 746.

Lambrich, M. (2007): Vergleichende Verhaltensentwicklung von Junghunden (3.-10. Lebensmonat) der Rasse Border Collie unter verschiedenen Nutzungsbedingungen (Doctoral dissertation).

Laroche, S. (2002): Vom flüchtigen Signal zur stabilen Erinnerung. Spektrum der Wissenschaft Spezial – Gedächtnis, 16 – 25.

Lazzaroni, M., Range, F., Bernasconi, L., Darc, L., Holtsch, M., Massimei, R., Rao, A., Marshall-Pescini, S. (2019): The role of life experience in affecting persistence: A comparative study between free-ranging dogs, pet dogs and captive pack dogs. PloS one, 14(4), e0214806.

Le Boeuf, B.J. (1967): Heterosexual attraction in dogs. Psychonomic Science, 1967, 7. Jg., Nr. 9, S. 313 – 314.

Lebelt, D. (1998): Problemverhalten beim Pferd. Encke, Stuttgart.

Lemmer, A. (1971): Beiträge zum Verhalten des Haushundes (*canis familiaris l.*) Inaugural-Dissertation. Justus Liebig-Universität.

Lewis, K.P. & R.A. Barton (2006): Amygdala size and hippocampus size predict social play frequency in nonhuman primates: A comparative analysis using independant contrasts. J. Comp. Psychol. 120, 31 – 27.

Lexikon der Biologie. (online): www.spektrum.de.

Lezama, K.G., Mariti, C., Mota, D.R., Burnes, J.M., Garcia, H.B. & Gazzano, A. (2019): Maternal behaviour in domestic dogs. International Journal of Veterinary Science and Medicine. 2019, 7:20 – 30.

Lillard, A.S. (2015): The development of play. Handbook of child psychology and developmental science, Vol2. Liben, L.S., Müller, U. & Lerner, R.M. (Hrsg). John Wiley & Sons, Inc.: Hoboken, New Jersey. 425 – 468.

Lindsay, S.R. (2013): Handbook of Applied Dog Behavior and Training, Procedures and Protocols. Band 3. Blackwell Publishing Professional Ltd.: Oxford.

Llaneza, L., García, E.J. & López-Bao, J.V. (2014): Intensity of territorial marking predicts wolf reproduction: implications for wolf monitoring. PLoS One, 9(3), e93015.

London, K. (2020): 7 Things to Know About Dog Zoomies. Not counting how fun they are to watch. Bark. Online: https://thebark.com/content/7-things-know-about-dog-zoomies.

Lord, K., Feinstein, M., Smith, B. & Coppinger, R. (2013): Variation in reproductive traits of members of the genus Canis with special attention to the domestic dog (canis familiaris). Behavioural processes, 92, 131 – 142.

Lord, M.S., Casey, R.A., Kinsman, R.H., Tasker, S., Knowles, T.G., Da Costa, R.E., Woodward, J.L. & Murray, J. K. (2020): Owner perception of problem behaviours in dogs aged 6 and 9-months. Applied Animal Behaviour Science, 232, 105147.

Lorenz, K.Z. (1950): The comparative method in studying innate behavior patterns. Symposia of the Society for Experimental Biology 4 (Physiological Mechanisms in Animal Behavior): 221 – 254.

Lorenz, K.Z. (1956): Plays and vacuum activities. In L'instinct dans le comportement des animaux et de l'homme, p. 633 – 645. Masson, Paris.

Ludwig, J. (1965): Beobachtungen über das Spiel bei Boxern 1. Zeitschrift für Tierpsychologie, 22(7), 813 – 838.

Ludwig, W. (2006): Zum Sozialverhalten des Rothundes (*cuon alpinus* PALLAS, 1811). Kassel, UP.

Lund, J. & Vestergaard, K. (1998): Development of social behaviour in four litters of dogs (*canis familiaris*). Acta Veterinaria Scandinavica, 1998, 39. Jg., Nr. 2, S. 183 – 193.

Macdonald, D.W. (1996): Social behaviour of captive bush dogs (*speothos venaticus*). Journal of Zoology, 239: 525 – 543.

Macdonald, D.W. (2006): Sozialstruktur und Sozialsysteme der Caniden. S. 49 – 60 in: Ganslośer, U. & Sillero-Zubiri, C. (Hrsg.): Wilde Hunde. Filander, Fürth.

Macdonald, D.W., Campbell, L.A., Kamler, J.F., Marino, J., Werhahn, G. & Sillero-Zubiri, C. (2019): Monogamy: Cause, Consequence or Corollary of success in wild canids? Front. Ecol. Evol. 7, 341. Doi. 10.3389/fevo.2019.00341.

Maglieri, V., Bigozzi, F., Riccobono, M.G. & Palagi, E. (2020): Levelling playing field: synchronization and rapid facial mimicry in dog-horse play. Behavioural processes, 174, 104104.

Maisch, H. (2006): Der Asiatische Rothund. S. 375 – 390 in: U. Ganslośer & C. Sillero-Zubiri (Hrsg.): Wilde Hunde. Filander, Fürth.

Mann, K. et al. (2016): Verhaltenssüchte und ihre Folgen: Prävention, Diagnostik und Therapie. Positionspapier der dgppn - Deutsche Gesellschaft für Psychiatrie und Psychotherapie, Psychosomatik und Nervenheilkunde e. V. online: https://www.dgppn.de/presse/ pressemitteilungen/pressemitteilungen-2016/verhaltenssuechte.html.

Maros, K., Pongrácz, P., Bárdos, G., Molnár, C., Faragó, T. & Miklósi, Á. (2008): Dogs can discriminate barks from different situations. Applied Animal Behaviour Science, 114(1 – 2), 159 – 167.

Mason, G. & Rushen. J. (2006): Stereotypic Animal Behaviour. CABI Publ., Wallingford.

Massen, J.J. (2017): Friendships in animals. Encyclopedia of animal cognition and behavior, 1 – 6.

McGreevy, P.D., Starling, M., Branson, N.J., Cobb, M.L. & Calnon, D. (2012): An overview of the dog-human dyad and ethograms within it. Journal of Veterinary Behavior, 7(2), 103 – 117.

McIntyre, R. (2019): The Rise of Wolf 8 - Witnessing the triumpf of yellowstone's underdog. Greystone Books: Vancouver/Berkeley.

McMillan, F. (2017): Behavioral and psychological outcomes for dogs sold as puppies through pet stores and/or born in commercial breeding establishments: Current knowledge and putative causes. Journal of veterinary behavior, 19, 14 – 26.

Meaney, M.J., Stewart, J. & Beatty, W.W. (1985): Sex differences in social play: The socialization of sex roles. Advances in the Study of Behavior, 15, 1 – 58.

Meaney, M.J., Szyf, M. & Seckl, J.R. (2007): Epigenetic mechanisms of perinatal programming of hypothalamic-pituitary-adrenal functions and health. Trends Mol. Med. 13 (7), 269 – 277.

Mehrkam, L.R., Hall, N.J., Haitz, C. & Wynne, C.D. (2017): The influence of breed and environmental factors on social and solitary play in dogs (*canis lupus familiaris*). Learning & behavior, 45(4), 367 – 377.

Mehrkam, L.R. & Wynne, C.D. (2014): Behavioral differences among breeds of domestic dogs (*canis lupus familiaris*): Current status of the science. Applied Animal Behaviour Science, 155, 12 – 27.

Menchetti, L., Calipari, S., Mariti, C., Gazzano, A. & Diverio, S. (2020): Cats and dogs: Best friends or deadly enemies? What the owners of cats and dogs living in the same household think about their relationship with people and other pets. PloS one, 15(8), e0237822.

Menzel, R & R. (1937): Welpe und Umwelt. Zeitschrift für Hundeforschung. 3, 1 – 65.

Meyer, E.-M. (2004): Untersuchungen zum Lautäußerungsverhalten von Wölfen (*canis lupus l.*) und Haushunden (*canis familiaris*) unter den Bedingungen der Gruppenhaltung. Dissertation Uni Kiel.

Meyer-Holzapfel, M. (1956): Das Spiel bei Säugetieren. Handb. Zool., 8, 10, 1 – 36.

Meyer-Holzapfel, M. & von Frisch, K. (1956): Über die Bereitschaft zu Spiel- und Instinkthandlungen. Zeitschrift für Tierpsychologie, 13(3), 442 – 462.

Miczek, K.A., de Boer, S.F. & Haller, J. (2013). Excessive aggression as model of violence: a critical evaluation of current preclinical methods. Psychopharmacology, 226(3), 445 – 458.

Miklósi, Á. (2007): Dog Behavior, Evolution and Cognition. Oxford University Press: Oxford.

Miklósi, Á. (2009): Dog, Behavior, Evolution and Cognition. Oxford University Press: Oxford.

Miklósi, Á. (2016): Dog Behaviour, Evolution, and Cognition. Oxford: Oxford University Press.

Miller, L.J. (2017): Creating a common terminology for play behavior to increase cross-disciplinary research. Learning & behavior, 45(4), 330 – 334.

Miller, M. & Byers, J.A. (1998): Sparring as play in young pronghorn males. Pp. 141 – 160 in: M. Bekoff, J. A. Byers (eds): Animal Play. Cambridge, UP.

Miller, P. (2008): Play with your dog. Dogwise Publishing: Wenatchee, Washington.

Mills, D.S., Demontigny-Bédard, I., Gruen, M., Klinck, M.P., McPeake, K.J., Barcelos, A.M., Hewison, L., Van Haevermaet, H., Denenberg, S., Hauser,H., Koch, C., Ballantyne, K., Wilson, C., Mathkari, C.V., Pounder, J., Garcia, E., Darder, P., Fatjó, J. & Levine, E. (2020): Pain and problem behavior in cats and dogs. Animals, 10(2), 318.

Mitchell, R.W., Reed, E. & Alexander, L. (2018): Functions of pointing by humans, and dogs' responses, during dog-human play between familiar and unfamiliar players. Animal Behavior and Cognition, 5(2), 181 – 200.

Mitchell, R.W. & Thompson, N.S. (1990): The effects of familiarity on dog-human play. Anthrozoös, 4(1), 24 – 43.

Moesta, A., Kim, G., Wilson-Frank, C.R., Weng, H.Y. & Ogata, N. (2020): Comparison of serum brain-derived neurotrophic factor in dogs with and without separation anxiety. Journal of Veterinary Behavior, 35, 14 – 18.

Mongillo, P., Pitteri, E., Carnier, P., Gabai, G., Adamelli, S. & Marinelli, L. (2013): Does the attachment system towards owners change in aged dogs? Physiology & behavior, 120, 64 – 69.

Moretti, L., Hentrup, M., Kotrschal, K. & Range, F. (2015): The influence of relationships on neophobia and exploration in wolves and dogs. Animal Behaviour, 107, 159 – 173.

Morley-Fletcher, S., Rea, M., Maccari, S. & Laviola, G. (2003): Environmental enrichment during adolescence reverses the effects of prenatal stress on play behaviour and HPA axis reactivity in rats. Eur. J. Neurosci. 18, 3367 – 3374.

Morrow, M., Ottobre, J., Ottobre, A., Neville, P., St-Pierre, N., Dreschel, N. & Pate, J. L. (2015): Breed-dependent differences in the onset of fear-related avoidance behavior in puppies. Journal of Veterinary Behavior, 10(4), 286 – 294.

Müller, I. (2017): Konfliktmanagement bei Caniden – Vergleich der Kommunikationssignale in Konfliktsituationen bei Wildhunden in Gefangenschaft (Rothunde – *cuon alpinus*) und Haushunden (Chihuahuas). Masterarbeit Freie Universität Berlin.

Murtagh, K., Farnworth, M.J. & Brilot, B.O. (2020): The scent of enrichment: Exploring the effect of odour and biological salience on behaviour during enrichment of kennelled dogs. Applied Animal Behaviour Science, 223, 104917.

Nagasawa, M., Kikusui, T., Onaka, T. & Ohta, M. (2009): Dog's gaze at its owner increases owner's urinary oxytocin during social interaction. Hormones and behavior, 55(3), 434 – 441.

Natterson-Horowitz, B. & Bowers, K. (2020): Junge Wilde. Was uns der Blick in die Tierwelt über das Erwachsenwerden lehrt. Penguin Verlag: München.

Nelson, X.J. & Fijn, N. (2013): The use of visual media as a tool for investigating animal behaviour. Animal Behaviour, 85(3), 525 – 536.

Nightingale, A. (1991): The development of Social Structure During the Primary Socialiation Period in Border Collies. Unpublished B.Sc. thesis, University of Southampton.

Norman, K., Pellis, S., Barrett, L. & Henzi, S.P. (2015): Down but not out: Supine postures as facilitators of play in domestic dogs. Behavioural processes, 110, 88 – 95.

Nunes, S., Muecke, E. M., Anthony, J.A. & Batterbee, A.S. (1999): Endocrine and energetic mediation of play behavior in free-living Belding's ground squirrels. Hormones and Behavior, 36(2), 153 – 165.

Ohkita, M., Nagasawa, M., Kazutaka, M. & Kikusui, T. (2016): Owners' direct gazes increase dogs' attention-getting behaviors. Behavioural processes, 125, 96 – 100.

Okarma, H. & Langwald, D. (2002): Der Wolf. Ökologie, Verhalten, Schutz. 2. Aufl. Berlin: Parey Buchverlag.

Ono, Y., Yamamoto, T., Kubo, K.Y. & Onozuka, M. (2010): Occlusion and brain function: mastication as a prevention of cognitive dysfunction. Journal of oral rehabilitation, 37(8), 624 – 640.

Packard, J.M. (2003): Wolf behaviour: reproductive, social and intelligent. In: Wolves: behavior, ecology, and conservation. Mech, D & Boitani, L. (Ed). The university of Chicago press: Chicago London. p 35 – 65.

Packard, J.M. (2006): Wolf behavior: Reproductive, Social, and Intelligent. In: Mech, L. D. & Boitani, L. (eds.) Wolves – Behaviour, Ecology and Conservation. Chicago: University of Chicago Press.

Packard, J.M. (2018): Wolves. Encyclopedia of Animal Behaviour 2nd edition. Online: https://doi.org/10.1016/B978-0-12-813251-7.90078-6.

Pal, S.K. (2005): Parental care in free-ranging dogs, *canis familiaris*. Applied Animal Behaviour Science, 90(1), 31 – 47.

Pal, S.K. (2008): Maturation and development of social behaviour during early ontogeny in free-ranging dog puppies in West Bengal, India. Applied Animal Behaviour Science, 111(1 – 2), 95 – 107.

Pal, S.K. (2010): Play behaviour during early ontogeny in free-ranging dogs (*canis familiaris*). Applied Animal Behaviour Science, 126(3 – 4), 140 – 153.

Pal, S.K. (2011): Mating system of free-ranging dogs (*canis familiaris*). International Journal of Zoology, 2011.

Pal, S.K., Ghosh, B. & Roy, S. (1999): Inter-and intra-sexual behaviour of free-ranging dogs (*canis familiaris*). Applied Animal Behaviour Science, 62(2 – 3), 267 – 278.

Pal, S.K., Roy, S. & Ghosh, B. (2021): Pup rearing: The role of mothers and allomothers in free-ranging domestic dogs. Applied Animal Behaviour Science, 234, 105181.

Palagi, E. (2011): Playing at every age: Modalities and potential functions in non-human primates. In Pellegrini, A.D. (Ed.), Oxford library of psychology. The Oxford handbook of the development of play (p. 70 – 82). Oxford University Press.

Palagi, E. (2012): Playing alone and with others – a lesson from animals. In The handbook of solitude: psychological perspectives on social isolation, social withdrawal, and being alone (pp. 463 – 482). Wiley Blackwell.

Palagi, E. (2019): Sharing emotions builds bridges between individuals and between species. Animal Sentience, 3(23), 33.

Palagi, E., Burghardt, G.M., Smuts, B., Cordoni, G., Dall'Olio, S., Fouts, H.N., Řeháková-Petrů, M., Siviy, S. & Pellis, S. (2016a): Rough-and-tumble play as a window on animal communication. Biological Reviews, 91(2), 311 – 327.

Palagi, E. & Cordoni, G. (2020): Intraspecific Motor and Emotional Alignment in Dogs and Wolves: The Basic Building Blocks of Dog-Human Affective Connectedness. Animals, 10(2), 241.

Palagi, E., Cordoni, G., Demuru, E. & Bekoff, M. (2016): Fair play and its connection with social tolerance, reciprocity and the ethology of peace. Behaviour, 153(9 – 11), 1195 – 1216.

Palagi, E. & Fouts, H.N. (2016): Motivation of play: from ethological to neurological perspectives. Behaviour, 153(6 – 7), 655 – 662.

Palagi, E., Nicotra, V. & Cordoni, G. (2015). Rapid mimicry and emotional contagion in domestic dogs. Royal Society open science, 2(12), 150505.

Palagi, E., Paoli, T. & Tarli, S. (2006): Short-Term Benefits of Play Behavior and Conflict Prevention in Pan paniscus. International Journal of Primatology, Vol. 27, No. 5, October 2006.

Palagi, E. & Scopa, C. (2017): Integrating Tinbergen's inquiries: Mimicry and play in humans and other social mammals. Learning & behavior, 45(4), 378 – 389.

Panksepp, J. (1998): Affective Neuroscience: The Foundations of Human and Animal Emotions, Oxford University Press, Oxford, USA.

Panksepp, J. & Biven, L. (2012): The archaeology of mind: neuroevolutionary origins of human emotions (Norton series on interpersonal neurobiology). WW Norton & Company. W.W. Norton & Company: New York, London.

Panksepp, J., Jalowiec, J., De Eskinari, F.G. & Biskop, P. (1985): Opiates and play dominance in juvenile rats. Behav. Neurosci. 99, 441 – 453.

Parker, H.G., Dreger, D.L., Rimbault, M., Davis, B.W., Mullen, A.B., Carpintero-Ramirez, G. & Ostrander, E.A. (2017): Genomic analyses reveal the influence of geographic origin, migration, and hybridization on modern dog breed development. Cell reports, 19(4), 697 – 708.

Paul, M. & Bhadra, A. (2016): Do dogs live in joint families? Understanding allo-parental care in free-ranging dogs. arXiv preprint arXiv:1607.01138.

Paul, M. & Bhadra, A. (2018): The great Indian joint families of free-ranging dogs. PLoS ONE 13 (5): e0197328. https://doi.org/10.1371/journal.pone.0197328.

Paul, M., Majumdar, S.S. & Bhadra, A. (2014): Grandmotherly care: A case study in Indian free-ranging dogs. Journal of Ethology. 2014. 32:75 – 82.

Paul, M., Shubhra, S., Nandi, A. & Bhadra, A. (2017): Clever mothers balance time and effort in parental care: a study on free-ranging dogs. R. Soc. open sci. 4: 160583.

Payne, E., Bennett, P.C. & McGreevy, P.D. (2015): Current perspectives on attachment and bonding in the dog-human dyad. Psychology research and behavior management, 8, 71.

Pellegrini, A.D. & Nathan, P.E. (Eds.). (2015): The Oxford handbook of the development of play. Oxford library of psychology. Oxford University Press: Oxford, New York.

Pellis, S.M. (1991): How motivationally distinct is play? A preliminary case study. Animal behaviour. Anim. Behav., 1991, 42, 851 853.

Pellis, S.M. & Burghardt, G.M. (2017): Play and exploration. APA handbook of comparative psychology: Basic concepts, methods, neural substrate, and behaviour, 699 – 722.

Pellis, S.M., Burghardt, G.M., Palagi, E. & Mangel, M. (2015): Modeling play: distinguishing between origins and current functions. Adaptive Behavior, 23(6), 331 – 339.

Pellis, S.M. & lwaniuk, A.N. (1999): The problem of adult play-fighting: A comparative analysis of play and courtship in primates. Ethology 105, 9: 783 – 806.

Pellis, S.M. & Iwaniuk, A.N. (2000): Adult-adult play in primates: Comparative analyses of origin, distribution, and evolution. Ethology 106, 12: 1083 – 1104.

Pellis, S.M. & Iwaniuk, A.N. (2004): Evolving a playful brain: a levels of control approach. Int. J. Comp. Psychol. 17, 92 – 118.

Pellis, S.M. & Pellis, V.C. (1996): On knowing it's only play: the role of play signals in play fighting. Aggression and Violent Behavior, 1(3), 249 – 268.

Pellis, S.M. & Pellis, V.C. (1998): Structure and function interface in the analysis of play. In: Animal Play: Evolutionary, Comparative, and Ecological Perspectives (Ed. by M. Bekoff & J. A. Byers), pp. 115e140. Cambridge, U.K.: Cambridge University Press.

Pellis, S.M. & Pellis, V.C. (2009): The playful brain. Venturing to the Limits of Neuroscience. Oneworld Press, Oxford, UK.

Pellis, S.M. & Pellis, V.C. (2011): Rough-and-tumble play: Training and using the social brain. In: A. Pellegrini (Ed). The Oxford handbook of the development of play. Oxford University Press: Oxford. P 245 – 259.

Pellis, S.M. & Pellis, V.C. (2017): What is play fighting and what is it good for? Learning & behavior, 45(4), 355 – 366.

Pellis, S.M. & Pellis, V.C. (2017): Play Behavior. In: Vonk J., Shackelford T. (eds) Encyclopedia of Animal Cognition and Behavior. Springer, Cham. https://doi.org/10.1007/978-3-319-47829-6_1085-1.

Pellis, S.M., Pellis, V.C., Himmler, B.T., Modlińska, K., Stryjek, R., Kolb, B. & Pisula, W. (2019): Domestication and the role of social play on the development of socio-cognitive skills in rats. International Journal of Comparative Psychology, 32.

Pisula, W. (2008): Play and exploration in animals – a comparative analysis. Polish Psychological Bulletin.

Pisula, W. (2020): Curiosity and Information Seeking in Animal and Human Behavior: A Review the Literature and Data in Comparative Psychology, Animal Cognition, Ethology, Ontogenesis, and Elements of Cognitive Neuroscience as they Relate to Animal Inquisitiveness. Universal-Publishers. BrownWalker Press. Irvine, California & Boca Raton, Florida, USA.

Pongrácz, P., Molnár, C., Miklósi, A. & Csányi, V. (2005): Human listeners are able to classify dog (*canis familiaris*) barks recorded in different situations. Journal of comparative psychology, 119(2), 136.

Pongracz, P. & Sztruhala, S. (2019): Forgotten But Not Lost-Alloparental Behaviour and Pup-Adult Interactions. In Companion Dogs. Animals (Basel). 2019. 9(12):1011 – 1019.

Power, T.G. (2000): Play and Exploration in Children and Animals. Lawrence Erlbaum Assiciates, Publishers Mahwah, New Jersey: London.

Previde, E.P., Ghirardelli, G., Marshall-Pescini, S. & Valsecchi, P. (2009): Intraspecific attachment in domestic puppies (*canis familiaris*). Journal of Veterinary Behavior: Clinical Applications and Research, 2(4), 89 – 90.

Pruitt, J., Burghardt, G. & Riechert, S. (2012): Non-conceptive sexual behavior in spiders: a form of play associated with body condition, personality type, and male intrasexual selection. Ethology 118, 33–40. doi:10.1111/j.1439-0310.2011.01980.x

Pullen, A.J., Merrill, R.J. & Bradshaw, J.W. (2010): Preferences for toy types and presentations in kennel housed dogs. Appl. Anim. Behav. Sci. 125,151 – 156.

Pullen, A.J., Merrill, R.J. & Bradshaw, J.W. (2012): Habituation and dishabituation during object play in kennel-housed dogs. Animal cognition, 15(6), 1143 – 1150.

Pullen, A.J., Merrill, R.J. & Bradshaw, J.W. (2013): The effect of familiarity on behavior of kennelled dogs during interactions with conspecifics. J. Appl. Anim. WelfareSci. 16, 64 – 76.

Redlich, J. (1998): Verhaltensontogenese von Haushunden (*canis lupus f. familiaris*) der Rasse American Staffordshire Terrier (Doctoral dissertation, Tierärztliche Hochschule Hannover).

Reinhold, A.S., Sanguinetti-Scheck, J.I., Hartmann, K. & Brecht, M. (2019): Behavioral and neural correlates of hide-and-seek in rats. Science, 365(6458), 1180 – 1183.

Řezáč, P., Viziová, P., Dobešová, M., Havlíček, Z. & Pospíšilová, D. (2011): Factors affecting dog-dog interactions on walks with their owners. Applied Animal Behaviour Science, 134(3 – 4), 170 – 176.

Rheingold, H.L. (1963): Maternal behaviour in the dog. In: HL Rheingold (Editor), Maternal Behaviour in Mammals. Wiley, New York, pp. 169 – 202

Romero, T., Nagasawa, M., Mogi, K., Hasegawa, T. & Kikusui, T. (2015): Intranasal administration of oxytocin promotes social play in domestic dogs. Communicative & integrative biology, 8(3), e1017157.

Rooney, N.J. (1999): Play behaviour of the domestic dog (*canis familiaris*), and its effect upon the dog-human relationship (Doctoral dissertation, University of Southampton).

Rooney, N. & Bradshaw, J. (2002): An experimental study of the effects of play on the dog-human relationship. Applied Animal Behaviour Science 75, s. 161 – 176.

Rooney, N. & Bradshaw, J. (2003): Links between Play and Dominance and Attachment Dimensions of Dog-Human-Relationships. Journal of Applied Animal Welfare Science 6, 2, 67 – 94.

Rooney, N.J., Bradshaw, J.W. & Robinson, I.H. (2000): A comparison of dog-dog and dog-human play behaviour. Applied Animal Behaviour Science, 66(3), 235 – 248.

Rooney, N.J., Bradshaw, J.W. & Robinson, I.H. (2001): Do dogs respond to play signals given by humans? Animal Behaviour, 61(4), 715 – 722.

Rosado, B., González-Martínez, Á., Pesini, P., García-Belenguer, S., Palacio, J., Villegas, A., Suárez, M.-L., Santamarina, G. & Sarasa, M. (2012): Effect of age and severity of cognitive dysfunction on spontaneous activity in pet dogs–Part 1: Locomotor and exploratory behaviour. The Veterinary Journal, 194(2), 189 – 195.

Rosado, B., González-Martínez, Á., Pesini, P., García-Belenguer, S., Palacio, J., Villegas, A., Suárez, M.-L., Santamarina, G. & Sarasa, M. (2012a): Effect of age and severity of cognitive dysfunction on spontaneous activity in pet dogs – Part 2: Social responsiveness. The Veterinary Journal, 194(2), 196 – 201.

Rosenberg, K.P. & Feder, L.C. (2014): An introduction to behavioral addictions. In Behavioral Addictions (pp. 1 – 17). Academic Press.

Rosenblum, L.A. & Bromley L.J. (1976): The effects of gonadal hormones on peer interaction. Paper presented at the International Primatological Congress, Cambridge, England, 1976. (In: Dallaire 2015).

Ross, M., Owren, M. & Zimmermann, E. (2009): Reconstructing the evolution of laughter in great apes and humans. Current Biology, 19(13), 1106 – 1111.

Rossi, A., Parada, F.J., Stewart, R., Barwell, C., Demas, G. & Allen, C. (2018): Hormonal correlates of exploratory and play-soliciting behavior in domestic dogs. Frontiers in psychology, 9, 1559.

Roth, L.S., Faresjö, Å., Theodorsson, E. & Jensen, P. (2016): Hair cortisol varies with season and lifestyle and relates to human interactions in German shepherd dogs. Scientific Reports, 6(1), 1 – 7.

Rushen, J., Wright, R., Johnsen, J.F., Mejdell, C.M. & de Passillé, A.M. (2016): Reduced locomotor play behaviour of dairy calves following separation from the mother reflects their response to reduced energy intake. Applied Animal Behaviour Science, 177, 6 – 11.

Russell, J. (1990): Is object play in young carnivores practice for predation? (Doctoral dissertation, UCL (University College London)).

Sachser, N., Kaiser, S. & Hennessy, M. (2013): Behavioural profiles are shaped by social experience: when, how and why. Philos Trans R Soc B Biol Sci 368: 20120344.

Saleh, W.M. & Shamkhi, A. (2018): Some Physiological Features Of The Bitch. Global Journal of Bio-Science and Biotechnology. G.J.B.B., VOL. 7 (1) 2018: 1 – 7

Salman, M.D., New, Jr, J.G., Scarlett, J.M., Kass, P.H., Ruch-Gallie, R. & Hetts, S. (1998): Human and animal factors related to relinquishment of dogs and cats in 12 selected animal shelters in the United States. Journal of Applied Animal Welfare Science, 1(3), 207 – 226.

Salomons, H., Smith, K., Callahan-Beckel, M., Callahan, M., Levy, K., Kennedy, B.S., Bray, E., Gnanadesikan, G.E., Horschler, D.J., Gruen, M., Tan, H., White, P., MacLean, E. & Hare, B. (2021): Cooperative communication with humans evolved to emerge early in dogs. bioRxiv.

Salvin, H.E., McGreevy, P.D., Sachdev, P.S. & Valenzuela, M.J. (2011): Growing old gracefully Behavioral changes associated with "successful aging" in the dog, canis familiaris. Journal of Veterinary Behavior, 6(6), 313 – 320.

Samson, K. (2013): What Accounts for 'Runner's High' in Humans and Dogs? The Innate Cannabinoid Receptor System Offer Clues. Neurology Today, 13(14), 12 – 15.

Santos, N.R., Beck, A. & Fontbonne, A. (2020): A review of maternal behaviour in dogs and potential areas for further research. Journal of Small Animal Practice, 61(2), 85 – 92.

Santos, N.R., Beck, A. & Fontbonne, A. (2020a): The View of the French Dog Breeders in Relation to Female Reproduction, Maternal Care and Stress during the Peripartum Period. Animals, 10(1), 159.

Schenkel, R. (1947): „Ausdrucks-Studien an Wölfen: Gefangenschafts-Beobachtungen." Behaviour 1(2): 81 – 129.

Schenkel, R. (1967): Submission: its features and function in the wolf and dog. American Zoologist, 7(2), 319 – 329.

Schilder, M.B.H. & van der Borg, J.A.M. (2004): Training dogs with help of the shock collar: 583 Short and long term behavioural effects. Appl. Anim. Behav. Sci. 85, 319 – 334.

Schubert, T.A., Chidester, R.M. & Chrisman, C.L. (2011): Clinical characteristics, management and long-term outcome of suspected rapid eye movement sleep behaviour disorder in 14 dogs. Journal of Small Animal Practice, 52(2), 93 – 100.

Scott, J.P. & Fuller, J.L. (1965): Genetics and the Social Behavior of the Dog (Vol. 570). University of Chicago Press.

Semin, G., Scandurra, A., Baragli, P., Lanatà, A. & D'Aniello, B. (2019): Inter-and intra-species communication of emotion: chemosignals as the neglected medium. Animals, 9(11), 887.

Serpell, J., Duffy, D. & Jagoe, J. (2017): Becoming a dog: Early experience and the development of behavior. In: Serpell, J. (Ed) The domestic dog. Cambridge University Press: Cambridge. S.93 – 117.

Seyfarth, R. & Cheney, D. (2012): The Evolutionary Origins of Friendship. Annual Review of Psychology, 63:153 – 77.

Sgro, M. & Mychasiuk, R. (2020): Playful genes: what do we know about the epigenetics of play behaviour? Int. J. Play doi 10.1080/21594937.2020.1720139

Shyan, M., Fortune, K. & King, C. (2003): "Bark Parks"—A Study on Interdog Aggression in a Limited-Control Environment. JOURNAL OF APPLIED ANIMAL WELFARE SCIENCE, 6(1), 25 – 32.

Shumaker, R.W., Walkup, K.R., and Beck, B.B. (2011). Animal Tool Behavior: The Use and Manufacture of Tools by Animals. Baltimore, MD: JHU Press.

Sillero-Zubiri, C. (2006): Ökologie und Schutz der Caniden. S. 7 – 22 in: U. Ganslоßer & C. Sillero-Zubiri (Hrsg.): Wilde Hunde. Filander, Fürth.

Simonet, P., Versteeg, D. & Storie, D. (2005, July): Dog-laughter: Recorded playback reduces stress related behavior in shelter dogs. In Proceedings of the 7th International Conference on Environmental Enrichment (Vol. 2005) S. 170 – 176.

Sisk, C.L. & Foster, D.L. (2004): The neural basis of puberty and adolescence. Nature neuroscience, 7(10), 1040 – 1047.

Siviy, S.M. (1998): Neurobiological substrates of play behavior: glimpses into the structure and function of mammalian playfulness. Pp 221 – 242 in: Bekoff & Byers.

Siviy, S.M. (2016): A brain motivated to play: Insights into the neurobiology of playfulness. Behaviour 153, 819 – 844.

Smallwood, J. & Schooler, J.W. (2015): The science of mind wandering: empirically navigating the stream of consciousness. Annual review of psychology, 66, 487 – 518.

Smith, P.K. (1982): Does play matter? Functional and evolutionary aspects of animal and human play. Behavioral and brain sciences, 5(1), 139 – 155.

Smith, P.K. (2015): Play fighting and Real fighting. In: Johnson, J., Eberle, S., Hendricks, T. & Kuschner, D. (Eds): The Handbook of the Study of Play Vol. 1. S. 461 – 466. Lanham: Rowman & Littlefield.

Smuts, B. (2001): Encounters with animal minds, Journal of Consciousness Studies, 8, No. 5 – 7, pp. 293 – 309.

Smuts, B. (2014): Social Behaviour among Companion Dogs with an Emphasis on Play. In: Kaminski, J. & Marshal-Pescini, S. (Eds): The Social Dog: Behavior and Cognition. London: Academic Press. S. 105 – 130.

Smuts, B., Bauer, E. & Ward, C. (2015): Rollovers during play: Complementary perspectives. Behavioural processes, 116, 50 – 52.

Sommerville, R., O'Connor, E.A. & Asher, L. (2017): Why do dogs play? Function and welfare implications of play in the domestic dog. Applied animal behaviour science, 197, 1 – 8.

Sommerfeld-Stur, I. (2016): Rassehundezucht. Müller Rüschlikon: Stuttgart.

Spear, L.P. (2000): The adolescent brain and age-related behavioral manifestations. Neuroscience & biobehavioral reviews, 24(4), 417 – 463.

Špinka, M. (2012): Social dimension of emotions and its implication for animal welfare. Applied Animal Behaviour Science, 138(3 – 4), 170 – 181.

Špinka, M., Newberry, R.C. & Bekoff, M. (2001): Mammalian play: training for the unexpected. The Quarterly review of biology, 76(2), 141 – 168.

Špinka, M., Palečková, M. & Řeháková, M. (2016): Metacommunication in social play: the meaning of aggression-like elements is modified by play face in Hanuman langurs (Semnopithecus entellus). Behaviour, 153(6 – 7), 795 – 818.

Spotte, S. (2012): Societies of Wolves and free ranging dogs. Cambridge University Press: Cambridge.

Stahler, D.R., Smith, D.W. & Landis, R. (2002): The acceptance of a new breeding male into a wild wolf pack. Canadian Journal of Zoology, 80(2), 360 – 365.

Stenglein, K., Ettner, T., Sprenzel, S. & Wolf, V. (2015): Aufmerksamkeitsforderndes Verhalten, Spielsignale und Spielverhalten von Caniden. In: Gansloßer, U. (Hrsg): Kommunikation und Konfliktmanagement. Fürth: Filander Verlag. S. 113 – 140.

Stenglein, K. & Terwort, C. (2015): Beziehungsbildung bei Hunden. In: Gansloßer, U. (Hrsg). Kommunikation und Konfliktmanagement. Ergebnisse aus 10 Jahren Verhaltensstudien. Filander Verlag: Fürth.

Straeubig, M., Hsu, C. W., Oztop, P. & Taranu, M. (2016): (How) does play matter? A transdisciplinary approach to play and its relation to neurobiology, creativity and deception. In Off the Lip: Transdisciplinary Approaches to Cognitive Innovation: Conference proceedings (pp. 215 – 231).

Sundman, A.S., Johnsson, M., Wright, D. & Jensen, P., (2016): Similar recent selection criteria associated with different behavioural effects in two dog breeds. Genes Brain Behav. 8, 750 – 756.

Suomi, S.J. (2003): Social and biological mechanisms underlying impulsive aggressiveness in rhesus monkeys. In B. B. Lahey, T. E. Moffitt A. Caspi (Eds.), Causes of conduct disorder and juvenile delinquency (p. 345 – 362). The Guilford Press.

Sutherland, M., Worth, G., Cameron, C. & Verbeek, E. (2019): Effect of Morphine Administration on Social and Non-Social Play Behaviour in Calves. Animals, 9(2), 56.

Svartberg, K. (2002): Shyness-boldness predicts performance in working dogs. Appl. Anim. Behav. Sci. 79, 157 – 174

Svartberg, K. (2005): A comparison of behaviour in test and in everyday life: evidence of three consistent boldness-related personality traits in dogs. Applied Animal Behaviour Science, 91(1 – 2), 103 – 128.

Svartberg, K. (2006): Breed-typical behaviour in dogs-historical remnantsor recent constructs? Appl. Anim. Behav. Sci. 96, 293 – 313.

Svartberg, K. & Forkman, B. (2002): Personality traits in the domestic dog (*canis familiaris*). Applied animal behaviour science, 79(2), 133 – 155.

Taj, M.K., Taj, I., Mustafa, M.Z., Hassani, T.M., Samad, A., Asadullah, Attique, A., Jan, S., Wadood, A. & Samreen, Z. (2015): Stray Dogs Life in Quetta City of Balochistan. Advanced Online Publication Articles for HFSP Journal, 36-40.

Tanner, J.B., Smale, L. & Holekamp, K.E. (2007): Ontogenetic variation in the play behavior of spotted hyenas. J. Devel. Process, 2, 5 – 30.

Taylor, A.M., Ratcliffe, V.F., McComb, K. & Reby, D. (2014): Auditory communication in domestic dogs: vocal signalling in the extended social environment of a companion animal. In The Social Dog (pp. 131 – 163). Academic Press.

Taylor, A.M., Reby, D. & McComb, K. (2009): Context-related variation in the vocal growling behaviour of the domestic dog (*canis familiaris*). Ethology, 115(10), 905 – 915.

Taylor, P.V., Veenema, A.H., Paul, M.J., Bredewold, R., Isaacs, S. & de Vries, G.J. (2012): Sexually dimorphic effects of a prenatal immune challenge on social play and vasopressin expression in juvenile rats. Biology of sex differences, 3(1), 1 – 9.

Tembrock, G. (1957): Spielverhalten beim Rotfuchs. Zool. Beitr. Berlin, 3, 423 – 496.

Terwort, C. (2010): Beziehungs- und Rangordnungsbildung bei pensionierten Wachbegleitschutzhunden der Schule für Diensthundewesen der Bundeswehr unter Zwinger- und Freilaufbedingungen. Diplomarbeit, Ruhr Universität Bochum.

Tiira, K. (2019): Resilience in Dogs? Lessons From Other Species. Veterinary medicine: Research and reports, 10, 159.

Tiwari, H.K., Robertson, I.D., O'Dea, M. & Vanak, A.T. (2019): Demographic characteristics of free-roaming dogs (FRD) in rural and urban India following a photographic sight-resight survey. Scientific reports, 9(1), 1 – 10.

Tomlinson, C. (2019): Social play in senior dogs: 'not just a young dog's game'. Companion Animal, 24(3), 150 – 155.

Treiber-Dörfler, C. (2007): Der Maremmano. online: https://www.wuff.eu/wp/wolf-im-schafspelz/. (Stand: 17.7.21).

Trezza, V. & Vanderschuren, L.J.M.J. (2008): Cannabinoid and opioid modulation of social play behavior in adolescent rats: Differential behavioral mechanisms. Eur. Neuropsychopharmacol. 18, 519 – 530.

Trisko, R.K. (2011): Dominance, Egalitarianism and Friendship at a Dog Daycare Facility (Doctoral dissertation).

Trisko, R.K., Sandel, A.A. & Smuts, B. (2016): Affiliation, dominance and friendship among companion dogs. Behaviour, 153(6 – 7), 693 – 725.

Trisko, R.K. & Smuts, B.B. (2015): Dominance relationships in a group of domestic dogs (*canis lupus familiaris*). Behaviour, 152(5), 677 – 704.

Trumler, E. (1985): Das Jahr des Hundes. Kynos Verlag: Mürlenbach/Eifel.

Trumler, E. (2000): Hunde ernst genommen. Piper Verlag: München.

Turner, S.P., Weller, J.E., Camerlink, I., Arnott, G., Choi, T., Doeschl-Wilson, A., Farish, M. & Foister, S. (2020): Play fighting social networks do not predict injuries from later aggression. Scientific reports, 10(1), 1 – 16.

Vanderschuren, L.J.M.J., Achterberg, E.J.M. & Trezza, V. (2016): The neurobiology of social play and its rewarding value in rats. Neurosci. Biobehav. Rev. 70, 86 – 105.

Varlinskaya, E.I., Vetter-O'Hagen, C.S. & Spear, L.P. (2013): Puberty and gonadal hormones: role in adolescent-typical behavioral alterations. Hormones and behavior, 64(2), 343 – 349.

Vauk, G. (1952): Die Abwandlung der Beutefanghandlung des Hundes im Zuge der Domestikation. Zool. Anz., Suppl, 17, 180 – 184.

Venzl, E. (1990): Verhaltensentwicklung und Wesensmerkmale bei der Hunderasse Beagle. München. Vet. med. Univ. Diss.

Vincent, L.E. & Bekoff, M. (1978): Quantitative analyses of the ontogeny of predatory behaviour in coyotes, Canis latrans. Animal Behaviour, 26, 225 – 231.

Wachtel, H. (2002): Das Buch vom Hund. Cadmos Verlag: Lüneburg.

Wahl, K. (2009): Aggression und Gewalt. Spektrum Akad. Verlag Weinheim.

Wallis, L. (2017): Cognitive development and aging in domestic dogs. Dissertation Uni Wien.

Wallis, L. J., Range, F., Müller, C.A., Serisier, S., Huber, L. & Virányi, Z. (2014): Lifespan development of attentiveness in domestic dogs: drawing parallels with humans. Frontiers in psychology, 5, 71.

Wallis, L.J., Szabo, D., Kubinyi, E. (2020): Cross-sectional age differences in canine personality traits. Influence of breed, sex, previous trauma, and dog obedience tasks. Front. Vet. Sci. 6:493 doi 10.3389/fvets.2019.00493.

Wallis, L. J., Virányi, Z., Müller, C. A., Serisier, S., Huber, L. & Range, F. (2016): Aging effects on discrimination learning, logical reasoning and memory in pet dogs. Age, 38(1), 6.

Wanot, C.M. (2019): Die Persönlichkeits- und Verhaltensentwicklung eines Bearded Collie Wurfs anhand von Videoaufnahmen. Bachelorarbeit Universität Vechta.

Ward, C. (2020): Greeting behavior between dogs in a dog park. Pet Behaviour Science, (10), 1 – 14.

Ward, C., Bauer, E.B. & Smuts, B.B. (2008): Partner preferences and asymmetries in social play among domestic dog, *Canis lupus familiaris*, littermates. Animal Behaviour, 76(4), 1187 – 1199.

Ward, C. & Smuts, B.B. (2009): Social play in dogs: Individual variation and change over time. Journal of Veterinary Behavior: Clinical Applications and Research, 2(4), 61 – 62.

Ward, C., Trisko, R. Smuts, B.B. (2009): Third-party interventions in dyadic play between littermates of domestic dogs, *canis lupus familiaris*. Animal Behaviour, 78(5), 1153 – 1160.

Watowich, M.M., MacLean, E.L., Hare, B., Call, J., Kaminski, J., Miklósi, Á. & Snyder-Mackler, N. (2020): Age influences domestic dog cognitive performance independent of average breed lifespan. Animal cognition, 23(4), 795 – 805.

Weidt, H. (2006): Neubewertung: Taxierstellung statt Spielaufforderung, DER HUND, 09/2006, s. 56–58.

Weisfeld, G. & Weisfeld, C.C. (2016): Is Play an Emotion? Some Ethological Observations. Human Ethology Bulletin, 31(1), 4 – 29.

Weller, J.E., Camerlink, I., Turner, S.P., Farish, M. & Arnott, G. (2019): Socialisation and its effect on play behaviour and aggression in the domestic pig (*Sus scrofa*). Scientific reports, 9(1), 1 – 11.

Weller, J.E., Turner, S.P., Farish, M., Camerlink, I. & Arnott, G. (2020): The Association between play fighting and information gathering during subsequent contests. Scientific reports, 10(1), 1 – 9.

Wells, D.L. (2004): A review of environmental enrichment for kennelled dogs, *canis familiaris*. Applied Animal Behaviour Science, 85(3 – 4), 307 – 317.

Wenig, K., Boucherie, P.H. & Bugnyar, T. (2021): Early evidence for emotional play contagion in juvenile ravens. Animal Cognition, 1 – 13.

Wilson, S. (1973): The development of social behaviour in the vole (*Microtus agrestis*). Zoological Journal of the Linnean Society, 52(1), 45 – 62.

Wilson, S. (1974): Juvenile play of the common seal phoca vit ulina vit ulina with comparative notes on the grey seal halichoerus grypus. Behaviour, 48(1 – 4), 37 – 60.

Wilson, S.C. & Kleiman, D.G. (1974): Eliciting Play: A Comparative Study: (Octodon, Octodontomys, Pediolagus, Phoca, Chocropsis, Ailuropoda). American Zoologist, 14(1), 341 – 370.

Winkler, S.L. & Bryant, G.A. (2021): Play vocalisations and human laughter: a comparative review. Bioacoustics, 1 – 28.

Woszczyło, M., Jezierski, T., Szumny, A., Nizanski, W. & Dzięcioł, M. (2020): The Role of Urine in Semiochemical Communication between Females and Males of Domestic Dog (*canis familiaris*) during Estrus. Animals 2020, 10, 2112.

Wright, J.C. (1980): "The development of social structure during the primary socialization period in German shepherds." Dev. Psychobiol., 13, 17 – 24.

Zak, P. (2014): Dogs (and Cats) Can Love, The Atlantic, Online: http://www.theatlantic.com/health/archive/2014/ 04/does-your-dog-or-cat-actually-love-you/360784. Version: 22.4.2014.

Zimen, E. (1982): Wölfe und Königspudel, R. Piper & Co Verlag: München.

Zimen, E. (1988). Der Hund. Abstammung – Verhalten – Mensch und Hund. Bertelsman GmbH. München

Zupan, M., Rehn, T., de Oliveira, D., Malovrh, Š. & Keeling, L. (2019): Individual play patterns stimulated by a familiar object are group-driven. Scientific reports, 9(1), 1 – 8.